数字高程模型信息伪装

陈令羽　宋国民　著

電子工業出版社
Publishing House of Electronics Industry
北京·BEIJING

内 容 简 介

本书较为系统地介绍了数字高程模型信息伪装的基础理论和常用方法，体现了当前信息伪装技术在数字高程模型领域的应用情况。全书共 9 章，第 1 章从基本概念切入，介绍了进行数字高程模型数据信息保护的政策和技术发展现状；第 2 章、第 3 章重点分析了数字高程模型信息伪装的基本概念和基础理论，解决涉及的基础框架和常见问题；第 4 章、第 5 章从结构和内容两个方面，介绍了常见的格网数字高程模型整体信息伪装的算法；第 6 章、第 7 章根据地理空间信息共享的大背景，介绍了重点目标信息伪装的方法，分为重点区域和线状特征两个部分；第 8 章介绍了不规则三角网数字高程模型的信息伪装方法；第 9 章介绍了伪装算法的评价方法，并分析了两种具体的算法评价。

本书兼顾地理空间信息安全相关专业基础学习和其他专业选修空间数据安全课程需要，可以作为大学本科第三学年的专业基础课程教材，也可以作为其他专业选修教材，还可以作为研究生及相关技术人员进行信息伪装研究的参考资料。

图书在版编目（CIP）数据

数字高程模型信息伪装 / 陈令羽，宋国民著. —北京：电子工业出版社，2024.2
ISBN 978-7-121-47182-7

Ⅰ. ①数…　Ⅱ. ①陈…　②宋…　Ⅲ. ①数字高程模型－研究　Ⅳ. ①P231.5

中国国家版本馆 CIP 数据核字（2024）第 019127 号

责任编辑：李　敏
印　　刷：北京虎彩文化传播有限公司
装　　订：北京虎彩文化传播有限公司
出版发行：电子工业出版社
　　　　　北京市海淀区万寿路 173 信箱　邮编：100036
开　　本：720×1 000　1/16　印张：21.5　字数：348 千字
版　　次：2024 年 2 月第 1 版
印　　次：2024 年 6 月第 2 次印刷
定　　价：149.00 元

凡所购买电子工业出版社图书有缺损问题，请向购买书店调换。若书店售缺，请与本社发行部联系，联系及邮购电话：（010）88254888，88258888。

质量投诉请发邮件至 zlts@phei.com.cn，盗版侵权举报请发邮件至 dbqq@phei.com.cn。

本书咨询联系方式：010-88254753 或 limin@phei.com.cn。

前　言

地理空间数据是国家基础信息设施建设的重要组成部分，而其共享共通是支撑国防和经济持续快速发展的必由之路。数字高程模型（DEM）是地理空间数据的主要内容之一，可以用来表示地形起伏和地貌特征，数据的开放共享在现实应用中发挥了重要作用。也正因为其在经济发展、军事应用中的特殊地位，敏感区域的高精度数字高程模型数据一直是重点保护对象。

信息化时代，地理信息与国家安全的关联度越来越高，在维护政治、经济、军事、科技和其他非传统领域国家安全中发挥着重要作用。随着卫星定位、遥感技术的快速发展，地理信息安全隐患日益突出，违法案件时有发生，时刻面对各种风险考验和重大挑战。2017 年新修订的《中华人民共和国测绘法》，将维护国家地理信息安全作为立法宗旨之一，坚持总体国家安全观，在地理信息安全监管与共享应用等方面实现了重大突破和持续强化。2022 年，中国地理信息产业协会成立了地理信息安全技术工作委员会，地理信息安全技术发展迎来新的巨大飞跃。在这种背景下，研究包含数字高程模型在内的地理空间数据安全技术，成为地理信息产业发展的重要内容。

实际上，世界上的主要国家和地区都特别重视地理信息安全。美国的地理信息成果生成实行“军民分版”策略，根据不同需要提供不同内容和精度的地理空间数据；欧盟一直比较重视地理信息安全，并采取了一系列共同措施，提出了欧洲空间信息基础框架行动计划，目的是生成一致的、高质量的地理空间信息，以形成、实施、监管和评价欧盟的政策；德国在测绘和地籍管理方面的立法最为完善，形成了规范全面、系统简洁的地理信息安全法律法规体系；

日本对地理信息安全实行中央、地方两级管理体制，形成了一系列法规制度，明确指出地理信息不同于其他信息，需要加强安全方面的管理；我国在地图审查、地理信息表示等方面具有严格的规章制度，颁布了一系列法律法规保护国家地理信息安全。

当前，进行地理信息保护的技术主要有信息脱密、信息加密和信息隐藏（包含隐写术和数字水印）三种方法，在不同领域发挥了重要作用。具体到数字高程模型信息保护，信息脱密仅能降低数据精度，不能完全掩饰高程数据的基本特征；信息加密得到的往往是无法识别的数据流，容易引起不法者的注意，受到各种攻击；隐写术的信息保护容量较小，不能满足实际要求；数字水印技术主要用于版权保护，不直接保护高程信息本身的安全。数字高程模型信息伪装是一种主动的信息保护技术，伪装前后数据格式保持不变，都能用于地形仿真和模拟，不仅具有安全性，重要高程信息能够得到保护，还兼有迷惑性，伪装数据能够以假乱真，数据截取者即使通过一定的技术手段发现数据经过了特殊处理，短时间内仍无法进行精确还原。

本书基于作者相关课题研究，结合国家自然科学基金项目研究成果凝结而成。本书系统介绍了数字高程模型信息伪装的基础理论和常用方法，体现了当前信息伪装技术在数字高程模型领域的应用情况，包括数字高程模型信息伪装的基本概念、基础框架、格网和不规则三角网数字高程模型信息伪装的技术方法及算法评价。全书共9章，其中，第1章和第2章部分内容由宋国民撰写，其余部分主要由陈令羽撰写。中国科学院院士高俊教授，战略支援部队信息工程大学游雄教授、闵连权教授等专家在本书成果研究和成稿过程中提供了宝贵意见和指导，电子工业出版社李敏编辑对本书出版提供了支持和帮助，在此一并表示感谢。

作　者

2023 年 8 月

目 录

1 绪论······1

1.1 数字高程模型······2

1.1.1 数据组织与分类······4

1.1.2 规则格网数字高程模型······5

1.1.3 不规则三角网数字高程模型······6

1.2 DEM 数据的开放共享······8

1.2.1 地理空间数据的开放共享······8

1.2.2 常见 DEM 数据及其应用······14

1.3 地理信息安全······19

1.3.1 地理信息安全的概念······19

1.3.2 地理信息安全的现状······21

1.4 DEM 信息安全保护······25

1.4.1 DEM 数据信息安全政策······25

1.4.2 DEM 信息安全技术······27

1.5 本书结构······37

参考文献······38

2 DEM 信息伪装的基本概念 ······ 41
2.1 DEM 信息伪装的定义 ······ 42
2.1.1 信息伪装 ······ 42
2.1.2 DEM 信息伪装 ······ 50
2.1.3 DEM 信息伪装技术发展 ······ 51
2.2 DEM 信息伪装的技术要求 ······ 53
2.3 DEM 信息伪装分类 ······ 56
2.3.1 以伪装范围为依据 ······ 56
2.3.2 以处理方式为依据 ······ 60
2.3.3 以作用域为依据 ······ 61
2.4 DEM 信息伪装与相关技术的辨析 ······ 62
2.4.1 DEM 信息伪装与数据加密、信息隐藏的辨析 ······ 62
2.4.2 DEM 信息伪装与 DEM 建模的辨析 ······ 64
参考文献 ······ 67
3 DEM 信息伪装的理论基础 ······ 69
3.1 DEM 信息伪装的基础框架 ······ 70
3.2 DEM 信息伪装的关键技术 ······ 75
3.2.1 伪装算法的设计 ······ 75
3.2.2 伪数据迷惑增强 ······ 79
3.3 DEM 信息伪装的发生阶段 ······ 80
3.3.1 数据获取阶段 ······ 80
3.3.2 建模阶段 ······ 83

3.3.3 存储传输阶段 …… 84
3.4 DEM 数据的伪装性能指标 …… 85
3.4.1 地形差异度 …… 86
3.4.2 伪地形仿真度 …… 92
3.4.3 还原精确度 …… 98
3.5 DEM 数据处理 …… 99
3.5.1 数据压缩 …… 99
3.5.2 高程数据格式调整 …… 110
3.5.3 DEM 生成等高线 …… 110
参考文献 …… 113
4 基于结构的 DEM 信息伪装方法 …… 115
4.1 基本概念 …… 116
4.2 基于置乱的 DEM 信息伪装技术 …… 117
4.2.1 基于变换矩阵的数据置乱 …… 118
4.2.2 基于 Arnold 变换的数据置乱 …… 120
4.3 基于矩阵论的 DEM 信息伪装技术 …… 121
4.3.1 逆矩阵的基本概念 …… 122
4.3.2 广义逆矩阵的基本概念 …… 122
4.3.3 Moore-Penrose 逆在 DEM 信息伪装中的应用 …… 123
4.4 基于分形理论的 DEM 信息伪装技术 …… 125
4.4.1 几种常见的分形图形 …… 126
4.4.2 基于席尔宾斯基垫片的 DEM 信息伪装方法 …… 128

4.4.3 基于席尔宾斯基地毯的 DEM 信息伪装方法…………… 142
4.5 基于结构的 DEM 信息伪装总体分析…………… 152
参考文献…………… 153
5 基于内容的 DEM 信息伪装方法…………… 155
5.1 基于密码学的 DEM 信息伪装技术…………… 156
5.1.1 经典密码学在 DEM 信息伪装中的应用…………… 158
5.1.2 对称密码学在 DEM 信息伪装中的应用…………… 165
5.1.3 非对称密码学在 DEM 信息伪装中的应用…………… 179
5.2 基于配对函数的 DEM 信息伪装技术…………… 191
5.2.1 基于配对函数的数值加密…………… 191
5.2.2 配对函数在 DEM 信息伪装中的应用…………… 192
5.2.3 伪装效果比较与影响因素分析…………… 193
5.3 基于内容的 DEM 信息伪装总体分析…………… 197
参考文献…………… 198
6 规则格网 DEM 数据重点区域的信息伪装…………… 201
6.1 规则格网 DEM 数据的重点区域…………… 202
6.1.1 重点区域的基本概念…………… 202
6.1.2 重点区域伪装的基本流程…………… 203
6.2 点面结合的重点区域确定方法…………… 206
6.2.1 DEM 数据中重要点位的确定…………… 207
6.2.2 面的划分及重要区域的确定…………… 210
6.2.3 重点区域选取的效果与分析…………… 213

6.3 基于DWT的重点区域多尺度伪装和分权限还原……215
6.3.1 数字高程模型的多尺度特征……215
6.3.2 离散小波变换的多分辨率分析特性……218
6.3.3 重点区域的多尺度伪装方法……220
6.3.4 伪装数据的分权限还原方法……228
6.3.5 实验与分析……229
6.3.6 算法分析……238
参考文献……239
7 规则格网DEM数据线状特征的信息伪装……241
7.1 规则格网DEM数据的线状特征……242
7.1.1 线状特征的主要特点……242
7.1.2 线状特征的提取方法……243
7.2 线状特征信息伪装的基本流程……245
7.3 基于空间拟合的地性线伪装……247
7.3.1 地性线的表示方法与空间拟合……248
7.3.2 地性线特征及影响区域的信息伪装……250
7.3.3 伪装参数矩阵传输方法……252
7.3.4 伪装数据的还原……254
7.3.5 实验与分析……255
7.3.6 算法分析……267
参考文献……267

8 不规则三角网 DEM 数据的信息伪装 …… 269
8.1 TIN DEM 数据的特征分析 …… 270
8.2 TIN DEM 信息伪装的方法分类 …… 271
8.3 基于正方形覆盖网格的 TIN 伪装 …… 274
8.3.1 正方形覆盖网格和 TIN 节点数据之间的关系 …… 274
8.3.2 正方形网格在 TIN DEM 信息伪装中的应用 …… 277
8.3.3 实验与分析 …… 279
8.3.4 算法分析 …… 282
8.4 基于置乱-代换机制的 TIN DEM 信息伪装 …… 283
8.4.1 基于混沌映射的高程置乱 …… 283
8.4.2 基于中国剩余定理的高程代换 …… 288
8.4.3 伪装数据的还原 …… 291
8.4.4 实验与分析 …… 292
8.4.5 算法分析 …… 299
8.5 中国剩余定理在 TIN DEM 坐标域伪装上的扩展 …… 299
8.5.1 高程点的坐标表示 …… 299
8.5.2 基于 CRT 的空间坐标伪装 …… 300
8.5.3 实验与分析 …… 302
8.5.4 算法分析 …… 305
参考文献 …… 306
9 DEM 伪装算法评价模型与辅助选择分析 …… 309
9.1 常用的评价方法 …… 310

9.1.1 专家打分法 …… 310
9.1.2 层次分析法 …… 311
9.1.3 模糊评价法 …… 312
9.1.4 灰色关联度分析法 …… 313
9.2 基于模糊数学法的算法评价 …… 315
9.2.1 算法评价模型 …… 315
9.2.2 算法辅助选择分析 …… 320
9.3 基于灰色多层次的算法评价 …… 322
9.3.1 评价指标体系的建立 …… 322
9.3.2 DEM 信息伪装评价的灰色多层次评价模型 …… 327
9.3.3 实例分析 …… 327
参考文献 …… 331

1
绪论

1.1 数字高程模型

人类从诞生之日起，就在不断地利用各种方式对地形进行表述。由于知识有限，最初只能进行一些定性的描述，例如，通过绘画表示山地的连绵起伏，通过文字记述地表存在的某种现象。17 世纪以后，人类逐步意识到地形起伏对环境的其他影响，开始出现透视写景图、晕滃法、地貌写景图、地貌单元图等各种方法来描述地表情况。随着社会的发展，18 世纪开始出现了以等高线为主要特征的地形图，可以更加直观、准确地对部分地形特征进行定量分析，地形起伏的描述通过正交投影在水平面上、相邻高程相等的点连接而成的闭合曲线来表示。20 世纪 40 年代，计算机的出现使所有领域发生了巨大的革命，借助计算机进行数字形式的地形表达成为制图领域乃至整个测绘领域研究的主要问题，在这种背景下，数字高程模型应运而生。

1956 年，美国麻省理工学院的 Miller 教授在解决道路计算机辅助设计时引入了数字地形模型（Digital Terrain Model，DTM）的概念。在更普遍的意义上，数字地形模型包含了地貌信息、基本地物信息、自然资源与环境信息、主要的社会经济信息四项内容。当所要表示的内容只有高程信息时，数字地形模型就变成数字高程模型（Digital Elevation Model，DEM）。简而言之，数字高程模型是按照空间坐标将各个位置的高程信息以数字形式组织在一起的空间分布模型，并模拟真实的地貌信息，是地形形状大小和起伏特征的数学描述。

自 DEM 概念提出以来，许多学者在不同的时期都对 DEM 进行过定义，而不同机构和地区所采用的术语也不太一致（见表 1.1）。在术语的表达上，虽然词义比较接近（例如，Elevation 和 Height 为同义词，Ground 和 Terrain 为近义词），但含义并不完全相同，代表不同特色的地形数字化产品。各种定义在表述上虽有差异，但基本观点都是一致的，即从模型和结果呈现形式的角度出发讨论 DEM 的概念。

表 1.1　数字高程模型有关术语

术　语	英文全称（译名）	特点及含义
DEM	Digital Elevation Model（数字高程模型）	以绝对高程或海拔表示的地形模型
DTM	Digital Terrain Model（数字地形模型）	泛指地形表面自然、人文、社会景观模型
DHM	Digital Height Model（数字高程模型）	以任意高程表示的地形模型，包括绝对高程和相对高程
DGM	Digital Ground Model（数字地面模型）	具有连续变化特征的地表实体模型
	Digital Geomorphology Model（数字地貌模型）	表达地貌形态的数字模型，如坡度、坡向等
DTED	Digital Terrain Elevation Model（数字地形高程模型）	以格网结构组织的地形高程模型，为美国国家地理空间情报局（NGA）标准数据产品
DSM	Digital Surface Model（数字表面模型）	数字表面模型，指包含了地表建筑物、桥梁和树木等高度的地面高程模型

DEM 的出现标志着地形表达从模拟时代进入数字时代，之后科技人员对其进行的研究几十年来方兴未艾，在地理信息技术和空间数据知识发现中应用广泛，图 1.1 是 DEM 在三维地形仿真和水域模拟分析中的应用。在地形分析中，DEM 提供基础支撑数据，可用于地形特征的提取、地形简化、坡度计算、剖面图显示等；在工程应用中，DEM 可用于工程挖填方的计算、道路勘测、土方量计算等；在防震减灾中，基于 DEM 可以进行泥石流水动力分析、雨水汇水面积分析、数字河网构建等；在军事应用中，DEM 可以为虚拟战场提供地形显示数据，为武器精确制导进行地形匹配等；同时，DEM 被广泛应用于遥感、通信、林牧业等国民经济的各个领域。

国际摄影测量与遥感学会一直将 DEM 作为一个重要主题，组织相关工作组进行国际性合作研究。作为空间定位的数学集合，DEM 数据的应用几乎可以涉及整个地学领域，要进行地理空间定位的研究，一般首先需要建立数字高程模型。在 DEM 的基础上叠加相关属性信息还可以形成不同的 DTM 数据，保障不同用户的需求。

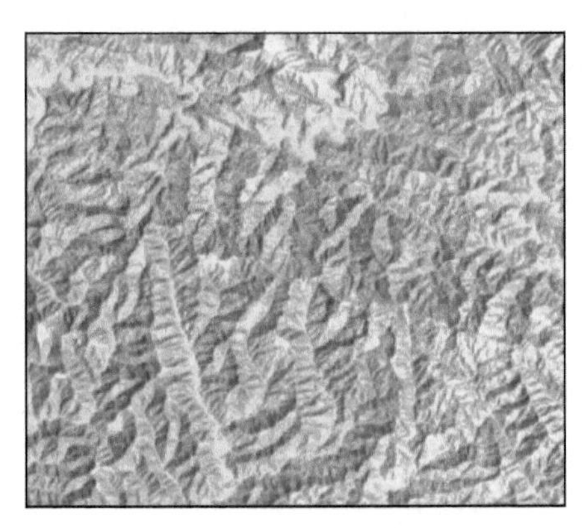

(a) 三维地形仿真

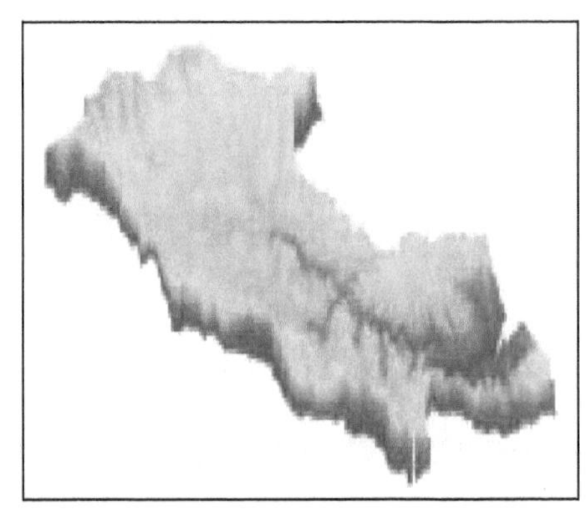

(b) 水域模拟分析

图 1.1　DEM 在不同领域的应用

▶ 1.1.1　数据组织与分类

地理空间实质上是一种三维空间，在二维空间很难准确描述。DEM 数据的主要目的是将源域（实际地形）转换到另一种空间域（数字高程模型）上，通过对其进行简化抽象，将研究对象从实地转移到数据模型上，完成三维空间到二维空间的转变。DEM 是通过空间定位对一定区域内的高程特征进行的数字描述，其数学表达式可以简化为

$$V_i = (X_i,\ Y_i,\ Z_i) \quad i = 1,\ 2,\ 3,\ \cdots,\ n \tag{1.1}$$

其中，V_i 表示区域 D 中 n 个高程点中的一个元素，X_i 和 Y_i 分别代表该点的平面横坐标和纵坐标（平面定位坐标），Z_i 表示该点的高程值。本质上，数字高程模型表示的就是该区域上的一个三维向量有限序列。根据序列中平面坐标的组织形式不同，可以将其分为不同类型。当平面位置排列规则时，对于任意序数 i，有

$$\begin{aligned} X_{i+2} - X_{i+1} &= X_{i+1} - X_i \\ Y_{i+2} - Y_{i+1} &= Y_{i+1} - Y_i \end{aligned} \quad i = 1,\ 2,\ 3,\ \cdots,\ n-2 \tag{1.2}$$

则该三维向量有限序列表示的是规则格网 DEM 数据，其坐标数据可以省略。通过记录其空间范围、格网间距及对应每个格网点的高程矩阵，可以推断出所

有格网点的平面坐标和高程信息；若平面坐标相互间不存在这种关系，坐标分布没有特定规律，平面坐标与高程值一一对应，则该三维向量有限序列表示的是不规则 DEM 数据，包括不规则三角网 DEM、等高线模型、离散点模型及断面线模型等类型。其中，规则格网 DEM 和不规则三角网 DEM 是两种最常见的数字高程模型，也是本书研究的主要对象。

▶ 1.1.2 规则格网数字高程模型

规则格网数字高程模型（Regular Square Grids DEM，RSG DEM）简称规则格网 DEM，是将 DEM 建模区域的最小外接矩形，在纵、横方向上等间隔进行划分，划分成若干个间隔相等、形状相似的格网单元；按规定顺序（如逐行或逐列）记录每一个格网点（格网单元）的高程值，而格网点的平面坐标信息可通过格网行、列号求解得到，如图 1.2 所示。

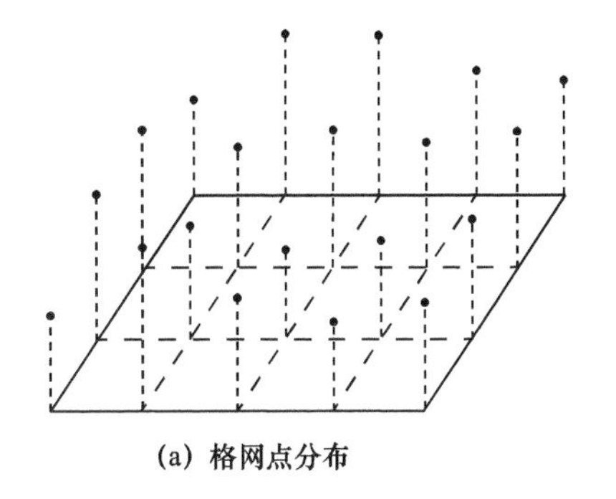
(a) 格网点分布

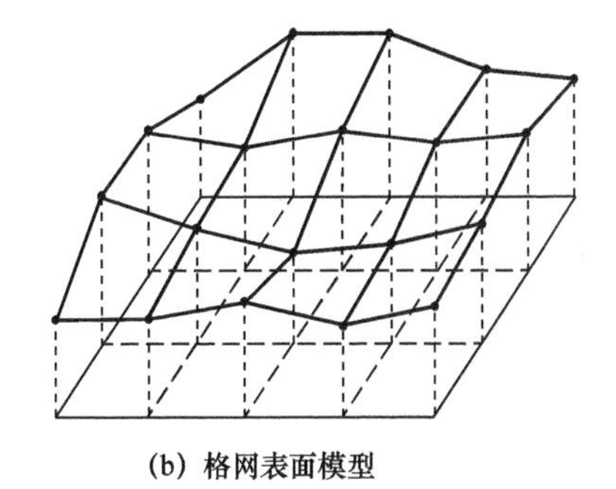
(b) 格网表面模型

图 1.2 规则格网数字高程模型

规则格网 DEM 的数据组织形式简单，非常便于用计算机存储处理，是目前应用最广泛的一种数字高程模型。图 1.3 为我国国家标准《地理空间数据交换格式》（GB/T 17798—2007）中定义的格网数据交换格式（.grd；有简化）。

由于无条件记录了空间范围内所有规定格网点的高程信息而造成的大量数据冗余，可采用数据压缩方法进行处理，如行程编码法、块状编码法、四叉树法等。同时，粗略的格网大小难以精确表示部分微小地形的起伏特征，因此规则格网 DEM 不能描述局部细节信息，与地形表面特征会有所差异。例如，不改变格网大小，无法适用于不同起伏特征的地区。事实上，规则格网 DEM 数据的主要生成方法最终几乎都可以归结为基于离散采样点的数据建模，其主要思路是：首先，将建模区域进行平面划分，分成规则格网，形成覆盖整个地形建模区域的格网空间；然后，根据分布在周围的地形采样点计算格网点的高程，将其以规定的数据格式输出，完成实际地形特征到数字描述的转变。目前，格网点的高程值具有两种解释：一种认为仅代表格网点本身（也有认为是格网中心点）的高程值；另一种认为是格网内所有高程的平均值。在整个过程中，数据内插算法是建模的关键，目前常用的插值算法很多，主要有线性内插、样条函数内插、曲面叠加内插、最小二乘匹配及有限元内插等。在实际应用中需要根据数据的具体要求选择合适的内插算法。

```
<格网数据交换格式> ::= <文件头><数据体>
<文件头> ::= DataMark: CNSDTF-RAS|CNSDTF-DEM<CR>
Version: < GB/T 17798-2007><CR>
Alpha: <浮点><CR>
Compress: 0|1<CR>
X0: <浮点><CR>
Y0: <浮点><CR>
DX: <浮点><CR>
DY: <浮点><CR>
Row: <整数><CR>
Col: <整数><CR>
ValueType: Char|Integer<CR>
HZoom: <整数><CR>
...
<数据体> ::= {<格网值>{,<格网值>}_0^9 <CR>} | {<格网值><整数>{,<格网值><整数>}_0^9 <CR>}_0^∞
```

图 1.3　我国格网数据交换格式（有简化）

▶ 1.1.3　不规则三角网数字高程模型

不规则三角网数字高程模型（Triangulated Irregular Networks DEM，TIN DEM）简称不规则三角网 DEM，是从不规则采样点生成连续三角面逼近地形特征的一种数字形式，如图 1.4 所示。TIN DEM 是根据地形表面本身特征进行的建模，可以较为详细地表达地形的局部特征，模型的复杂程度一般和地形的复杂程度成正比，用较多的格网点表示地形复杂地区，用较少的格网点表示地形平坦地区。

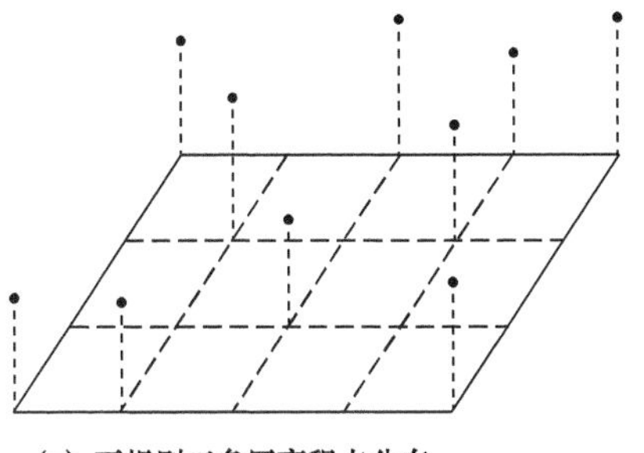
(a) 不规则三角网高程点分布

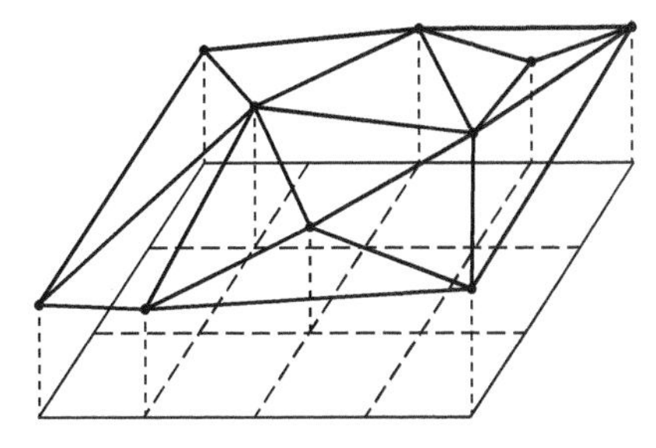
(b) 不规则三角网表面模型

图 1.4　不规则三角网数字高程模型

与规则格网 DEM 数据相比，TIN DEM 可以用较少的点表达相当精度的地形模型，大幅度减少了数据量，克服了高程矩阵存在的数据冗余问题。但由于形成的三角面、点、边之间的拓扑关系复杂，处理过程烦琐，很大程度上影响了其推广和应用。

在 TIN DEM 数据结构中，基本的数据元素为顶点（采样点）、边和三角形。它们之间存在着点与线、点与面、线与面、面与面等拓扑关系。理论上，通过组成三角形的三个顶点可完整地表达三角形的构成，以及三角形顶点、三角形边、三角形之间的拓扑关系，只需要两种数据结构即可表达这些拓扑关系：三角形顶点坐标结构体、三角形结构体（见图 1.5）。这种结构虽然简单，但三角形结构元素的拓扑关系却是隐含的，不利于 TIN DEM 模型的检索与应用。因此，围绕三角形的拓扑关系描述产生了多种 TIN 的数据结构，如 TIN 的点结构、边结构、面结构、点-面结构、边-面结构。

TIN 数据的主要建模方法是基于 Delaunay 三角网进行的，并且根据地形约束条件，可以详尽表示地理空间实际存在的部分特征线。Delaunay 三角网的生成算法主要可以分为三类：分治算法、逐点插入法和三角网生成法。其中后两种算法还可用于约束三角网的生成。

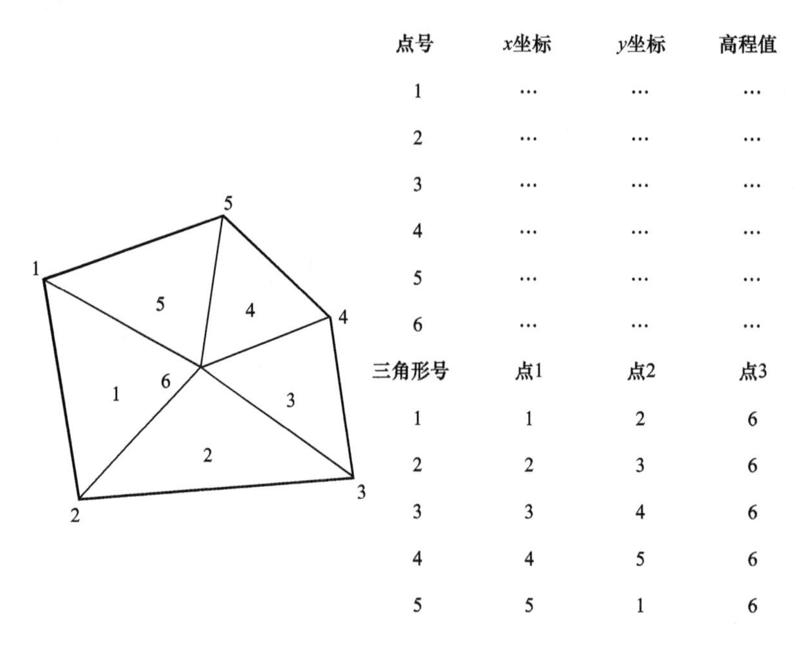

点号	*x*坐标	*y*坐标	高程值
1	…	…	…
2	…	…	…
3	…	…	…
4	…	…	…
5	…	…	…
6	…	…	…

三角形号	点1	点2	点3
1	1	2	6
2	2	3	6
3	3	4	6
4	4	5	6
5	5	1	6

图 1.5　TIN 数据结构示例

1.2　DEM 数据的开放共享

▶ 1.2.1　地理空间数据的开放共享

地理空间数据的开放共享是指在保证信息安全和保密的同时，通过互联网快捷准确地获取和处理与人类生存密切相关的各类地理空间信息，是在政府宏观调控下，遵照一定的规则和法律，实现地理信息的流通和共用，实质上是地理信息的共享。地理信息共享可以最大限度地减少对地理信息采集加工整理中的人力、物力和财力的投入，网络为人们共享全球、地区、国家及区域之间的地理信息提供了最便捷、最及时的工具，可促进政府决策的民主化和科学化，也是实现各个范围内信息化的前提条件和根本目标。

由于地理空间数据的广泛应用和基础性特征，地理信息的开放共享是大势所趋，世界上超过 50 个国家制定了本国的国家空间数据基础设施（National Spatial Data Infrastructure，NSDI）建设计划。美国、加拿大、澳大利亚、英国、荷兰、智利、南非、印度等国家都建立了国家空间数据基础设施或数据仓库。国际科学联合会于 1957 年成立的世界数据中心，已经在全球各地建立了超过 50 个数据中心，广泛分布在美国、欧洲、日本和中国等各个地方，地理信息的开放共享是其重要内容之一。2005 年，地球观测组织成立，其目标就是制定和实施全球综合观测系统，成员已经超过 100 个。

国内外主要国家和组织关于地理空间数据的开放共享情况主要如下。

1. 美国的地理空间数据共享

美国一直以来十分重视地理信息数据资源建设，将地理信息视为重要的国家数据资产和公共服务。自 1994 年美国就开始进行空间数据基础设施建设，并在地理信息统筹利用方面取得了较好成效。建设空间数据基础设施的目标是要尽可能地减少重复工作，提高地理空间信息质量，并使地理空间信息更加便于访问。NSDI 定义了在促进各级政府、私营和非营利机构及学术界范围内共享地理空间数据时所需的技术、政策和人力资源，此外，NSDI 还促进了各级政府和学术界及私营企业之间的合作关系，使空间数据的效益充分发挥了作用。

2018 年，美国政府颁布了《地理信息数据法案》，首次将 NSDI 的角色定位、建设内容、主责部门写入联邦法律。将 NSDI 确定为美国联邦政府各部门、各州和企业负责共同建设的以地理信息数据为框架的数字基础设施（包括数据、政策、技术标准和人员等），其目的是确保各领域的重要地理信息数据资源能够被充分利用。根据该法案，指定美国负责地理信息数据统筹协调的机构——联邦地理数据委员会（FGDC）为结合国家安全和国防战略制定 NSDI 战略规划的法定机构。FGDC 主要由美国负责自然资源管理的内政部和总统预算管理办公室进行管理，其主要成员机构有美国内政部（含联邦地质调查局）、农业部、商务部（含国家海洋和大气管理局）、交通部、国防部、国土安全部等。长期以来，NSDI 作为美国重要的数字基础设施，在自然资源管理等领域发挥了非常重要的作用。

目前，美国 NSDI 确定了 18 类数据主题，每一类数据主题都有主责机构进行统筹和获取。美国还依托 NSDI 建立了国家级地理信息平台，供联邦和各州各部门充分使用地理信息数据，减少数据重复获取，促进数据互操作和共享。

作为 NSDI 重要的组成部分和电子政务项目之一，2003 年开始建立了地理空间一站式共享网络，后并入美国开放政府数据网站。其目的是通过更便利、快速和廉价的方式访问地理空间信息，满足政府和社会各界的需求，促进电子政务的发展。通过这项计划，各级政府向公众发布其数据采集计划，从而减少了数据的重复采集。其网络人口采用标准化的元数据，避免了冗长、非标准的数据采集，扩大了跨机构和政府间数据获取的相互合作。通过这一计划所共享的数据有高程、正射影像、水文、行政边界、交通网络、地籍、大地控制，以及各种专题数据。美国的信息开放政策允许公众使用几乎官方所拥有的全部信息，包括官方 GIS 数据，都可以适当的价格出售。

同时，美国也是世界上最早基于政企合作进行地理空间数据共享的国家之一，例如，NISC（the National Information Sharing Consortium，国家信息共享联盟）与 ESRI（Environmental Systems Research Institute，Inc.，美国环境系统研究所公司）开展合作，在应对自然灾害或紧急情况时，促使联邦、州及地方政府机构可共享地理空间数据。主要是将 ESRI 地图门户网站 ArcGIS Online for Organization（AGOL）部署为一个地理信息系统平台，以支持美国国土安全部实施的“虚拟美国”（vUSA）项目。该平台向用户提供交互式地图，能显示出一些关键要素，如直升机着陆点、疏散路线、避难所、天然气供应点、供水线、电网的位置和状态等。

2. 欧盟的地理空间数据共享

为了进一步加强欧空局在空间信息技术方面的合作和资源共享水平，有效解决欧洲空间信息技术应用中存在的国家之间信息重复采集、处理，信息分隔、传递不畅，信息和服务标准化水平低、数据开发利用程度低等问题，欧空局于 2001 年启动了欧洲空间信息设施计划（INSPIRE）。欧洲议会和欧盟理事会于 2004 年正式以欧盟法律形式对欧洲空间信息基础设施的建设和应用做出明确规定和长期部署。

欧盟的这一文件在地理空间信息基础设施发展中具有里程碑的意义，主要有 6 条建设原则：

（1）数据只需要采集一次，并能以有效的方式维护。

（2）必须能对不同来源的空间信息进行无缝组合，生成全欧盟的数据，并为众多用户共享和应用。

（3）在某个层次上收集的信息必须为不同层次共享。例如，详细信息可为详细调查使用，综合信息可为战略目标使用。

（4）每个管理层次所需的地理信息应该丰富并索取便利。

（5）地理信息必须容易索取、使用并满足特殊需求。

（6）地理信息必须容易理解，以友好的方式显示并为公众选用。

欧洲各国普遍重视对于空间信息基础设施建设的应用，以此大力促进本国和各国间的地理空间信息的共享。有关资料显示，欧洲的很多国家在电子政务建设中都考虑了空间信息基础设施建设，英国、捷克、芬兰、比利时、德国、希腊、意大利、挪威、波兰、葡萄牙、瑞典等主要欧洲国家均有与空间信息基础设施发展相似的规划。

3. 印度的地理空间数据共享

印度曾是世界主要国家中对事前审批、边境测绘、地理信息利用等方面管控最严格的国家之一，测绘和制图在印度具有极为特殊的地位。长期以来，印度测绘局的主要职能也是向国防和军队提供地理信息。直至 20 世纪 60 年代，印度国防部开始允许分发 1∶400 万比例尺的地图，并继续限制在特殊地区尤其是边境地区地图和航空影像的分发。随着印度经济社会的发展，印度测绘局逐渐开始开展一些非军事的测绘活动，于 1971 年正式成为印度科学技术部的下属部门并接受管理。

2005 年，印度在测绘地理信息领域的国家政策迎来转变。印度中央政府颁布了《国家地图政策》，首次确定了高质量地理信息数据在社会经济发展、自然资源保护、基础设施发展等各个领域的重要性。《国家地图政策》对印度国家地图进行了严格的军民分版。印度地图分为国防系列地图和开放系列地图，前者是主要满足该国国防和安全需要的地形图（全部为标密地图），并由国防部制定国防系列地图的使用指南，后者主要为不显示任何敏感信息的为满足经济社会发展需要的地图，由印度测绘局制定使用指南。《国家地图政策》确定了开放版地图分发使用的规则（包括比例尺限制、版权限制等），并要求在公众版开放地图中不出现军事或非军事敏感区域的位置信息。

2021 年，印度政府发布了《21 世纪的印度地图》战略，并配套出台了《关于获取和生产地理空间数据以及地理空间数据服务的指南》，宣布针对地理信息数据和地图政策“彻底”自由化，取消私营企业各项事前审批事项，对敏感地理信息数据设立负面清单，允许跨国公司在印度开展面向本土的测绘活动等。此项改革受到印度总理和民众企业的高度赞同，但是在印度军方，仍旧有不少质疑和反对，印度科技部后续补充发布了“功能、装置及其敏感属性”的地理信息负面清单，相关实体必须在遵守负面清单的基础上，才能自由获取、处理、分发任何精度的地理信息。

4. 我国的地理空间数据共享

我国历来重视地理空间数据的共享，出台了一系列关于地理信息共享的规章、政策和技术处理规定，如《政务信息资源共享管理暂行办法》（国发〔2016〕51 号）提出“基础信息资源目录由基础信息资源库的牵头建设部门负责编制并维护”，以及《促进大数据发展行动纲要》（国发〔2015〕50 号）、《政务信息系统整合共享实施方案》（国办发〔2017〕39 号）、《科学数据管理办法》（国办发〔2018〕17 号）等，提出了数字经济发展对基础数据共享的诉求。

20 世纪 80 年代，中国科学院主持建设了中国科学院科学数据库。1997 年，成立国家地理空间信息协调委员会，开始推动国家空间信息基础设施的建设。1999 年，科技部在科技基础性工作和社会公益性研究专项中，启动了科技基础数据库建设。2002 年，科技部启动了科学数据共享工程，资源环境、农业、人口与健康、基础与前沿等领域 24 个部门开展了科学数据共享，包括气象、测绘、地震、水文水资源、农业、林业、海洋、国土资源、地质与矿产、对地观测等专业领域国家科学数据共享中心，以及地球系统、人口健康、基础科学、先进制造与自动化科学、能源和交通等学科领域的科学数据共享网。2005年，开始将科学数据共享纳入国家科技基础条件平台，六大类43个科技资源共享平台得到了支撑，包括研究实验基础和大型科学仪器设备共享平台、自然科技资源共享平台、科学数据共享平台、科技文献共享平台、科技成果转化公共服务平台和网络科技环境平台。2006年，国家测绘局发布了新的《基础地理信息要素分类与代码》，为空间信息共享提供了标准基础。2011年，首批23家国家科技平台通过科技部和财政部的认定，正式进入运行服务阶段，其中包括地球系统科学数据共享平台、气象科学数据共享中心、地震科学数据共享中心、农业科学数据共享中心、林业科学数据平台和人口与健康科学数据共享平台等地理空间信息共享平台。

据统计，目前在中国境内运行包含实质性数据内容的有近百个公益性科学数据资源共享网站。其中，国家地理信息公共服务平台建设是原国家测绘局负责建设的一项重点工作，就是为了促进测绘成果广泛应用、推进地理信息资源共建共享、转变地理信息服务方式，包括公众版、政务版、涉密版三个版本。“天地图”是公众版成果，是由原国家测绘局主导建设的为公众、企业提供权威、可信、统一地理信息服务的大型互联网地理信息服务网站，旨在使测绘成果更好地服务大众。

“天地图”网站装载了覆盖全球的地理信息数据，这些数据以矢量、影像、三维模型三种模式进行全方位、多角度展现，可漫游、能缩放。其中，中国的数据覆盖了从宏观的中国全境到微观的乡镇、村庄。普通公众登录“天地图”网站，即可看到覆盖全球范围的1∶100万矢量数据和500m分辨率卫星遥感影像，覆盖全国范围的1∶25万公众版地图数据、导航电子地图数据、15m和2.5m分辨率卫星遥感影像，覆盖全国300多个地级以上城市的0.6m分辨率卫星遥感影像等地理信息数据，是目前中国区域内数据资源最全的地理信息服务网站。

通过“天地图”门户网站，用户接入互联网可以方便地实现各级、各类地理信息数据的二维、三维浏览，可以进行地名搜索定位、距离和面积量算、兴趣点标注、屏幕截图打印等常用操作。公众还可以以超链接的方式接入已建成的省市地理信息服务门户，获得各地更具个性化的服务，畅享省市直通。此外，在“天地图”上，用户也可以访问国家测绘成果目录服务系统，了解和掌握国家及各省（区）、市的测绘成果情况，并能够链接至国家测绘局相关地理信息服务网站，获取包括专题地理信息在内的数据资源。

同时，百度地图、高德地图、地理国情监测云平台、资源环境云平台、标准地图服务系统等官方和民间网站，也可以向公众提供不同类型的地理空间数据。通用的地理空间数据，用户基本上都可以通过公开的渠道获取。

▶ 1.2.2 常见 DEM 数据及其应用

DEM 最早只是测绘生产部门的私有成果，面向范围很小，地理信息共享拓宽了 DEM 获取的渠道。随着技术的发展，人类对空间细节信息认知的要求不断提升，大数据同样席卷地理信息科学领域，特别是地理信息服务理念的提出，利用网格计算、并行计算及云计算等最新计算机技术进行地理空间数据信息存储和处理成为当前测绘学、地理学及其他相关学科研究的热点。DEM 数据的信息共享早已成为业界共识。

目前，国内外多个网站可以提供 DEM 数据共享服务，在公开渠道可以下载的常用数据如下。

1. GTOPO30

1996 年，美国国家勘探局（USGS）根据 8 个不同的数据源首次发布了覆盖全球的数字高程模型数据 GTOPO30，其分辨率约为 1km，绝对高程误差小于 30m，主要提供了陆地区域的地表高程，不提供海洋高程。

GTOPO30 全球 DEM 数据近 80%的陆地区域是基于美国 NIMA 机构提供的 DTED 和 DCW 数据集编制而成的，其中 DTED 数据覆盖率高达 65%，其余未被 DTED 和 DCW 覆盖的陆地区域则主要源于小比例尺数字制图数据库和中等分辨率的国家 DEM 数据库。DTED 是水平网格间距为 3"（角秒）的光栅地形数据库，其作为主要数据源聚合到 30"的经纬度网格上；DCW 为基于 1∶100 万比例尺 ONC 系列（ONC 是全球覆盖范围最大的比例尺基础地图源的矢量地图数据库），通过 ANUDEM 程序插值获取格网高程值；剩余未被覆盖的区域则通过小比例尺数字制图数据库和中等分辨率的国家 DEM 数据库进行补充。数据融合过程中采用加权平均法，每个数据源的权重根据单元格与重叠区域边缘的接近程度确定，以便将不同数据源的高程差异降到最小，并最终将其统一至 WGS84 水平基准和 MSL 垂直基准下。

GTOPO30 采用对已有制图数据进行重新编制的生产方法，因此并没有给出统一的精度指标。虽然如此，但在使用时可以根据研究区域参考两个主要数据源的精度指标：DTED 数据源高程 RMSE（中误差）约为 18m，对应 LE90（绝对高程精度）为 30m；DCW 数据源高程 RMSE 约为 93m，对应 LE90 为 160m。Gesch（1998）采用覆盖 29°S～29°N 区域内的 365000 个 SLA 点高程数据对 GTOPO30 进行质量评价，对应研究区的整体高程 RMSE 约为 70m。

2. SRTM

SRTM（Shuttle Radar Topography Mission）即航天飞机雷达地形测绘使命。航天地形测绘是指以人造地球卫星、宇宙飞船、航天飞机等航天器为工作平台，对地球表面所进行的遥感测量。以往的航天测绘由于精度有限，一般只能制作中、小比例尺地图。SRTM 是美国航空航天局（NASA）、国防部国家测绘局（NIMA）及德国与意大利航天机构共同合作完成联合测量，由美国发射的“奋进”号航天飞机上搭载 SRTM 系统完成。该测图任务从 2000 年 2 月 11 日开始至 22 日结束，共进行了 11 天总计 222 小时 23 分钟的数据采集工作，获取 60°S～60°N 总面积超过 1.19 亿平方千米的雷达影像数据，覆盖地球 80%以上的陆地表面。

SRTM 系统获取的雷达影像的数据量约 9.8 万亿字节，经过两年多的数据处理，制成了数字地形高程模型（DEM)。SRTM 产品于 2003 年开始公开发布，经历多次修订，目前最新的版本为 V4.1 版本。

此次航天测绘覆盖面积之广、采集数据量之大、精度之高在测绘史上是前所未有的。11 天采集的全部原始数据仅处理就花费了两年多的时间。数据经处理后最终所获取的全球数字高程模型，可以将美军现有的全球 DEM 精度提高约 30 倍，覆盖地球陆地面积的 80%以上，免费提供给世界各地用户，绝对高程误差小于 16m。

SRTM DEM 有多个版本（V1/V2/V4），多种格式（hgt/Geotiff/Bil/Arc Grid），多种精度（SRTM1/SRTM3/SRTM30）。其中，V1 为原始版本，V2 为利用现有水体数据库在 V1 基础上进行修正的版本，V4 则是在 V2 版缺失数据区域进行插值和修补得到的版本。SRTM1 是以地球等角坐标系的 1"作为采样间隔（约 30m），SRTM3 和 SRTM30 分别是以 3"和 30"为采样间隔（约 90m 和 900m）。全球数据采样间隔为 90m，美国本土数据采样间隔为 30m。目前可在网站上下载 SRTM 的 V2 版的 hgt 格式的数据，该数据以 Big Endian 格式存储。

3. ASTER GDEM

2009 年，美国利用日本的 ASTER 遥感器观测制作了南、北纬各 83° 范围内 30m 分辨率的数据，绝对高程误差小于 20m，覆盖范围达到地球陆地表面的 99%。

ASTER GDEM 是一类基于光学立体摄影测量获取全球高程的数据产品，从严格意义上说其数据包含了森林植被、建筑物等地表地物的高程，属于 DSM 数据产品。ASTER 是一种先进的多光谱成像仪，搭载 NASA 的 Terra 航天器升空。其传感器覆盖了从可见光到热红外的 14 个波段，具有较高的空间、光谱和辐射分辨率，一个额外的后向近红外波段提供空间分辨率为 15m 的立体覆盖，用以收集地形数据。基于上述光学立体像对生产了覆盖 83°S～83°N 内所有陆地区域的 1"分辨率的数据产品，ASTER GDEM 的水平基准面参考为 WGS84 坐标系、垂直基准面参考为 EGM96 大地水准面。

2009 年，NASA 和 METI 首次发布相关数据产品，采用了约 126 万幅光学立体像对，通过全自动的生产方式，并首创无控制点绝对 DSM 数据生产方法，完成了第一版 GDEM 数据生产处理。随后，美日联合验证小组评估了 GDEM V1 的准确性，其整体绝对高程精度 LE95 约为 20m，水平定位精度 CE95 约为 30m。然而经研究发现，其存在高纬度地区覆盖不足、云污染、水掩膜及一定的伪影等问题，因此只能支撑部分科研应用。

2011 年，NASA 和 METI 在 GDEM V1 的基础上新增了 26 万幅光学立体像对数据，生产并发布了 ASTER GDEM V2。相较 GDEM V1，其在覆盖范围、空间分辨率和水体掩膜处理精确度等方面有了明显的提升。同 GDEM V1 一样，由美日联合验证小组评估的 GDEM V2 的绝对高程精度 LE95 约为 17m，对应的 RMSE 约为 8.7m；Rexer 等对澳大利亚区域的 GDEM V2 数据进行了单独验证，其精度评价结果与上述结论基本保持一致，RMSE 约为 8.5m。

2019 年，NASA 和 METI 共同发布了 ASTER GDEM V3，在 GDEM V2 的基础上，又新增了 36 万幅光学立体像对数据，主要用于减少高程值空白区域、降低水域数值异常。GDEM V3 数据在有效覆盖范围、高程精度方面有显著提升。同时，还发布了一个新的全球数据产品 ASTWBD，通过该产品可识别所有水体，包括海洋、河流和湖泊等，每一幅 ASTER GDEM 数据都有对应的水体数据。ASTWBD 也是目前基本能够覆盖全球的唯一水体数据。表 1.2 所示为全球数字高程产品及主要参数。

表 1.2 全球数字高程产品及主要参数（据唐新明，有删减）

产品名称	发布时间	分辨率	表面模型（DSM/DTM）	覆盖范围	水平基准	垂直基准	绝对高程精度		技术手段
							评价指标	值/m	
GTOPO30	1996 年	30"	DTM	90°S～90°N 180°W～180°E	WGS84	MSL	RMSE	70	数据融合（8 种数据源）
SRTM	V1：2003 年 V2：2006 年 V3：2013 年	1" 3" 30"	DSM	60°S～60°N 180°W～180°E	WGS84	EGM96	LE90	标称：16 实际：9	InSAR
ASTER GDEM	V1：2009 年 V2：2011 年 V3：2019 年	1"	DSM	83°S～83°N 180°W～180°E	WGS84	EGM96	LE95	V1：20 V2：17	光学立体摄影测量

通过数据共享，用户可以方便快捷地获取需要的高程信息，进行各项应用，极大拓展了 DEM 的使用价值，推动了 DEM 的快速发展。与此同时，如何在共享的基础上保证信息安全，成为必须面对的问题。尽管 DEM 数据共享在基础

地理信息分析和应用中发挥了重要作用，但重要 DEM 数据的信息安全也必须得到应有的保障，两者是辩证统一的关系。实际上，目前的 DEM 数据共享也都是在信息安全的基础上进行的，主要体现在以下两个方面。

首先，数据共享的精度是有选择的，高精度数据仍是重点保护对象。

目前，通过一些公开渠道可以获取部分区域米级分辨率的 DEM 数据，但这种数据基本上都是经过数据内插形成的，高分辨率并不代表高精度。高质量的 DEM 数据一直是各国限制开放使用的重要资源。美国面向全球开放的 DEM 数据精度基本上控制在 30m 左右，对军事应用具有重要价值的高精度 DEM 数据被视为核心的战略资源，严禁开放共享。我国也仅允许向公众开放使用低分辨率、低精度的 DEM 数据，高质量数据的使用需要进行严格的行政审批和资质审查。

其次，数据共享的区域是有选择的，关键地区数据的开放仍被严格限制。

通过数据共享能够获取地球表面绝大部分的 DEM 数据，但敏感地区的高精度数据仍是各国重点保护的对象。正如谷歌地球的出现，极大方便了人们的生活，美国政府认为保障了公民的知情权，而由于显示了部分国家的港口、基地、军用机场等重要军事目标，在欧洲人看来是为恐怖分子大开方便之门，引起许多国家和地区军方的强烈不满，遭到一些安全情报部门的重点监控。因此，在处理部分敏感地区或目标时，谷歌地球会采取模糊或降低精度等技术手段，保护重要战略信息不被公开。同样，由于高质量 DEM 数据具有重要的军事价值，重点地区特别是这些地区的高精度数据，数据共享仍被严格限制。美国一般会对其重要军事基地所在的公开 DEM 数据在原有精度基础上进行脱密处理，我国将涉及重要目标的数字化地理信息产品赋予较高的保密等级。事实上，世界上任何国家的高质量 DEM 数据都不是无条件全境开放的。近年来，境外势力非法测绘案件的激增，也是因为无法通过公开渠道获取部分重点区域的 DEM 数据，才铤而走险，其根本目的就是通过实地考察，获取该区域的高精度数据。

在未来很长的一段时间内，DEM 数据共享和信息保护都是一个两难的问题，但两者并不是相互矛盾的关系。数据共享推动了 DEM 的发展，DEM 信息保护在一定程度上促进了数据共享。如果缺乏有效的数据共享保护机制，各个部门生产的数据可能宁愿不用也不愿意进行资源共享，反而会造成同一数据大规模重复生产。我国出台的地理空间数据共享政策和进行的技术研究，基本上都将信息安全作为其中的一项重要内容。在数据共享的大背景下，研究 DEM 数据的信息保护包括信息伪装技术仍然十分必要。

1.3 地理信息安全

▶ 1.3.1 地理信息安全的概念

广义上，凡是涉及信息的安全性、完整性、可用性、真实性和可控性的相关理论与技术都是信息安全所要研究的领域。狭义的信息安全是指信息内容的安全性，即保护信息的秘密性、真实性和完整性，避免攻击者利用系统的安全漏洞实施窃听、冒充、诈骗、盗用等有损合法用户利益的行为，保护合法用户的利益和隐私。

地理信息安全是指必须严格遵守国家的相关法律法规，采取必要的技术和措施，保障地理信息在采集、处理、加工、存储、传输、应用、服务等环节中的合法利用，未经批准不得生产、复制、使用和传播。在官方文件中，“地理信息安全”一词首次出现在 2007 年印发的《国家测绘局关于加快推进测绘信息化发展的若干意见》中，该文件中首次将地理信息安全与非传统安全领域的信息安全和网络安全联系起来。

地理信息安全属于信息安全范畴，也具有完整性、机密性、可用性、不可否认性和可控性等信息安全的五大特征：完整性指防止信息被篡改；机密性指保证地理信息不泄露给未经授权的组织或个人；可用性指保证地理信息为授权使用者使用；不可否认性指保证对地理信息抗抵赖；可控性指对地理信息实施安全监控。同时，因为地理信息的特殊性，地理信息安全还具有以下五个方面的特征。

一是主权性。地图是国家领土主权的名片，是国家主权和领土完整的象征，敏感地理信息的发布和泄露会导致领土和外交纠纷，给国家安全带来危害。

二是涉密性。地理信息数据成果大多属于国家秘密，其产品有秘密、机密和绝密几类，其范围广、数量大、涉及面广、保密期限长，关系到国家安全战略，是现代战争实施远程精准打击的基础性工具，是境外敌对势力密切关注的重要领域。

三是精准性。地理信息描述的地球表面自然要素和人工设施的空间位置、时间变化和动态特征等属性信息，有比例尺、符号、图例、审图号等要素概念，数据精准，内容丰富，是地理信息安全敏感性的重要指标。

四是基础性。地理信息作为基础性信息资源，是四大基础大数据（人口、法人、地理信息、宏观经济）之一，据不完全统计，80%的人类活动与地理信息有关。随着网络经济的快速发展，地理信息服务领域空前广泛，走向了各行各业，走进了千家万户。地理信息的应用越广泛，地理信息安全的责任就越重。

五是共享性。网络普及使得地理信息发布和应用需求日益增强，技术进步使得地理信息的获取、传输和复制更加容易。

同其他信息安全相比，地理信息安全的特殊性在于：一是网络中存储和传输的某些地理信息牵涉国家的政治、军事、经济利益，涉及国家的机密。这些地理信息只有部分个人、部分单位有权生产、拥有和使用，其他个人、机构不能访问、使用、占有、修改这些数据。 二是在一定程度上，地理信息安全较一般信息安全更为复杂，原因是地理信息多为海量数据，具有多源异构性并分布存储于不同区域。三是由于地理信息的生产与维护所耗费的人力和物力是巨大的，因此地理信息的版权保护、版权交易的安全性问题十分突出。四是用户的利益需要保证。为了更好地满足用户对地理数据服务的需求，必须使数据提供商实时、完整地收到并正确理解用户的请求，及时向用户提供其需要的数据。

维护地理信息安全，自然资源部测绘发展研究中心的相关报告有如下结论：第一，地理信息作为国家基础性信息资源，从创新和发展角度必须牢牢掌握自主权和主动权。在创新方面，必须尽快摆脱测绘地理信息领域关键技术受制于人的局面，尤其是信息安全技术、保密处理技术等；在发展方面，必须加强地理信息资源建设能力（也可理解为情报搜集能力），尤其是全球地理信息资源的建设。第二，从保障国土安全、军事安全角度，一方面推动测绘地理信息领域整体发展，满足国防建设需求；另一方面必须强化地理信息保密管理工作，严格外国人来华测绘的准入管理。第三，从保障经济建设和社会发展角度，推进地理信息的安全应用和公共服务。第四，从维护国家主权和利益角度，加强地图管理和重要地理信息审核与发布。第五，从数据资源权益角度，保障地理信息的政府公权和公民私权。

▶ 1.3.2 地理信息安全的现状

计算机技术特别是网络技术的迅猛发展，给传统的资料信息传播方式带来了新的变化，管理更为便捷的计算机存储和传播速度更快的网络传输模式成为各个领域的首选。显而易见，网络传输具有传统信息传播方式无法比拟的优越性，除了传播速度更快、传播量更大之外，操作人员还可以根据需要对传输的信息进行实时监控，信息处理的效率也大幅度提高，逐渐成为信息传播发展的趋势。地理信息的传播领域也不例外，正在走向网络传输的时代。但是，尽管网络传输给人们的生活生产带来了极大方便，近些年来不断发生的网络失泄密事件也引起了人们的高度关注。黑客活动日益猖獗，失泄密事故频繁发生，造成了巨大的经济损失。例如，2011 年 12 月发生的“CSDN 泄密门”事件，全球最大的中文 IT 社区 CSDN 网站的安全系统遭到黑客攻击，用户数据库被曝光在网络上，由于采用明文方式显示，导致 600 万用户的登录名、密码及邮箱遭到泄露；紧接着天涯社区、当当、走秀等多家网站也遇到同样的攻击，造成了难以估计的损失。

实际上，网络空间已经成为世界各国争先控制的新战场，部分国家将互联网上的信息获取作为情报来源的主要渠道之一，并高度关注自身的数据安全。美国在 2009 年宣布成立网络战司令部，同时高度关注自身网络安全，于 2014 年启动了《网络安全框架》；日本在 2013 年出台《网络安全战略》，明确提出“网络安全立国”。截至目前，世界上有数十个国家和地区颁布了网络空间国家安全战略。我国近年来一直把网络信息安全放在优先发展的位置，将其作为重要研究的关键领域之一，并于 2014 年成立了高规格的中央网络安全和信息化领导小组（后更名为中央网络安全和信息化委员会），全面指导网络安全体系建设和技术研究。

地理空间数据的存储和传输离不开计算机与互联网，地理空间数据的网络安全形势同样不容乐观。据统计，我国现在从事互联网地图服务的相关网站有近 5 万个，已经成为地理空间信息安全的重要威胁，执法部门 2012—2016 年查处相关案件 1000 余件，处置了互联网地图涉嫌违法行为 1000 余个。2010 年，相关部门查处了一个名为“月光论坛”的网站，其将大量重要军事基地的地标通过志愿者地图的形式标注在地图上进行展示，存在严重的地理信息泄密问题。近年来，随着国家行政部门的重视和立法的健全，相关案件发生数量有所减少，但是涉案地图数量却有增无减，仅 2021 年自然资源部发现的问题地图就近 1.8 万张。

因此，地理信息安全研究逐步引起各界重视，美国的地理信息成果生成实行“军民分版”策略，美国地质调查局和国家地理空间情报局各自负责民用和军用测绘成果的生成，从 18 世纪末就开始立法，形成了相对完备的地理信息安全法律制度；欧盟一直比较重视地理信息安全，并采取了一系列共同措施，提出了欧洲空间信息基础框架行动计划，目的是生成一致的、高质量的地理空间信息，以形成、实施、监管和评价欧洲共同体的政策；英国的《官方保密法》制定于 1911 年，并在 1989 年进行修订，规定凡是涉及国家安全和情报的信息，均需要保密。军械测量局是负责英国地图制图的机构之一，专门制定了《数据保护和私有政策》，对敏感性数据的获取、使用和处理都进行了具体规定；德国是欧洲测绘地理技术最为发达的国家之一，在测绘和地籍管理方面的立法也最为完善，形成了规范全面、系统简洁的地理信息安全法律法规体系；日本对地理信息安全实行中央、地方两级管理体制，形成了以《日本测绘法》《日本国土调查法》《日本地理信息服务分发指南》等为代表的一系列法规制度，明确指出地理信息不同于其他信息，需要加强安全方面的管理。除了立法之外，不同国家均采取了相应的技术措施，保障重要地理信息的安全（见表 1.3）。

表 1.3　部分国家地理信息数据安全处理的技术（据王家耀）

国　家	文件/指南	影 像 数 据	矢量/图形数据	属 性 数 据
美国	《顾及安全的地理信息获取指南》	（1）转换为较低的分辨率；（2）降低像素；（3）降低图像在相关特征上的清晰度	（1）将点位置转换为随机大小和形状的多边形；（2）对点位置进行系统或者随机变换来降低点的精度	（1）聚合有关数量的信息；（2）从提供开放访问的地理空间数据库中删除敏感字段
日本	《关于提高政府地理信息的指南》	降低分辨率	（1）多边形转换到网格或转换为点数据；（2）降低多边形形状的准确度或位置精度	（1）删除属性信息中个人识别信息的相关内容；（2）转换成网格数据等的合计值
加拿大	《共享敏感环境地理空间数据的最佳实践》	—	（1）转换为行政多边形内的随机点；（2）根据不同敏感程度改变地理参考点的精度	（1）聚合或统计汇总数据；（2）修改或删除属性

我国历来重视重要基础地理信息的保护，制定了《中华人民共和国测绘法》《中华人民共和国测绘成果管理条例》《测绘管理工作国家秘密范围的规定》等多项法律法规，明确了地理信息保护的等级和范围，规范了地理空间数据在网络存储和传输中的流程。其中，新版《中华人民共和国测绘法》将“维护国家地理信息安全”作为立法宗旨之一。2020 年修订颁布的《测绘管理工作国家秘密范围的规定》，进一步明确了地理信息保护的等级和范围。

同时，也出现了专门应对地理空间数据网络安全和数据分发的相关标准和技术成果，如中国测绘科学研究院研制的地理数据保密系统、南京师范大学的“吉印”系统等，在全国各测绘单位和业务单位中得到广泛的推广使用。2022 年，中国地理信息产业协会成立了地理信息安全技术工作委员会，地理信息安全技术发展迎来新的巨大飞跃。2018 年，自然资源部测绘发展研究中心设立了“新技术条件下地理信息安全有关问题研究”项目，充分发挥中心作为测绘地理信息领域高端智库的作用，提供开放式研究平台，邀请相关企业参与研究，由企业自主选择研究方向并开展研究。南方测绘、四维空间数码、合众思壮、天地图、四维图新、天下图、超图软件、武大吉奥、北京国遥 9 家企业分别参与了新兴装备的发展、测绘地理信息软件、测绘地理信息应用服务、星基高精度位置数据获取、网络标注和众包采集、高精度地图、大数据、云计算发展带来的潜在安全风险等方面内容的研究。孙威等据此撰写了《新技术带来地理信息安全新风险新挑战 需要谋划新举措》一文，提出了新技术条件下地理信息面临的 8 个主要安全隐患和问题：

（1）新兴装备呈现低成本产业化，逐渐走向大众，对安全监管提出挑战；

（2）测绘地理信息数据采集、处理、应用软件多以国外软件为主；

（3）星基高精度位置数据获取的安全管控问题；

（4）地图标注和众包采集都属于测绘过程，需要加强监管；

（5）高精度地图作为自动驾驶的必要条件，现有规定无法满足高精度地图应用的需求；

（6）云计算和 GIS 相结合的服务模式面临管理、技术、数据方面的安全风险；

（7）大数据分析存在危害国家安全和暴露个人隐私风险；

（8）“民参军”的安全风险主要是如何保证军事信息的安全、防止军事地理信息泄密。

文中还提出了应该进一步修订完善地理信息安全保密相关规定，加强新技术条件下出现的地理信息安全问题规范管理，加大核心技术突破、保障国家和个人隐私安全，提高企业及大众保护地理信息安全的意识四项主要建议，近几年在各个方面均有所体现。

1.4 DEM信息安全保护

▶ 1.4.1 DEM数据信息安全政策

由于在经济建设和军事应用中具有重要作用，重点地区的高质量DEM数据一旦失控，无异于将己方重要目标的精确位置暴露给敌方，会严重损害国家的安全和利益，因此DEM信息安全受到世界各国的关注，各国均采取了相应的保护政策，主要具有以下特点。

1. 普遍重视DEM数据的信息安全问题

作为一种基础地理空间数据，DEM具有重要的保密价值，在国防和经济建设方面具有重要作用。世界各国都制定了相应的措施，保护自己的重要地形数据不被非法测绘或窃取。迄今为止，没有任何一个国家主动将本国的基础地理信息完全开放。

2. DEM信息的开放程度和国家整体实力密切相关

一般情况下，发达国家对自身实力更加自信，地理信息的开放程度较强，具有较高的使用效率；而发展中国家基于自身安全角度考虑，仅开放部分低精度地理信息数据，使用效率也比较低。

实际上，世界上主要国家对于包含DEM数据在内的地理信息共享和保护的态度也有很大区别。美国、印度、俄罗斯对于地理信息共享和保密的态度，就代表了世界各国政府处理地理信息共享和保密关系的三种主流观点。首先，美国更多强调的是地理信息共享，确定部门之间、联邦与各州之间的数据交换机制，并通过建立组织间负责机构、确定地理信息数据资产主题等确定了明确共享的内容。虽然美国也存在严格的地理信息保密规范和体系，但在美国《地理信息数据法案》中并没有提及地理信息保密相关内容。美国这种提倡地理信息共享的态度体现了其在地理信息领域的自信。俄罗斯在地理信息共享和保密领域与我国的态度较为一致，强调“限制和开放”并存，在《测绘地理信息法》

中多次提出保护地理信息安全，并限制了地理信息保密的范围和分发方式。在此基础上，俄罗斯通过建立国家空间数据储备、建立国家平台等方式促进了地理信息的共享。这与我国在处理保密和共享关系时候的实践和行动路径非常吻合。印度在此领域奉行限制管控为主的政策，通过许可、安全审查、征税等方式限制非政府部门收集地理信息并进行共享传播，但近几年政策有所松动。

3. 立法保障是普遍采用的策略

早在 1984 年，美国就颁布了“信息自由法”和“地面遥感商业化”等地理信息政策，随后在 2004 年出台了“出于安全考虑提供地理空间数据的指导方针”，特别是在“9・11”事件之后，地理空间数据政策更加趋于保守；荷兰在其“政府信息条例”中，明确指出涉及国家安全和主权的信息不能上网；法国的“奥胡斯条约”对包括 DEM 在内的地理信息使用和共享进行了详细的规定；挪威在“数据保密法”等多个文件中规范了重要信息的使用安全。欧盟、加拿大、日本、印度等主要国家均在地理信息安全方面有相关立法措施。

4. 技术保障是通用政策

为了保护重要信息的安全使用，大多数国家会对涉密数据进行技术处理，去除重要信息或降低数据精度，在不泄密的同时促进基础数据广泛使用；同时，“军民分版”政策成为共识，分别制作带密级的军用数据和面向公众开放的民用数据两个版本。美国生产的 DTED 类型 DEM 数据就分为 4 个等级（精度见表 1.4）。只有精度相对较低的 DTED-1 数据面向公众开放，为民事应用提供基础数据。DTED-2、DTED-3、DTED-4 三种更高精度的 DEM 数据均被列为国家的重要机密，主要用于更好地部署部队、研究高精确制导武器等军事目的，数据共享被严格限制。

表 1.4　美国 DTED 类型 DEM 数据精度　　单位：m

类　型	置信水平	90%		68%	
	格网间距	绝对精度	相对精度	绝对精度	相对精度
DTED-1	90×90	30	20	18	12
DTED-2	30×30	18	12	11	7
DTED-3	12×12	10	2	6	1.2
DTED-4	6×6	5	0.8	3	0.5

目前，我国已建成了覆盖全国范围的数字高程模型，数据量很大，仅七大江河流域的 1∶1 万 DEM 数据就有数万幅，数据量达到数十吉字节（GB），给数据管理带来很大的挑战。这些数据作为国家空间基础设施的基本内容之一，军事经济价值十分重要，一旦重要信息发生失泄密事件，不但会造成巨大的经济损失，对国家安全造成的损害更是无法估量。因此，DEM 数据存储与传输的过程中，首先应当考虑的就是安全问题。我国生产的数字高程模型可以分为 1∶1 万、1∶2.5 万、1∶5 万、1∶10 万、1∶25 万、1∶50 万、1∶100 万 7 种，主要存储在国家基础地理中心（精度见表 1.5），目前仅向公众开放提供 1∶100 万的数据，其他数据的申领需要经过严格的行政审批。另外，我国组织撰写的若干部关于数字高程模型基础地理信息数字产品的行业标准，也将数据的安全保密作为其中一项重要内容。

表 1.5　我国系列比例尺 DEM 的精度要求（据 GJB 3455—1998）　单位：m

比例尺	平地	丘陵	山地	高山地
1∶1 万	0.5	1.5	3.0	6.0
1∶2.5 万	1.5	2.2	3.0	6.0
1∶5 万	3.0	4.5	6.0	10.0
1∶10 万、1∶25 万、1∶50 万、1∶100 万	3.0～6.0	4.5～9.0	6.0～12.0	10.0～15.0

注：置信水平为 90%。

1.4.2　DEM 信息安全技术

信息保护主要是指保护信息内容的安全性，即保护信息的秘密性、真实性和完整性，避免攻击者利用系统的安全漏洞进行窃听、冒充、诈骗、盗用等行为，保护合法用户的利益和隐私。自古以来，世界各国专家针对信息安全的研究经久不衰，网络时代的信息安全研究更加昌盛，并形成了多个专门研究机构。在国外，美国的麻省理工学院和 NEC 研究所、瑞士的通信研究所及日本的 IBM 信息隐藏小组等著名机构，在信息保护特别是数据内容的保护上做出了突出的贡献；在国内，中国科学院国家信息安全重点实验室、北京电子技术应用研究所、北京邮电大学信息安全中心、中山大学、湖南大学、大连理工大学、上海大学、西安电子科技大学及台湾省的交通大学等机构根据自身特色，取得了大量的研究成果，而在武汉大学、信息工程大学、南京师范大学、兰州交通大学等专业特色鲜明的高等院校，还形成了若干专门研究地理空间数据安全的课题组，为地理空间数据的安全存储和传输提供有力的技术保障。

目前，进行 DEM 信息保护的技术手段主要有信息脱密、数据加密和信息隐藏等形式。

1. 信息脱密

信息脱密最早只是将重要信息不予表示以达到脱密的目的，现在主要采取的方式是通过函数变换对原始数据进行不可逆扰动，降低原始数据精度到一定程度（如精度从 1m 降到 10m，见图 1.6），使得数据密级降低，提高数据安全性。常用的操作有平移和扰动两种，其关键在于选择的数学函数，具有拓扑关系不变、精度可控、不可逆及特征保持等特点。

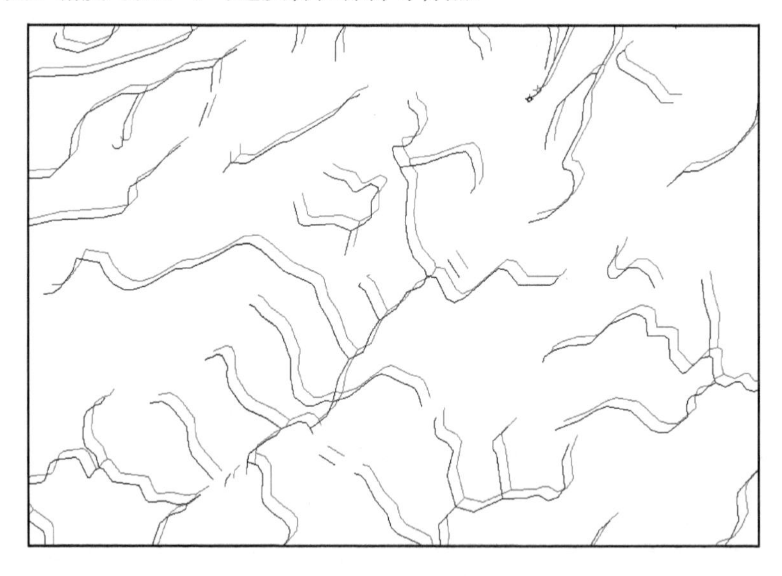

图 1.6　地理数据信息脱密前后对比

地理空间数据的几何精度脱密实际上是对数据的坐标进行空间变换，几何精度脱密和几何校正、空间坐标转换等关系密切。目前关于几何精度脱密模型和算法的探讨相对较少，已有的几何精度脱密模型探讨多集中在线性变换和非线性变换两种方式上。

线性变换主要包括相似变换、仿射变换、射影变换（透视变换）等。相似变换可以缩放、旋转和平移数据，但不会单独对轴进行缩放，也不会产生任何倾斜，可使变换后的要素保持原有的横纵比。仿射变换在相似变换的基础上，还可对图层坐标进行倾斜，是使用最多的一种几何脱密方式。线性变换操作简便、效率高，在绝大多数 GIS 平台上都可以实现，通常用于简单的坐标转换。线性变换模型也是最常用的地理数据几何精度脱密模型。

非线性变换包括投影转换、多项式变换、复变函数等。非线性变换模型通常通过最小二乘法拟合非线性变换的方程，然后通过该方程进行变换。多项式变换是最常用的通用经验模型，其通过最小二乘法拟合多项式系数来校正原始地图和参考地图的几何畸变，而不需要知道确切的几何误差源。多项式变换对平坦区域精度较高，对地形起伏大的区域精度较差。

2. 数据加密

数据加密是一种通用的信息保护方法，可以用来保护任何形式的数据资源，通过将有意义的信息转化成无法直接理解的数据流（见图 1.7），保护数据安全，属于密码学的研究范畴，近年也出现了专门针对地理空间数据进行加密的研究。

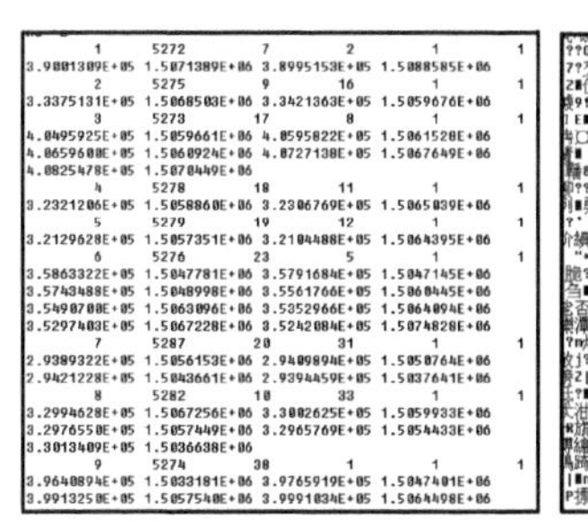

(a) 原始数据

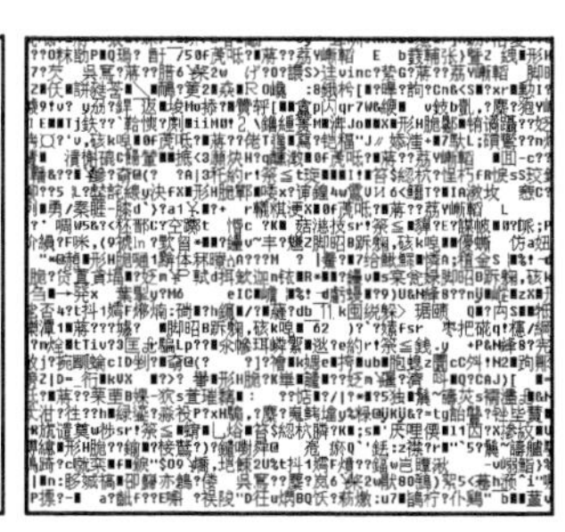

(b) 加密数据

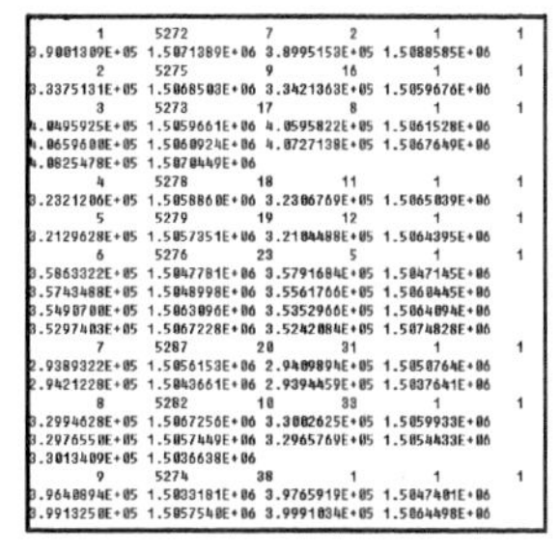

(c) 还原数据

图 1.7 地理空间信息数据加密

加密方法是保护数据安全最古老也是应用最多的一种方法。无论何种数据，都可以通过加密的方式进行保护，DEM 数据也不例外。这种方法主要以密码学为基础，将整个 DEM 数据看作需要保护的对象，经过一定的处理产生一种加密文件，在需要时可以将其还原，主要流程如图 1.8 所示。

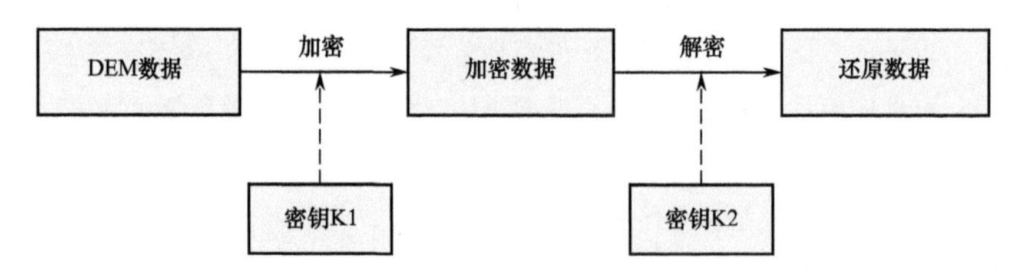

图 1.8 DEM 数据加/解密流程

实际上，图 1.8 中的密钥不是一定存在的，而且在加、解密时也不一定相等。按照密钥进行分类，可以将加密技术分为无密钥的 DEM 加密技术、私钥 DEM 加密技术及公钥 DEM 加密技术。

无密钥 DEM 数据加密技术是指在进行 DEM 数据加/解密时不需要密钥，仅经过一定的处理就可以达到信息保护的目的。这种保密技术的具体方法一般需要严格保密，不然就很容易被破解。有些无密钥加密技术是不可逆的，可以应用于数字签名或消息认证，保护 DEM 数据的版权信息，但是整个过程一般无法重复。根据 Kerckhoffs 准则，密码设计者应该假设对手知道数据加密的具体方法，数据的安全性仅依赖于密码的安全性。这种无密钥的 DEM 数据加密算法在实际中应用并不广泛。

私钥 DEM 加密技术又称对称 DEM 加密技术，在进行 DEM 数据加密和解密的过程中采用相同的密钥，或者加/解密使用的密钥不完全一样，但相互间存在一定的关系，可以相互推导，符合人们一般的思维习惯，是当前应用最广泛的数据加密技术。私钥加密技术种类繁多，最著名的是 1977 年美国 IBM 公司研制的数据加密标准（Data Encryption Standard，DES），它被美国国家标准局采纳为一般部分的加密标准，是第一代公开所有实现细节的商业密码技术，对整个密码学的发展都具有重要的影响。

公钥 DEM 加密技术是一种非对称的加密技术，在进行 DEM 数据加密和解密时采用的密钥不同，而且两者不能根据另一方直接计算出来。其中，有一个密钥可以是公开的，用于发送方对数据进行加密，称为公开密钥（简称公钥）；

另一个密钥是不能公开的，用于接收方对接收到的信息进行解密，称为私人密钥（简称私钥）。公钥密码技术由于在密钥传输上的突出优势，正逐步受到密码界的广泛关注。其中比较有名的是麻省理工学院三位年轻人提出的 RSA 算法，以及在此基础上出现的一系列公钥加密技术，都可以应用于 DEM 数据的信息保护。

随着计算机技术和人类知识水平的不断上升，密码学技术也在不断地发展，目前已经向光学密码、量子密码甚至视觉密码等技术迈进。但是，在理论上任何加密技术应用于 DEM 信息安全保护时都不是绝对安全的，尤其是随着大型计算机的计算速度不断攀升，加密技术被破解所要花费的时间越来越少；而且 DEM 数据加密的结果往往是无法理解的数据流，在普通信道中进行传输时更易引起攻击者的注意，成为重点关注的对象。这种 DEM 信息保护技术一般只具有一定的安全性，不具有任何迷惑性。

3. 信息隐藏

信息隐藏具有悠久的历史，早在两千多年前就出现了传统信息隐藏技术的案例。现代信息隐藏技术国际研讨会自 1996 年在英国剑桥大学举行了第一届以来，一直在有规律地进行，同时还出现了专门研究版权与隐私保护的机构和期刊。信息隐藏技术主要包括隐写术和数字水印两个方面，近年来在地理空间数据保护上取得了一系列成果。

1）隐写术

隐写术（Steganography）一词来源于古希腊文中“隐藏的”和“图形”两个词语的组合。虽然隐写术与密码术（Cryptography）都是致力于信息保护的技术，但两者的设计思想却完全不同。密码术主要通过设计加密技术，使保密信息不可读，但是对于非授权者来讲，虽然他无法获知保密信息的具体内容，却能意识到保密信息的存在；而隐写术则致力于通过设计精妙的方法，使得非授权者根本无从得知保密信息的存在与否。相对于现代密码学来讲，信息隐藏的最大优势在于它并不限制对主信号的存取和访问，而是致力于签字信号的安全保密性。早在古希腊战争中，为了安全地传送军事情报，奴隶主剃光奴隶的头发，将情报文在奴隶的头皮上，待头发长起后再派出去传送消息。我国古代也早有以藏头诗、藏尾诗、漏格诗及绘画等形式，将要表达的意思和 “密语” 隐藏在诗文或画卷中的特定位置，一般人只注意诗或画的表面意境，而不会去注意或破解隐藏在其中的密语。

DEM 隐写是将数据中的重要高程信息隐藏在其他可以公开的载体中，并通过公共信道进行传播，将待保护 DEM 数据随着公开载体一并传送给接收者。由于要求隐写后载体的原有特性不能发生大的改变，隐写术在大数据量 DEM 的信息保护中受到一定限制，对于载体本身的要求比较高，通常需要是数据量较大的多媒体文件，如音视频等。

薛帅研究了地理空间数据安全隐写模型与方法。在比较地理空间数据类型与特点的基础上，分析了当前隐写模型与方法存在的科学问题，并建立了地理空间数据隐写通用理论模型；根据地理空间数据的使用环境与应用需求，建立了一种抗检测的安全隐写模型。在顾及地理空间数据可用性的基础上，提出了一种基于机器学习的适用于网络环境的自适应隐写方法，探讨了最大隐写容量与安全性之间的关系，并大幅度降低了地理空间数据在隐写过程中的容量限制。

2）数字水印

数字水印技术将特定信息作为水印嵌入原数字作品（宿主数据）中，且不影响宿主数据的可用性，在数字内容的广播监控、所有者鉴别、所有权验证、操作跟踪、内容认证、复制品控制和设备控制等方面应用广泛。数字水印在图像领域的研究近年来得到了巨大发展，取得了一系列重大成果。

根据数字水印生成是否依赖于原始载体、含水印载体的抗攻击能力等，可将数字水印技术分为如表 1.6 中所示的类型。

数字水印在地理信息领域的应用主要集中于对遥感影像、GIS 矢量数据和栅格地图的版权保护上。近年来，数字水印在 DEM 数据版权保护中的研究和应用得到广泛关注，也是当前保护 DEM 数据安全的主要方式，如图 1.9 所示。

表 1.6　数字水印技术分类（据间国年）

划分依据	类　别	含　义
根据水印生成是否依赖于原始载体	非自适应水印	独立于原始载体的水印。它可以是随机产生的、用算法生成的，也可以是事先给定的
	自适应水印	考虑原始载体的特性而生成的水印
根据含水印载体的抗攻击能力	鲁棒水印	对常见的各种图像处理方法具备鲁棒性
	脆弱（易损）水印	对任何变换或处理十分敏感，人们根据脆弱水印的状态判断数据是否被改过
	半脆弱（易碎）水印	对一部分特定的图像处理方法有鲁棒性，而对其他处理不具备鲁棒性
根据水印检测是否需要原始图像参与	明检测水印	需要原始图像的参与
	盲检测水印	不需要原始图像的参与
根据水印隐藏位置的不同	时（空）域水印	直接在信号空间上叠加水印信息
	变换域水印	在离散余弦变换、离散小波变换等频率域上叠加水印信息
根据水印是否可见	可见水印	含水印图像中的水印可见
	不可见水印	含水印图像中的水印不可见
根据水印所附载的媒体	图像水印、音频水印、视频水印、文本水印、用于三维网格模型的网格水印	
根据水印应用目的不同	版权保护水印、篡改提示水印（内容认证水印）、版权跟踪水印（数字指纹）、复制品控制水印、标注水印（用来注释载体的拍摄日期等）和隐蔽通信（保密通信）水印等	

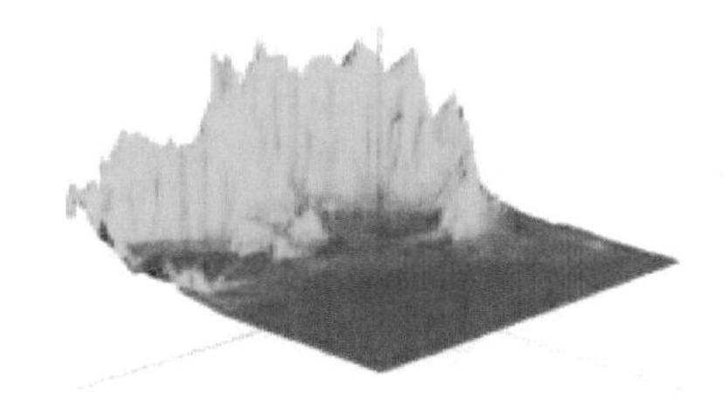

(a) DEM 原始数据

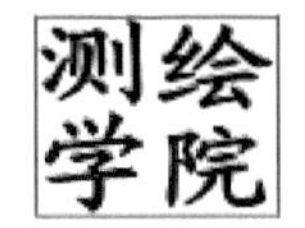

(b) 数字水印

图 1.9　DEM 数据数字水印技术（据闵连权）

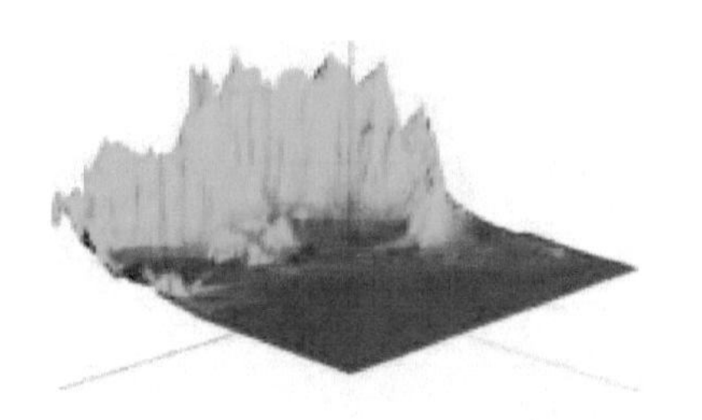

(c) 嵌入水印的 DEM 数据

(d) 提取水印图

图 1.9　DEM 数据数字水印技术（据闵连权）（续）

作为一种特殊的三维几何模型，DEM 水印最早来自三维几何模型水印技术。1997 年，Obhuchi 等发表了国际上第一篇专门针对三维网格进行的数字水印技术论文，开启了三维网格水印研究的新纪元，之后来自世界各地的研究人员进行了一系列研究，取得了重大进展。综合分析现有成果，三维网格水印主要可以分为空间域水印和频率域水印两种。

空间域算法通过直接作用于三维几何模型中顶点的坐标位置或相关值来嵌入水印。Obhuchi 等利用网格变换、拓扑替代等原理，先后提出了三角形相似四元组 TSQ（Triangle Similarity Quadruple）、四面体体积比 TVR（Tetrahedral Volume Ratio）、基于网格密度模式 MDP（Mesh Density Pattern）等多种三维模型水印算法。Benedens 等通过修改三维几何模型的表面法向量提出一种非盲水印算法，可以抵抗部分网格简化带来的水印攻击。Wagner 等利用图像空间域水印中最简单的 LSB（最低有效位）原理，通过构造对变换操作具有不变性的参数向量空间，并对其相对长度进行部分修正完成水印嵌入，实现了一种盲水印算法，可以抵制变换攻击，但对网格重建、简化等操作的抗攻击性不足。Toub 等提出一种加入授权信息的水印算法，可以对格网顶点数据进行反方向的扰动，将水印信息分别嵌入两个扰动模型中。Praun 等利用扩频思想和标量基函数提出了一种具有良好鲁棒性的非盲三维网格水印算法，完成水印嵌入。

频率域算法通过改变几何模型频率域上的部分系数以达到嵌入水印的目的。Kanai 和 Date 利用小波变换的多分辨率分解第一次实现了三角网的频率域水印算法。Obhuchi 利用拉普拉斯算子实现了一种快速的、鲁棒性的水印算法，并在以后的工作中对其进行了改进。国内比较有代表性的三维模型水印主要来自浙江大学 CAD&CG 国家重点实验室：尹康康等对 VR 场景中的纹理水印和鲁棒性网格水印技术进行了深入的研究。周昕基于平面参数化将三维空间转换到二维平面后进行水印嵌入。李黎等提出了基于球面调和分析的三维模型水印算法。另外，张建海等提出了基于小波变换和主成分分析法的三维模型水印算法，有效解决了水印嵌入位置的选择问题。同时，还出现了其他类型的三维水印算法，但主要思想大多来自之前研究成果的演变。

相比三维几何模型的数字水印技术，专门进行 DEM 数字水印技术的研究还比较薄弱。比较有代表性的成果主要有：

刘荣高提出了一种基于 DCT 变换的水印算法，并将其扩展到 DEM 信息保护领域；罗永等提出了一种基于整数小波的 DEM 水印算法，通过扩展人类视觉系统小波域量化噪声的视觉权重，可以在保持原有地形特征的基础上，通过自适应地确定强度在 DEM 数据中植入数字水印；Gou 和 Wu 等提出了一种可用于 DEM 数据的数字指纹算法，利用参数曲线模型和扩频技术将数字指纹嵌入等高线中生成数字水印；何密等提出了数字高程模型广义直方图的概念，并通过修改广义直方图，实现了数字水印在 DEM 数据中的无损嵌入和提取；闾国年和刘爱利等论证了数字水印技术在 DEM 信息保护中的适用性，提出了图像水印和 DEM 水印存在的主要区别是 DEM 水印的近无损性，并基于 DCT 实现了一种 DEM 的近无损数字水印算法；He X 等基于小波变换和 DEM 数据的坡度特征，选择最为合适的水印嵌入位置，并引入蚁群算法进行嵌入强度的优化控制；朱长青和王志伟对 DEM 数字水印技术进行了深入的研究，提出了 DEM 数字水印模型和一系列顾及地形特征的数字水印算法，研究了规则格网 DEM 数据与不规则三角网 DEM 数据等多种类型的水印技术，提出了相关的嵌入、检测及提取模型，形成了较为系统的体系架构，为 DEM 数字水印技术的发展奠定了基础。

信息脱密、信息加密、隐写术和数字水印等信息保护技术可以在一定程度上保护 DEM 数据中重要信息的安全，但由于技术本身的缺陷，不同方法主要存在以下问题：

（1）信息脱密仅能降低数据精度，不能完全掩饰高程数据的基本特征。脱密后的 DEM 数据仍具有一定的可用性，地形起伏的基本特征没有改变，不能达到信息完全保护的目的。而且，数据处理过程一般是不可逆的，在进行信息保护的同时，也损害了合法用户对数据使用的精度要求。

（2）数字加密容易引起不法者的注意，受到各种攻击。加密数据是无法理解的数据流，特别容易引起攻击者的注意。同时，在目前计算机计算性能不断刷新的大背景下，几乎所有的密码学算法都不是绝对安全的。即使在短时间内不能得到正确的高程信息，攻击者仍可以将数据进行破坏，影响合法用户的正常使用。

（3）隐写术的信息保护容量较小，不能满足实际要求。数据隐写能够有效保护重要信息，但由于对载体具有较高的要求，必须保证信息嵌入后数据仍能保持原有的基本特性，不能用于大数据量的 DEM 信息保护。即使采用大数据量的载体进行隐藏，实现效率也难以达到实时性的要求。

（4）数字水印技术主要用于版权保护，不直接保护高程信息本身的安全。DEM 水印可以防止数据侵权事件的发生，在应用中取得了较为广泛的认可，但主要用于版权跟踪、泄密责任认定等方面，难以满足对数据内容本身安全性有特殊要求的应用领域。

由此可见，这些技术在进行 DEM 数据保护时具有一定的局限性。而且，无论采用哪种传统的 DEM 信息保护技术，对重要高程信息的保护都是被动的，只是将 DEM 中的重要信息通过处理进行传输，假如在传输过程中受到敌方的非法攻击，方法的有效性完全依靠于算法的安全性，不会对敌方造成任何影响，防护作用受到一定的限制。因此，亟须出现一种既能保护重要高程信息安全，又能对非法截取者造成一定干扰的信息保护技术，而 DEM 信息伪装的出现，正好填补了这项空白。与其他信息保护技术相比，DEM 信息伪装的主要特点在于：①具有迷惑性，伪装数据能够以假乱真。数据格式的不变性，不仅可以增强数据在存储和传输过程中抵抗攻击的能力，更重要的是能够减少攻击者的注意，避免不必要的干扰，同时还可以迷惑对方，如果无法判断真伪而直接使用，甚至会对对方的决策造成重大误导。②具有安全性，重要高程信息能够得到保护。通过信息伪装，可改变 DEM 数据中的重要高程信息，数据截取者即使通过一定的技术手段发现数据经过特殊处理，短时间内也无法进行精确还原。

1.5 本书结构

本书共分为9章，具体安排如下。

第1章　绪论。主要介绍数字高程模型的基本概念，地理空间数据特别是DEM数据信息保护的政策和技术发展现状。

第2章　DEM信息伪装的基本概念。主要介绍信息伪装与DEM信息伪装的定义、分类和相关技术要求，以及DEM信息伪装与相关技术的关系。

第3章　DEM信息伪装的理论基础。构建DEM信息伪装的基础框架，分析DEM信息伪装的关键技术和可能的发生阶段，并对DEM信息伪装性能的各项指标和伪装操作中可能用到的预处理方法进行简要阐述。

第4章　基于结构的DEM信息伪装方法。主要以规则格网DEM数据的整体伪装为例，介绍基于结构的DEM伪装方法，重点分析矩阵论、数据置乱、分形理论等方法在DEM信息伪装中的应用，并根据实验分析伪装效果和相关影响因素。

第5章　基于内容的DEM信息伪装方法。主要介绍基于内容的DEM信息伪装常用算法，包括密码学方法、配对函数方法，并根据实验分析伪装效果和相关影响因素。

第6章　规则格网DEM数据重点区域的信息伪装。主要介绍规则格网DEM数据中重点区域的信息伪装方法，分析技术流程，并介绍一种基于DWT的重点区域信息伪装方法，结合实验数据进行相关分析。

第7章　规则格网DEM数据线状特征的信息伪装。主要介绍规则格网DEM数据中重点线状特征的信息伪装方法，分析技术流程，阐述线状特征的主要特点和线状地形特征的提取方法，并介绍一种基于空间拟合的线状特征信息伪装方法，结合实验数据进行相关分析。

第 8 章　不规则三角网 DEM 数据的信息伪装。分析 TIN DEM 数据的主要特征，介绍进行 TIN DEM 信息伪装的一般方法，提出基于正方形覆盖网格、置乱-代换机制的 TIN DEM 信息伪装算法，并通过实验分析比较相关数据，验证方法的伪装效果和时间效率。

第 9 章　DEM 伪装算法评价模型与辅助选择分析。根据技术要求，建立进行 DEM 信息伪装算法评价的因素集，设计基于模糊数学和灰色多层次评价模型的两种评价方法，并利用这两种方法对几种伪装算法进行评价，分析比较几种算法的总体效能及各自的优缺点。

参考文献

[1] 李志林，朱庆，谢潇．数字高程模型[M]．3 版．北京：科学出版社，2017．

[2] 胡鹏，高俊．数字高程模型的数字综合原理研究[J]．武汉大学学报（信息科学版），2009，34（8）：940-942，964．

[3] 游雄，陈刚，宋国民，等．战场环境仿真[M]．北京：解放军出版社，2012．

[4] 诸云强，宋佳，潘鹏，等．地学数据共享发展现状、问题与对策研究[J]．中国科技资源导刊，2014，46（4）：55-63．

[5] 何建邦，闾国年，吴平生．地理信息共享的原理与方法[M]．北京：科学出版社，2003．

[6] Korsmo F L. The Origins and Principles of the World Data Center System[J]. Data Science Journal, 2010(8): 55-65.

[7] 朱长青，周卫，吴卫东，等．中国地理信息安全的政策和法律研究[M]．北京：科学出版社，2015．

[8] 薛超．美国地理信息数据协调怎么做？——《美国空间数据基础设施战略规划（2021—2024 年）》概览[J]．内参《调查研究建议》第 146 期，2021 年 4 月 12 日．

[9] 王卷乐，孙九林．世界数据中心回顾、变革与展望[J]．地球科学进展，2009，24（6）：612-620．

[10] 唐新明，李世金，李涛，等. 全球数字高程产品概述[J]．遥感学报，2021，25（1）：167-181.

[11] BAI Y Q, DI L P. Review of Geospatial Data Systems' Support of Global Changes Studies[J]. British Journal of Environment & Climate Change, 2012, 2(4): 421-436.

[12] 朱长青. 数字水印：保障地理空间数据安全的前沿技术[N]. 中国测绘报，2009-05-15.

[13] 张清浦．地理信息保密政策研究[J]．测绘科学，2008，33（1）：14-16，20.

[14] 崔翰川．面向共享的矢量地理数据安全关键技术研究[D]．南京：南京师范大学，2013.

[15] Wenbo Mao Hewlett-Packard Company. Modern Cryptography: Theroy and Practice[M]. NJ: Prentice Hall PTR, 2003.

[16] 闾国年，刘爱利．数字水印技术的 DEM 版权保护适用性研究[J]．遥感学报，2008，12（5）：810-818.

[17] 闵连权．地理空间数据隐藏与数字水印[M]．北京：测绘出版社，2015.

[18] Ohbuchi R, Masuda H, Aono M. Watermarking 3D polygonal models[C]. Proceeding of the fifth International Multimedia conference, USA: ACM Pr, 1997: 261-272.

[19] Ohbuchi R, Masuda H, Aono M. Watermarking Multiple Object Types in Three-Dimensional Models[J]. Proceedings of the Workshop on Multimedia & Security at ACM Multimedia, 1998(1): 83-91.

[20] Benedens O. Geometry-based Watermarking of 3D Models[J]. IEEE Computer Graph, Special Issue on Image Security, 1999, 19(1): 46-55.

[21] Wagner M G. Robust Watermarking of Polygonal Meshes[C]. Proc. Geometricmodeling& Processing, Hong Kong, 2000: 201-208.

[22] Toub S, Healy A. Efficient Mesh Licensing[R]. Computer Science 276r, Harvard University, 2001.05.

[23] Praun E, HoPPe H, Finkelstein A. Robust Mesh Watermarking[C]. IGGRAPH Conference Proceedings. ACM Press, New York, 1999: 325-334.

[24] Kanai S, Data H, Kishinami T. Digital watermarking for 3D polygons using multiresolution wavelet decomposition [C]. Proceeding of the 6th IFIP WG International Workshop on Geometric Modeling: Fundamentals and Applications, 1999. USA, IEEE Pr, 1999: 296-307.

[25] Ohbuchi R, Takahashi S, Miyazawa T, et al. Watermarking 3D Polygonal Meshes In The Mesh Spectral Domain[J]. Proceedings of Graphics Interface, 2001: 9-17.

[26] 尹康康，潘志庚，石教英．VRML 场景中的纹理水印[J]．工程图学学报，2000（3）：126-132．

[27] 周昕．三维几何模型数字水印及算法研究[D]．杭州：浙江大学，2002．

[28] 李黎．数字图像和三维几何模型水印技术研究[D]．杭州：浙江大学，2004．

[29] 张建海，温显斌，雷鸣，等．基于小波变换的三维网格数字水印技术研究[J]．计算机工程与应用，2014，50（4）：98-102．

[30] 刘荣高．基于 GIS 的空间数据可视化及其在地球化学中的应用[D]．北京：中国科学院地球化学研究所，2000．

[31] 罗永，成礼智，陈波，等．数字高程模型数据整数小波水印算法[J]．软件学报，2005，16（6）：1096-1103．

[32] GOU H, WU M. Fingerprinting Digital Elevation Maps[A]. Proceeding of SPIE: The International Society for Optical Engineering, v 6072, Security, Steganography, and Watermarking of Multimedia Contents V III—Proceeding of SPIE-IS and T Electronic Imaging[C]. 2006.

[33] 何密，罗永，成礼智．数字高程模型数据的无损数字水印[J]．计算机工程应用，2007，43（30）：40-43．

[34] 刘爱利，闾国年．基于 DCT 域数字水印技术的 DEM 版权保护研究[J]．地球信息科学，2008，10（2）：214-223．

[35] HE X, LIU J. A Digital Watermarking Algorithm for DEM Image Based on Stationary Wavelet Transform[C]. Information Assurance and Security, 2009: 221-224.

[36] 王志伟．DEM 数字水印模型与算法研究[D]．郑州：信息工程大学，2011．

[37] 薛帅．地理空间数据加密和隐写的模型与方法研究[D]．郑州：信息工程大学，2017．

2
DEM 信息伪装的基本概念

2.1 DEM 信息伪装的定义

▶ 2.1.1 信息伪装

1. 信息欺骗

《孙子兵法》有云："兵者，诡道也。"就是指在用兵过程中隐藏自己的真实意图，给敌人造成错觉，使敌人判断失误，对于己方来说就是要做出正确的判断，去伪存真，由表及里。信息欺骗实际上就是通过各种手段，隐藏自己的真实意图，将错误的信息传递给对手并使其相信，从而对其造成干扰或损失。第二次世界大战期间，英国情报部门采取战略欺骗手段，让德军误以为盟军将在加莱登陆，才有了诺曼底登陆的胜利。英国著名的情报组织伦敦监督处执行的"馅饼行动"，通过一具尸体，让进攻希腊和萨丁岛的假计划不被怀疑地落入德军的手中，保障了英国蒙哥马利将军和美国巴顿将军采取的联合行动，突袭西西里岛，以迅雷不及掩耳之势消灭了德国守军，成为欺骗敌方情报机关的最成功、最周密的军事骗局，被载入了史册。

信息欺骗技术由来已久，例如，在通信领域，很早就会通过模拟对方通信特点，甚至伪装成对方通信网中的某一电台，进行通信欺骗和干扰。近年来信息欺骗技术在网络欺骗中也尤为常见，网络欺骗就是使攻击者相信网络信息系统存在有价值的、可利用的安全弱点，并具有一些可攻击窃取的资源，通过隐藏伪造信息或安插错误信息，从而将攻击者引向这些错误的资源，它能够显著地增加攻击者的工作量、攻击的复杂度及不确定性，从而使攻击者不知道其攻击是否奏效或成功。通过充分的网络地址空间技术的利用、欺骗信息的创建和网络欺骗诱饵的放置，可以起到有效的网络攻击预防作用，通过对虚拟地址空间进行仿真构造，可以获得更大的欺骗空间。在攻击者对网络欺骗技术中的网络欺骗系统进行攻击或扫描的过程中，欺骗系统通常情况下都会给予随机比系统速度更慢的回应，从而诱导网络攻击者对其攻击效果的产生深信不疑，这时的网络攻击者会花费更多的时间来获取信息资源，延缓对真实信息资源的供给，就可以给网络安全维护者足够的应对时间，从而实现对真实网络信息安全的有效维护。

网络欺骗技术主要包括以下几种。

1）蜜罐技术

网络欺骗一般通过隐藏和安插等技术手段实现，前者包括隐藏服务、多路径和维护信息机密性，后者包括重定向路由、伪造假信息和设置圈套等。综合这些技术方法，最早采用的网络欺骗称为蜜罐技术，是将少量有吸引力的目标放置在入侵者很容易发现的地方，以诱使入侵者上当。

这种技术的目标是寻找一种有效的方法来影响入侵者，使得入侵者将技术、精力集中到蜜罐而不是其他真正有价值的正常系统和资源中。蜜罐技术还可以做到一旦入侵企图被检测到时可以迅速进行切换。

2）分布式蜜罐技术

分布式蜜罐技术将欺骗散布在网络的正常系统和资源中，利用闲置的服务端口来设置欺骗，从而增大了入侵者遭遇欺骗的可能性。它具有两个直接的效果：一是将欺骗分布到更广范围的 IP 地址和端口空间中，二是增大了欺骗在整个网络中的百分比，使得欺骗相比安全弱点被入侵者扫描器发现的可能性增大。

尽管如此，分布式蜜罐技术仍有局限性，主要体现在三个方面：一是它对穷尽整个空间搜索的网络扫描无效；二是只提供了相对较低的欺骗质量；三是只相对使整个搜索空间的安全弱点减少。而且，这种技术的一个更为严重的缺陷是它只对远程扫描有效。如果入侵已经部分进入网络系统中，处于观察而非主动扫描阶段时，真正的网络服务对入侵者已经透明，那么这种欺骗将失去作用。

3）蜜网技术

蜜罐技术是一个故意设计的存在缺陷的系统，可以用来对档案信息网络入侵者的行为进行诱骗，以保护档案信息的安全。蜜网技术是一个用来研究如何入侵系统的工具，是一个设计合理的实验网络系统。蜜网技术的第一个组成部分是防火墙，它记录了所有与本地主机的连接并且提供 NAT 服务和 DOS 保护、入侵侦测系统（IDS）。IDS 和防火墙有时会放置在同一个位置，用来记录网络上的流量并寻找攻击和入侵的线索。第二个组成部分是远程日志主机，所有的入侵指令都能够被监控并传送到通常设定成远程的系统日志中。

4）空间欺骗技术

空间欺骗技术就是通过增加搜索空间来显著地加大档案系统网络入侵者的工作量，从而达到安全防护的目的。该技术运用的前提是计算机系统可以在一块网卡上实现具有众多的 IP 地址，每个 IP 地址都有它自己的 MAC 地址。这项技术可用于建立填充一大段地址空间的欺骗，且花费极低。当网络入侵者的扫描器访问到网络系统的外部路由器并探测到这一欺骗服务时，还可将扫描器所有的网络流量重定向到欺骗上，使得接下来的远程访问变成这个欺骗的继续。当然，采用这种欺骗时，网络流量和服务的切换必须严格保密，因为一旦暴露就将招致入侵，从而导致入侵者很容易将任意一个已知有效的服务和这种用于测试网络入侵者的扫描探测及其相应的欺骗区分开来。

5）网络信息迷惑技术

网络信息迷惑技术用来进行网络动态配置和网络流量仿真。产生仿真流量的目的是使流量分析不能检测到欺骗的存在。在欺骗系统中产生仿真流量有两种方法：一种方法是采用实时方式或重现方式复制真正的网络流量，这使得欺骗系统与真实系统十分相似，因为所有的访问链接都被复制；另一种方法是从远程产生伪造流量，使网络入侵者可以发现和利用。面对网络入侵技术的不断提高，一种网络欺骗技术肯定不能做到总是成功，必须不断地提高欺骗质量，才能使网络入侵者难以将合法服务和欺骗服务区分开来。

2. 信息伪装的基本概念

信息伪装是信息欺骗的一种形式。《孙子兵法》在“虚实篇”中提出“故形人而我无形，则我专而敌分”，即“示伪形于敌，而我之真形则藏而不露”，指出了“伪装”对促进战争制胜的重要作用。实际上，伪装在自然界是非常普遍的现象，世界上的大多数动物物种随着进化，都具备了某种天然伪装能力，以帮助它们觅食或躲避袭击。动物采用的最基本的伪装术就是使体色与周围环境相符（如变色龙，见图 2.1），许多动物都已经在进化中具备了特殊的适应能力，能够随着周围环境的变化而改变体色。

图 2.1　动物界中的伪装

17 世纪开始，英国军队第一次将伪装色引入军服设计。军事伪装就是通过模糊军事目标与环境的边界而使其融入周围环境，从而达到逃避敌方视觉搜索与侦测的目的（见图 2.2），进而有效维持己方战斗力。如今，军事伪装是现代军事不可或缺的战术组成部分。早期的许多伪装学研究成果是不公开的，随着科学技术的不断发展，伪装学的相关基础理论也取得了长足进展，许多伪装方法所采用的原理可以由相关基础研究成果推导出来，这使得伪装技术不再显得神秘，已经有许多伪装理论与方法见诸报端。

信息伪装是指通过一定的处理方式，将真实有用的信息转换成其他看似无关的内容，数据形式却不发生改变。信息伪装是一种主动式的信息保护技术，更具有欺骗性和迷惑性。广义上，信息伪装是信息隐藏技术的一种特殊形式，因此目前大多数文献将信息伪装等同于信息隐藏，但本质上两者仍有重要区别。信息隐藏需要用到隐蔽载体，我们将一类不需要载体、仅通过改变信息自身的形式来实现信息保护的技术定义为信息伪装技术，它可以看成信息隐藏技术的一种，但更倾向于信息欺骗，是一种主动式的信息安全技术，数据处理具有很强的针对性。

图 2.2　军事伪装网

陈涛指出，信息伪装是将原始信息“化妆”成具有一定意义且非乱码的虚假信息，从而欺骗或迷惑非法拦截者。不需要任何载体的伪装数据可以在公开信道中直接传输，合法接收者根据掌握的密钥通过“卸妆”可以还原出原始数据的真实信息。余建德等首次就数字图像的信息伪装技术做出了界定，指出不同于信息隐藏和信息加密，这是一种信息欺骗，提出按像素的灰度值做图像区域非均匀剖分的思想，并利用这种思想实现了一种信息伪装算法。其视像素的灰度值为拟合数据，用最小二乘法做数据拟合，得到数字图像的自适应非均匀剖分算法，并以图像的非均匀三角剖分为例给出了详细剖分过程。将保密图像的三角剖分信息用四进制数记录，并对公开的数字图像做相同的剖分，将剖分信息及保密图像的灰度信息隐藏于公开的图像中，利用三角形剖分下图像的重构，即得到一种图像信息伪装新算法，其突出优点在于极大地缩短了编码和解码的时间。

由于信息伪装兼具安全性和迷惑性，因此可以大大降低数据传输中对安全信道的依赖性，拓宽信息传输渠道。信息伪装主要有以下技术特征。

1）安全性

算法安全性是信息保护技术的基础问题。伪装算法的安全性是指采用的方法保密性强，不易被非法用户强制破解。

2）迷惑性

伪装处理后的数据应该具有很强的迷惑性，原始数据和伪装数据的数据组织方式不发生任何变化，变化的只是各个位置上的值。非法用户在截取到传输过程中的数据时，短时间内不能辨别数据真假，从而最大限度地拖延其做出不利于我方的任何举措。

3）鲁棒性

美国电气工程师协会定义鲁棒性为“对于系统或组件在无效输入或存在压力环境条件下能够正确运作的程度”。这里是指伪装后的数据所携带的真实信息不因各种操作而有所损失。

4）可逆性

通过信息伪装的数据在合适的条件下应该可以完整还原出来，以完成数据存储或传输的目的，即合法用户可以“去伪存真”。

目前，专门进行信息伪装技术的研究还比较少，主要是因为：一方面，实现有效伪装的难度大，通常伪装出来的数据与真实数据有很大的差距，即伪装容易被识别，达不到欺骗和迷惑的目的，或者算法理论上可行，但是运算量太大，无法满足实际应用的需要；另一方面，针对不同的信息源，实现伪装的关键技术截然不同，必须针对不同的信息源设计出相应的伪装算法。因此，对于信息伪装技术，还有大量的工作需要开展，其应用前景也非常广阔。

3. 信息伪装在图像领域的应用

信息伪装技术在数字图像中的应用较早，一般称之为主动伪装技术。与通常意义的信息隐藏不同，图像主动伪装，是通过一定的数学变换，将待保护的图像信息变换成可识别的有意义图像信息（见图 2.3），以隐匿数字图像中的敏感目标物，从而逃避敌方探测。授权用户可近似或无损恢复原始图像信息，且在整个过程中无须引入其他载体。数字图像主动伪装研究成果将为数字图像通信传输提供安全保障，在视觉监控、军事保密及安全通信领域有着广阔的应用前景，它通过改变目标物的外观、颜色、亮度和反射特性，允许将目标与其周围环境融为一体。伪装的最终目的是利用一定的数学变换，尽可能地缩小图像目标与背景的差别，以取得躲避敌方检测的效果。

图 2.3 图像主动伪装示例

一个典型的图像主动伪装算法主要由两部分组成：一个是自适应伪装算法，它利用适当的数学变换对图像中的敏感区（目标物）进行处理，充分融合图像目标与背景的差别，从而将图像变换成另一幅有意义图像，以躲避敌方检测；另一个是原始图像恢复算法，它利用密钥从伪装载体中恢复或近似恢复图像目标。在密钥未知的前提下，第三方很难从伪装载体中检测与恢复图像中的敏感目标对象信息。

为充分融合图像目标与背景，实现图像目标对象的有效伪装，典型的图像主动伪装算法应具备以下基本属性。

1）隐秘性

隐秘性描述图像中目标与背景的融合程度，即主动伪装要使得人眼很难从伪装图像中觉察到被伪装的感兴趣（敏感）目标对象。

2）统计不可检测性

统计不可检测性是指，任何非授权用户都不能通过统计方法，从伪装图像中分析、检测出敏感的目标区域。

3）鲁棒性

鲁棒性是指，在伪装图像没有遭受严重破坏的情况下，合法用户依然能从伪装图像中近似恢复出图像敏感区。通常要求图像在传输中能抵抗一般的图像处理操作攻击（如低通滤波、轻微噪声迭加、直方图像均衡、高质量压缩等）和轻微的几何攻击（如旋转、缩放、翻转等）。

4）安全性

安全性是指，除合法用户外，其他非授权用户不能从伪装图像中检测出感兴趣的目标对象。

数字图像领域的信息伪装算法主要分为光学伪装和数字伪装两大类：光学伪装较早的做法是利用反向反射投影技术设计一个光学主动伪装系统，通过将背景图像投影到涂有反向反射材料的目标物体上以实现伪装，也可利用地形反射数据设计伪装迷彩，主要是从视觉光学的角度切入，以降低背景与目标间的光学差别；数字伪装是运用计算机图像处理技术提取自然背景纹理、颜色等信息，并以较小单元色块表现出来的伪装技术，其中最具代表性的有加拿大 CADPAT 数字迷彩、美国海军 MARPAT 和陆军 ARPAT 数字迷彩，以及约旦 KA2 数字迷彩等。总的来说，目前国内外有关数字信息主动伪装技术的研究还处于起步阶段。与此同时，伪装的最终目的是欺骗对方眼睛，即使是欺骗敌方仪器，其仪器结果多数也要经由人眼判决，而现有伪装方法多从视觉光学的角度切入，忽略了视觉生理和视觉心理因素。为有效消除图像目标与背景的视觉差别，实现目标与背景的充分融合，获得优良的伪装效果，一个有效的途径就是在综合视觉光学、视觉生理、视觉心理多角度因素的基础上，结合图像视觉感知特性，研究图像自适应的主动伪装技术。

随着数字化进程的进一步加速，人们与数字媒体的交互更加频繁，生活中的一些重要信息和文件更多地以数字形式在互联网上传输。研究如何保护互联网上多媒体信息的安全传输是关乎个人、集体和国家发展与安危的大事。数字图像主动伪装技术研究有助于保护数字图像安全存储与通信，其研究成果不仅具有较高的理论意义，而且在日常生活及军事领域也表现出重大的经济价值和广阔的应用前景。

▶ 2.1.2　DEM 信息伪装

因为对研究对象的针对性很强，DEM 是为数不多的信息伪装研究领域之一。实际上，对 DEM 数据进行信息加密和信息伪装的目的都是保护高程数据的安全。DEM 信息加密是利用各种密码学算法将 DEM 数据转换为密文在公开信道中进行传播。这种情况下，密文通常是一堆没有实际意义的乱码，一旦信道遭受外来攻击，加密后的 DEM 数据很容易引起攻击者的注意。当攻击者怀疑密文乱码时，至少会造成两方面的影响。一方面，是寻找合适的密码分析方法对 DEM 数据进行攻击。北京邮电大学杨义先教授就指出：基于加密的数据传输没有绝对的安全，除非加密算法足够强大，让黑客无机可乘，但是在现在这个硬件高速发展、并行化计算日新月异的时代，强大的计算处理能力破解再为复杂的加密算法也不无可能；而且加密后传输的数据更容易引起黑客的注意，成为攻击的焦点。另一方面，如果攻击者在短时间内无法破解加密算法得到正确的 DEM 信息，则还可能将传输的加密信息破坏，合法用户即使使用正确的密钥也无法还原出真实的高程数据。

DEM 信息伪装是通过特殊处理后将真实高程信息转换成虚假的高程信息，以达到欺骗和迷惑非法拦截者的目的，而合法用户通过密钥可将真实高程信息予以还原。如图 2.4 所示，这种方式得到的 DEM 数据真假难辨，具有特殊的军事应用价值。

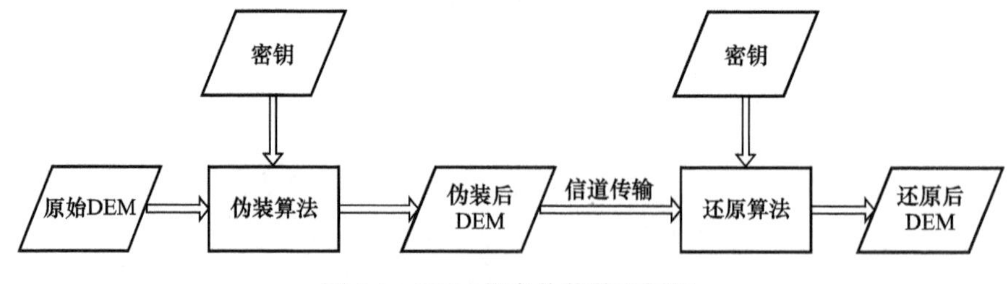

图 2.4　DEM 信息伪装基础框架

因此，DEM 的信息伪装技术是信息加密技术的升级，它不仅加密了高程信息的内容，更重要的是不易引起拦截者的破解攻击，可以在一定的时间范围内麻痹攻击者，最大限度地保护高程信息的安全。

作为一种新型的信息保护技术，DEM 信息伪装是通过一定的处理手段，将 DEM 的全部或局部高程信息转换为与周围地形相匹配的非真实数据，并能在合适条件下进行还原的技术和方法。从广义上看，DEM 信息伪装是 DEM 信息隐藏技术的一种，但是相对于信息隐藏，技术要求更高。信息伪装技术不仅隐藏了信息的内容，更隐藏了伪装技术本身的存在。经过伪装的 DEM 数据在存储或传输的过程中，由于本身仍保持 DEM 格式，不容易引起攻击者的注意。即使攻击者知道数据有假，在短时间内仍无法破解伪装算法获得真实信息。这种信息保护方式兼具安全性和迷惑性，在特定领域的应用具有明显优势。

传统的信息保护技术可以在一定程度上保护DEM数据中重要信息的安全，但由于技术本身的缺陷，应用具有局限性。DEM 信息伪装能够解决传统信息保护方式存在的一些弊端，具有明显的优势，得到了部分学者的关注：除信息加密外，与信息脱密相比，DEM 信息伪装能够大幅改变原始数据的地形特征并进行精确还原；与信息隐写相比，DEM 信息伪装可以进行大数量的信息保护；与数字水印相比，DEM 信息伪装保护的是信息本身，安全性更高。

▶ 2.1.3 DEM 信息伪装技术发展

DEM 数据简易的组织形式和重要的保护价值，使其成为信息伪装较早的应用领域之一。2004 年，罗永等提出了一种基于数学模糊关系的 DEM 信息伪装算法，利用 Rabin 方法生成 Hash 函数，结合二维波动方程随机产生一组 DEM 数据，然后基于模糊关系产生的模糊矩阵伪装 DEM 数据。该方法的伪装数据可以完全公开，在还原时仅需要伪装密钥，不需要原始数据的任何其他信息，是有记录的最早进行 DEM 信息伪装研究的文献；随后，罗永等又提出了一种结合信息伪装和信息隐藏的 DEM 数据保护方法，基于小波变换设计了 DEM 数据的高压缩比方法，并扩展了基于视觉系统小波域量化噪声的视觉权重应用领域，可以自适应地确定信息隐藏强度，同时保护两组 DEM 数据安全，取得了较好的应用效果，如图 2.5 所示。

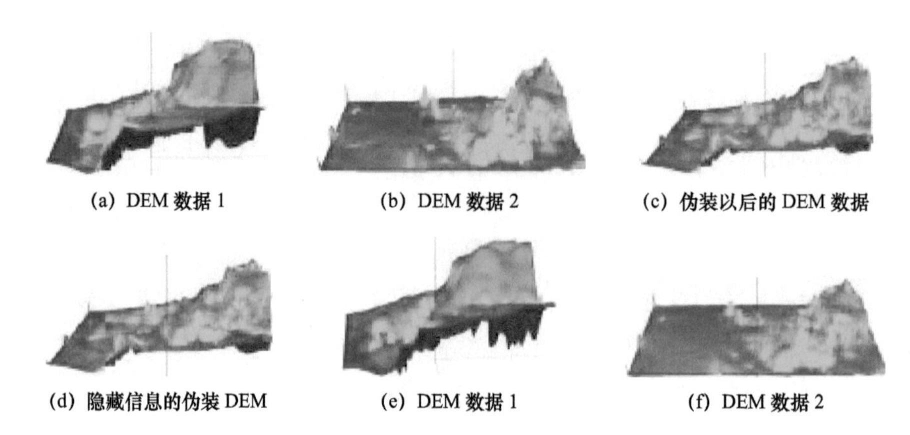

(a) DEM 数据 1　(b) DEM 数据 2　(c) 伪装以后的 DEM 数据

(d) 隐藏信息的伪装 DEM　(e) DEM 数据 1　(f) DEM 数据 2

图 2.5　罗永等设计的 DEM 信息伪装方法

何密等分别提出了一种针对 DEM 数据的信息伪装和数字水印双重信息保护算法，将信号分析中的经验模态分解（Empirical Mode Decomposition，EMD）引入 DEM 信息伪装中，使 EMD 产生的多级中间数据和 Hash 函数产生的随机序列相结合生成伪装 DEM 数据，同时通过修改 DEM 数据的广义直方图结合数字水印的相关原理在伪装数据中嵌入水印，不仅保护了 DEM 数据的高程内容安全，还与可逆数字水印相结合保护了数据的版权信息和重要参数信息；刘绪崇等在保证基本地形特征的前提下，将原始 DEM 进行数据压缩并进行数据加密，结合直方图将其无损隐藏在纹理图像中，实现 DEM 的信息保护，本质上仍是一种数据隐写技术；李黎亮等就 DEM 信息伪装的关键技术进行了阐述，认为进行 DEM 信息伪装需要重点注意数据的局部伪装和特征保持，但没有进行算法的具体设计。

DEM 信息伪装的应用领域和意义主要如下。

1）敏感地理空间数据的安全存储与通信

20 世纪 70 年代以来，数据通信得到迅速发展。电视传播、互联网技术、可视电话和手机的信息传输大大促进了信息传播方式的发展。地理空间数据特别是敏感地区的高精度 DEM 数据，具有重要的国防和经济价值。通过对需要保护的地形起伏信息进行主动伪装，可以避免攻击者的修改与拦截，从而实现关键信息的安全存储与通信。

2）隐秘侦察与军事作战

在现代战争中，通过实施伪装可以对抗敌方高技术武器装备的观测、侦察和攻击，保护己方战略、战术目标及有生力量，提高部队生存和战斗力。另外，通过对关键地形信息实施伪装，可以极大地提高我方侦察能力，实现隐秘侦察和主动防御。

3）基础地理空间数据安全体系建设

信息加密、信息隐藏等已有的数据保护方式在一定程度上解决了 DEM 数据安全传输的问题，但由于侧重点不同，在某些特定场合下应用仍具有一定的局限性。研究 DEM 信息伪装技术可以增强数据传输的迷惑性，增加攻击甄别的难度，为建立安全可靠的基础地理空间数据应用体系提供更有力的支撑。

4）地理空间数据开放共享

随着世界范围内数字时代的到来，地理空间数据作为基础数字设施之一，信息共享成为普遍共识，数据安全成为影响数据共享的主要瓶颈问题之一，在一定程度上限制了地理空间数据的全面共享和广泛应用。采用信息伪装技术，将敏感 DEM 数据等数字媒体伪装成其他可公开表示的地理空间数据，可以有效保证信息共享的安全性，推动地理空间数据共享健康、有序向前发展。

2.2 DEM 信息伪装的技术要求

与数据加密和信息隐藏等技术一样，DEM 信息伪装主要用于保证高程信息在存储或传输过程中的数据安全。通过分析数据加密和信息隐藏的技术指标，DEM 信息伪装的技术要求如下。

1. 安全性

信息安全领域的所有技术都应该以安全性作为第一准则，这是进行信息保护最原始的目的。DEM 信息伪装技术的安全性主要表现在两个方面：一个是指攻击者难以发现伪装数据是否进行了特殊处理，不能判断数据中是否包含有价值的重要信息；另一个是指攻击者即使发现了伪装技术的存在，得到了伪装数据，在短时间内也不能从中提取出受到保护的重要信息。抵御外来攻击，保证数据安全，是 DEM 信息伪装的基本要求。

2. 鲁棒性

DEM 信息伪装的鲁棒性是指伪装后数据所携带的真实信息不因过程中的各种操作而有所损失，伪装算法具有一定的稳定性。如果信息伪装承受外来攻击的能力很差，在还原时就无法得到合理可用的真实数据。

3. 差异性

差异性是指伪装过程中涉及数据相互间的主要差异，是保证重要信息得到保护的重要指标。DEM 信息伪装的差异性包括两个方面：一个是伪装数据和原始数据中重要信息之间的差异，该差异应当尽可能地大，致使攻击者不能直接从伪装数据中获取原始数据的任何重要信息；另一个是还原数据和原始数据之间的差异，在无特殊要求下，该差异应当尽可能地小，从而保证合法用户接收到的还原数据可以正常使用。DEM 信息伪装的差异性可以表现在数据结构和数据内容等多个方面。

4. 迷惑性

迷惑性是指伪装数据本身是有意义的，具有一定的辨识度，能够在一定程度上影响敌方对数据真假的判断，这是 DEM 信息伪装区别于其他信息保护技术的主要特征。进行 DEM 数据的信息伪装，首先要求伪装数据和原始数据在组织形式上完全相同，属于同一种数据类型；另外要求伪装数据的信息表达具有相当的合理性，能够进行地形表达，在表现形式上具有一定的应用价值。非授权用户不能在短时间内判断私自窃取到的数据是否正确，甚至忽略了数据正确性的判断，将虚假数据当作真实数据使用，对其做出正确决策造成严重干扰。图 2.6 显示的是 DEM 数据在进行信息伪装时仅考虑数值转换和顾及地形特征两种方法的可视化比较。明显地，单纯进行数值变换的信息伪装得到的数据结构虽然仍是 DEM 数据［见图 2.6（b）］，但攻击者很容易发现其中存在严重的数据表达问题，进而产生怀疑；而顾及地形特征的信息伪装考虑了真实 DEM 高程数据间应当具有的相关关系［见图 2.6（c）］，仅从表现形式上很难判断数据的真伪，伪装效果明显优于单纯进行数值变换的效果，更具迷惑性，达到了真正意义上的信息伪装效果。

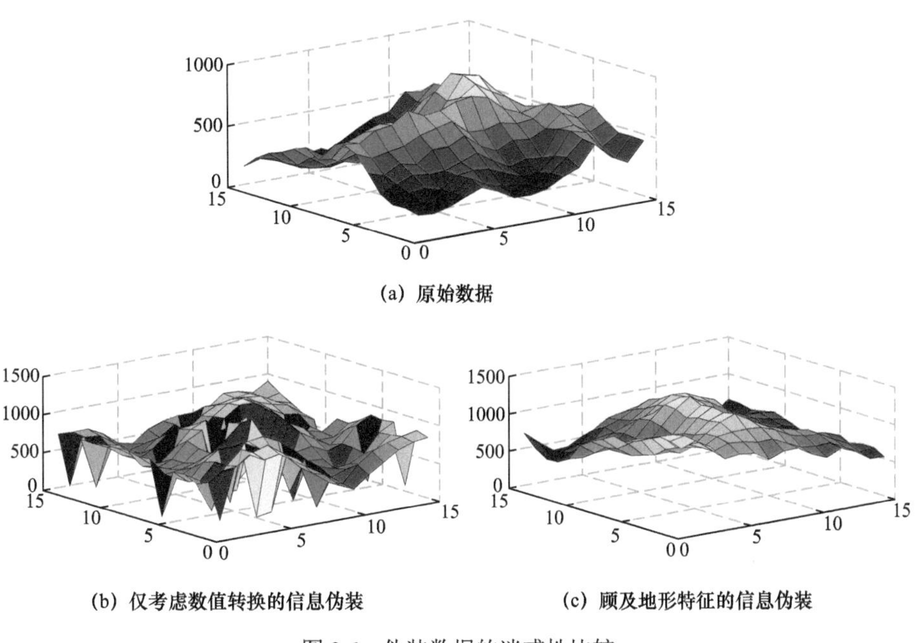

图 2.6　伪装数据的迷惑性比较

5. 可逆性

可逆性是指伪装数据中的重要高程信息在合理的条件下能够完整或部分还原，从而达到信息传输的目的。DEM 信息伪装采用的技术必须是完全可逆或部分可逆的，即使不能将原始数据精确还原出来，至少也要能还原出满足一定精度要求的原始数据，才能保证合法接收者的正常使用。同时，根据不同的用户权限从伪装数据中还原得到不同精度的 DEM 是信息伪装的高层次要求，可以更有效地保护数据安全。

6. 时效性

时效性是指伪装算法的执行效率要高，在保证算法安全性的同时能够快速完成数据伪装和还原操作。如果算法执行时间过长，就难以满足数据传输的实时性要求，影响信息传输效率。

7. 可认证性

DEM 信息伪装的可认证性类似于数据水印的可认证性要求，是对伪装数据提供的身份识别功能，也是高程数据保护的高层次要求，主要用来分析伪装数据在传输过程中是否遭到过非法用户的各种攻击，判断数据被恶意篡改的可能性，防止合法用户使用接收到的虚假信息，造成不必要的损失。同时，伪装算法的可认证性还应当提供追踪功能，一旦发现信息泄露事件，可以最早锁定出现问题的环节，采取相应补救措施。

DEM 信息伪装的技术要求是设计伪装算法的主要依据，同时也是判断伪装算法优劣的重要标准。实际上，大多数 DEM 的信息伪装算法不能同时满足这 7 项技术要求，特别是对可认证性的研究，需要进行特殊的处理，一般根据具体情况进行分析。

2.3 DEM 信息伪装分类

按照不同的依据，DEM 信息伪装有多种不同的分类方法。

▶ 2.3.1 以伪装范围为依据

以伪装范围为依据，DEM 信息伪装可以分为整体伪装和局部伪装两种类型。整体伪装是将原始数据的全部内容作为需要保护的信息进行处理，得到的伪装数据与原始数据完全不同；局部伪装是仅处理原始数据中需要保护的部分重点高程信息，而对其他普通内容不做任何改变。相关示意图如图 2.7 所示。

在实际应用中，并不是整块 DEM 数据都需要进行保密，特别是需要保护区域附近的某些已知区域，攻击者通过其他手段也可以获取到，再进行信息伪装反而是画蛇添足。往往只需要对整块 DEM 数据中的局部进行伪装，这些局部区域的高程数据相对于整个区域的高程点数量要小得多，进行整块数据的处理并不能保证这些重点保护区域得到所需要的伪装效果，而且计算量也大幅增加。

10	20	30	40
50	60	70	80
90	80	70	60
50	40	30	20

(a) 原始数据

15	25	35	45
55	65	75	85
95	85	75	65
55	45	35	25

(b) 整体伪装示例

10	20	30	40
50	30	60	80
90	20	50	60
50	40	30	20

(c) 局部伪装示例

图 2.7　以伪装范围为依据的 DEM 伪装分类示例

最常用的局部伪装方法就是对 DEM 数据进行再划分，对需要伪装的区域进行处理，即局部区域处理。例如，直方图变换技术就可以使不同区域得到不同的处理结果，分块 DCT 变换也可以进行局部的信息伪装。除此之外，还可以在对整块数据进行信息伪装时，直接利用局部信息以达到不同局部不同伪装效果的目的，即局部特征全局处理。

进行 DEM 局部伪装的关键问题主要有 3 个方面。

（1）选择合适的分块方式，判断需要对多大的局部进行伪装处理。一般情况下，这个局部既表达或者包含了重要的地形信息，也应该能够具备独立表达地形的部分能力。

（2）选择伪装算法。选择适合的信息伪装算法，对局部区域进行伪装处理，是进行信息伪装的核心环节。

（3）伪装后的局部 DEM 数据与周邻数据之间的衔接。信息伪装更重要的是数据的迷惑性，只有伪装数据和周边数据的衔接顺畅，才能保障不被发现。

一般情况下，局部区域的选择主要有两种方式。

一种是给定型的局部，即已经明确知道具体哪一块数据需要进行伪装处理。这类信息往往可以通过法规文件或者实际用途直接确定，例如，2022 年自然资源部组织修订的《公开地图内容表示若干规定》及《公开地图内容表示补充规定（试行）》，明确指出以下几个方面的公开地图不得表示：

（1）军队指挥机关、指挥工程、作战工程，军用机场、港口、码头，营区、训练场、试验场，军用洞库、仓库，军用信息基础设施，军用侦察、导航、观测台站，军用测量、导航、助航标志，军用公路、铁路专用线，军用输电线路，军用输油、输水、输气管道，边防、海防管控设施等直接用于军事目的的各种军事设施；

（2）武器弹药、爆炸物品、剧毒物品、麻醉药品、精神药品、危险化学品、铀矿床和放射性物品的集中存放地，核材料战略储备库、核武器生产地点及储备品种和数量，高放射性废物的存放地，核电站；

（3）国家安全等要害部门；

（4）石油、天然气等重要管线；

（5）军民合用机场、港口、码头的重要设施；

（6）卫星导航定位基准站；

（7）国家禁止公开的其他内容。

包含这些敏感信息的 DEM 数据，就可能成为进行 DEM 信息伪装中的局部信息，通过直接指定确定具体需要处理的对象。

另一种是未知型局部，需要通过一定的判断准则选取要进行伪装的区域，局部区域可能是整块数据中的一部分，也可能是不相连的若干局部。在实际操作中，将原始 DEM 数据进行分块后，可通过计算各个分区信息量的方式确定重点区域。这就涉及利用信息论的相关思想进行 DEM 数据信息载负量的计算。

按照伪装对象的形态特征，DEM 的局部伪装又可以分为重点区域伪装和线状特征伪装两种类型。重点区域伪装是将原始数据的某一区域作为重点保护对象，并对其进行伪装处理，一般该区域直接包含在原始数据中。例如，需要保护某一军事基地的地理位置不在公开信道中随意传播，就要进行局部重点区域的伪装。线状特征伪装是将原始数据中的某一类线状特征作为重要信息，并对其进行伪装处理，线状特征一般是隐含在原始数据中的内容。例如，需要隐匿数据中的分水合水线等对军事活动具有重要价值的地形特征，就要进行局部线状特征的伪装。图 2.8 是地形数据中重点区域和线状特征的示例。

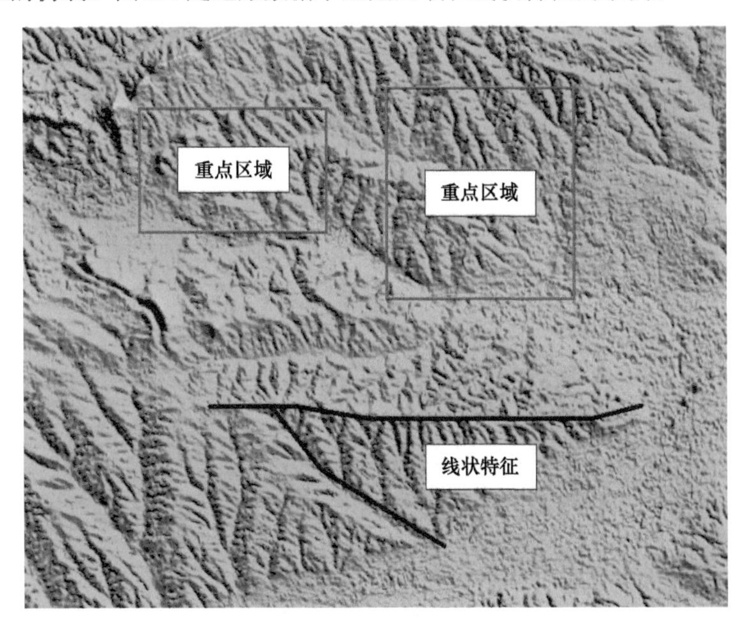

图 2.8　地形数据中重点区域和线状特征的示例

▶ 2.3.2 以处理方式为依据

以处理方式为依据，DEM 信息伪装可以分为基于结构的信息伪装和基于内容的信息伪装两种类型。

基于结构的DEM信息伪装技术是从高程矩阵的结构整体出发进行DEM信息伪装的方法。在整个处理的过程中，不关注其中具体的某个高程数值，而是通过将高程矩阵划分为若干单元，依次进行信息伪装，如图 2.9 所示。这类算法有时改变的只是高程矩阵中各个值的位置，通过将地形特征进行变换移位以达到虚虚实实的伪装效果。伪装前后的高程矩阵一般会存在某种隐含关系。常用的方法有基于矩阵论和基于分形理论等方法。基于结构的 DEM 信息伪装算法简单，一般不会涉及复杂的数学计算，实现容易、快捷，大大节约了时间成本。但是部分算法的安全性能还有待加强。

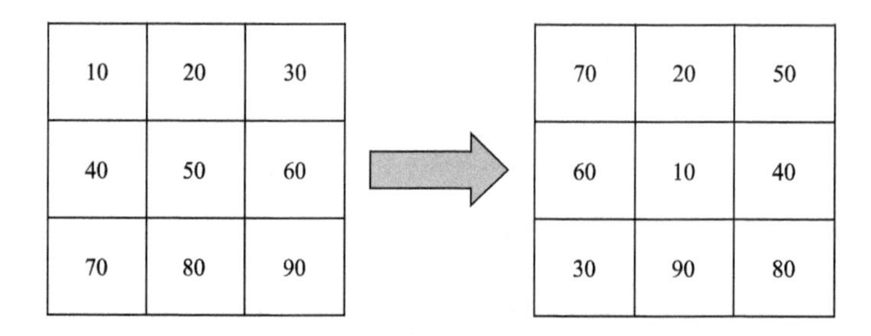

图 2.9 基于结构的信息伪装示例

基于内容的 DEM 信息伪装算法是一种化整为零的处理方法，针对高程矩阵中各个位置上的每一个高程数值进行处理变换，以达到信息伪装的目的，如图 2.10 所示。与基于结构的 DEM 信息伪装算法相比，这类算法可以简化为在满足 DEM 构成条件下对单个数值的处理，对整个 DEM 数据的伪装进行得更为彻底，对原始 DEM 数据的改造很大，单从地形特征上甚至看不出两者间存在任何关系，通过合理设计的算法能够使得伪装效果良好，算法的安全性也较强，不会被轻易破解，但是算法的执行效率往往会比较低。

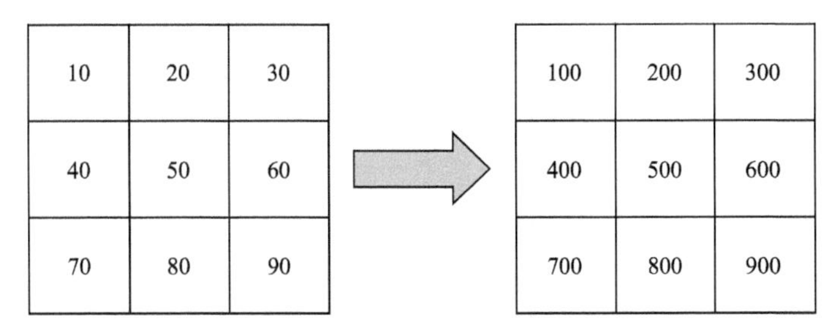

图 2.10　基于内容的信息伪装示例

2.3.3　以作用域为依据

类似于信息隐藏技术，DEM 信息伪装以作用域为依据，可以分为基于空间域的信息伪装和基于频率域的信息伪装两种类型。基于空间域的 DEM 信息伪装是指直接作用于原始数据高程值组成集合域上的处理方法，可以用式（2.1）表示：

$$H_1(x, y) = F[H_0(x, y)] \tag{2.1}$$

式中，$H_0(x, y)$ 和 $H_1(x, y)$ 分别代表原始数据和伪装数据，F 代表伪装操作。该处理方法可以仅针对数据内容中的单个元素价值进行伪装，也可以一次对若干元素组成的价值区域进行伪装。

基于频率域的 DEM 信息伪装是将原始数据的高程值经过空间变换后，在其频率域上通过改变数据的整体或部分重要频率系数，从而达到伪装处理目的的技术方法。整个过程可用式（2.2）表示：

$$H_1(x, y) = T^{-1}\{F[T[H_0(x, y)]]\} \tag{2.2}$$

式（2.2）说明基于频率域的信息伪装就是将数据转换到频率域、完成信息伪装后再转换回空间域的处理过程，如图 2.11 所示。

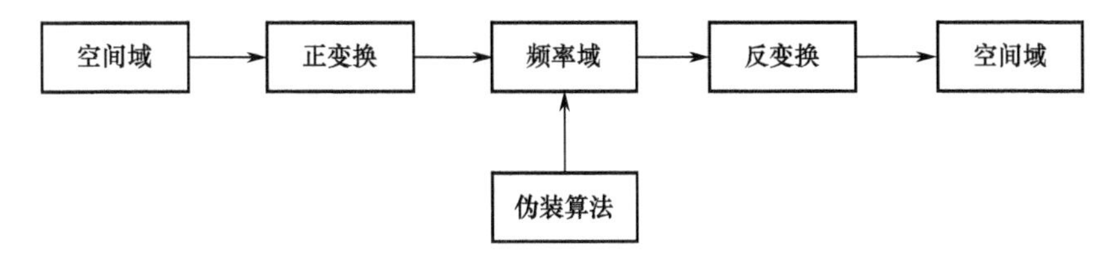

图 2.11　基于频率域信息伪装的基本流程

在频率域上进行信息伪装有两个关键环节：一个是需要选取空间域到频率域的变换方法，目前应用于二维离散数据的频率变换方法主要有离散傅里叶变换（Discrete Fourier Transform，DFT）、离散余弦变换（Discrete Cosine Transform，DCT）及离散小波变换（Discrete Wavelet Transform，DWT）等；另一个是在频率空间中选取合理的信息伪装算法，对需要保护的信息进行伪装处理。

DEM 信息伪装的分类方法很难仅以一种依据为基础，在实际应用中经常会出现结合多种分类依据的信息伪装算法，如整体伪装可以基于结构进行伪装，也可以基于内容进行伪装，具体分类参照图 2.12，可以根据实际需要选择分类方式。

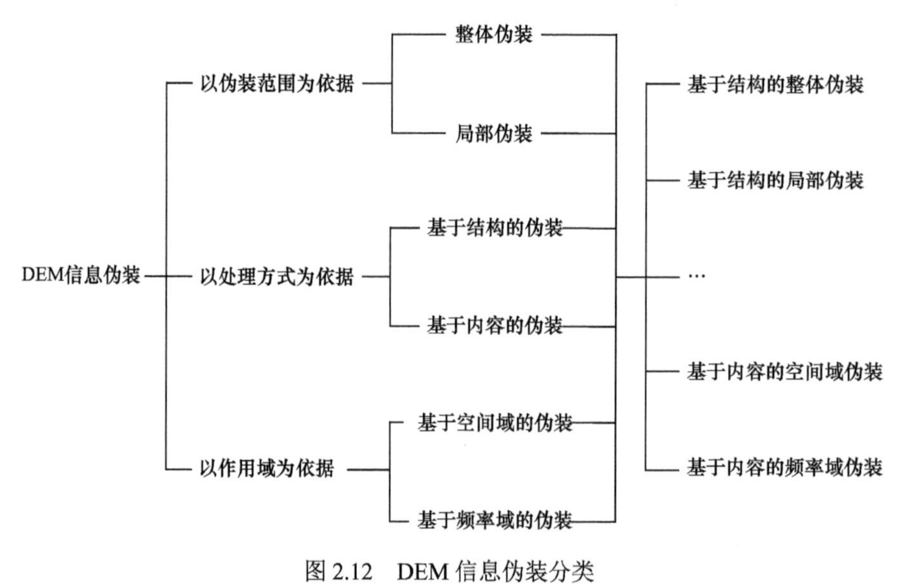

图 2.12　DEM 信息伪装分类

2.4　DEM 信息伪装与相关技术的辨析

▶ 2.4.1　DEM 信息伪装与数据加密、信息隐藏的辨析

数据加密、信息隐藏与信息伪装是 DEM 数据保护的三种主要方式，三者的区别主要有以下几点。

（1）得到结果的组织形式不同。DEM 数据加密是将普通密码学的思想应用于地理信息保护领域，得到的结果是无法理解的数据流，不具有任何实际意义；信息隐藏是将 DEM 隐藏于其他可以公开的数据中传输，结果与该公开数据类型一致，可以是图像、声音、文本等其他形式；信息伪装是将重要信息仍旧隐藏于原始 DEM 数据中，不仅隐藏了信息，更是隐藏了技术本身，得到的结果还是 DEM 数据。三种 DEM 信息保护技术得到结果的具体形式如图 2.13 所示。

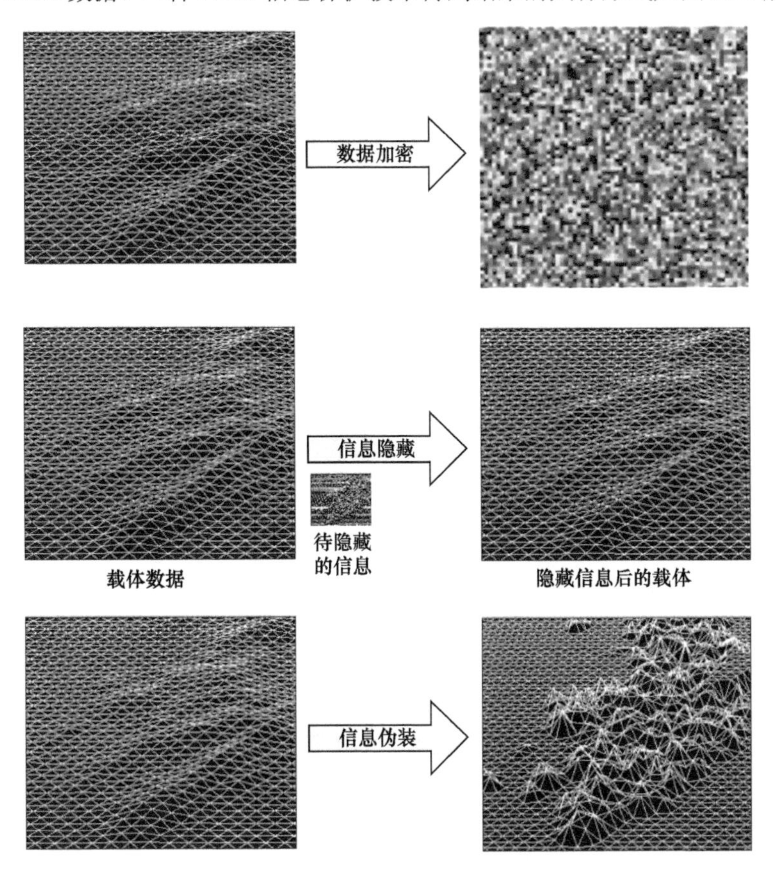

图 2.13　三种 DEM 信息保护技术得到结果的形式比较

（2）是否使用了载体。采用数据加密保护 DEM 数据不需要任何载体，是对数据本身进行的处理；采用信息隐藏技术时一般需要有另外一组数据作为载体，才能完成信息保护；而信息伪装技术中的载体不是必需的，要根据不同的伪装技术决定是否需要，并且选择的载体一般和原始数据具有直接关系，这也是区分 DEM 信息伪装和数据隐藏的一个重要方面。

（3）对 DEM 数据的保护程度不同。数据加密不具有任何迷惑性，主要用于 DEM 数据存储与传输过程中的安全防护，解密后不再有任何保护作用；由于受到信息容量的限制，信息隐藏目前更侧重于数字水印的研究，着重保护 DEM 数据的版权问题，可用于盗版或泄密追踪；DEM 信息伪装具有很强的迷惑性，主要用于保护数据中包含的重要信息，在特定领域具有一定优势。

另外，三者在迷惑性、可用性、发展程度上等也有很大差别（见表 2.1）。数据加密不具有任何迷惑性，无法理解，特别容易被发现数据经过特殊处理，发展程度已经相当高；信息隐藏可以永久保护 DEM 数据信息，但不影响宿主的正常使用，正处于逐步发展完善的阶段；信息伪装迷惑性很强，不影响数据的可用性，对数据保护得比较彻底，目前还刚刚起步，急需进行重点研究。

表 2.1　三种信息保护技术在其他方面的比较分析

	加密技术	隐藏技术	伪装技术
迷惑性	无迷惑性，容易被发现	迷惑性一般，较易被发现	迷惑性很强，不易被发现
可用性	解密后才可用	不影响宿主的可用性	解密前后都可用
保护程度	存储与传输过程保护，解密后不具有保护作用	保护存在于整个生命周期过程中	还原后不具有保密性
发展程度	相当完善	发展完善中	起步阶段

三种 DEM 信息保护方式具有明显的差别，但相互间并不矛盾。数据加密是信息保护的通用方式，优秀的密码学算法可以被借鉴到信息隐藏和信息伪装领域，增强算法的安全性；广义上，DEM 信息伪装不仅是一种信息自隐藏技术，两者还都可以归为数据加密的技术范畴，只是采用了不同的信息保护手段。实际上，三种技术可以共同使用，特别是在传输信息伪装的密钥时，数据加密和信息隐藏是必不可少的技术手段。

▶ 2.4.2　DEM 信息伪装与 DEM 建模的辨析

本质上，DEM 信息伪装也是一种 DEM 重新建模的过程，相应的建模理论和误差思想对信息伪装具有一定的参考价值。DEM 建模主要是指在高程离散采样点的基础上，通过一定的方法构建规则格网 DEM 或不规则三角网 DEM 的过程。

规则格网 DEM 的构建，是根据若干相邻采样点的高程求出待定格网点高程值的过程，在数学上属于插值问题。按照内插点的分布范围，RSG DEM 内插可分为整体内插、分块内插和逐点内插三类；按照内插方法分类，又可分为内插和拟合两大类。内插要求曲面通过内插范围的全部采样点，拟合则不要求曲面严格通过采样点，但要求拟合面相对于已知数据点高差的平方和最小，即遵从最小二乘法则。RSG DEM 内插的主要方法如图 2.14 所示。

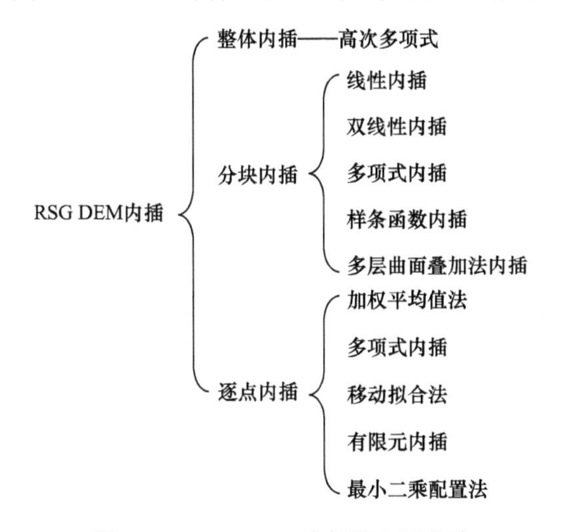

图 2.14 RSG DEM 内插的主要方法

不规则三角网 DEM 建模是指通过从不规则分布的数据点生成一系列互不交叉、互不重叠的连接在一起的三角形来逼近地形表面（见图 2.15）。TIN DEM 是 DEM 的另一种主要数据模型，TIN 的特点在其字面意思中表露无遗。

T：三角化或三角剖分（Triangulated），是离散数据的三角剖分过程，也是 TIN DEM 的建立过程。三角形是最简单的几何形状，由于空间三点能唯一确定一个三角形，因此三角形单元是表达局部地形表面的最佳形式。目前的三角剖分均是在二维平面上进行的，然后在三角形的顶点赋予所对应的高程值，从而形成空间三角形平面。位于三角形内部的任何一点的高程值都可通过三角形方程唯一确定。

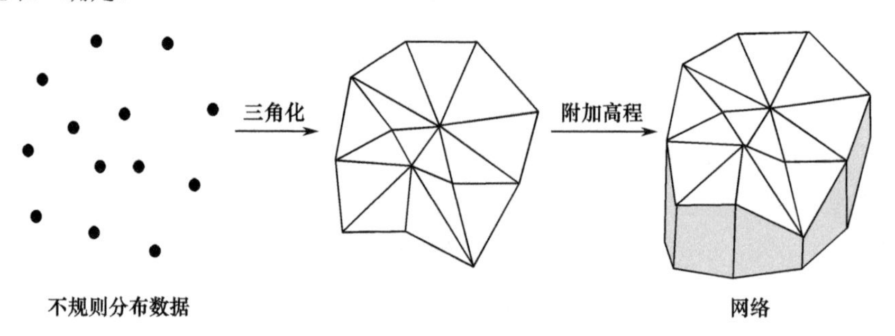

图 2.15　TIN 的形成与含义

I：不规则（Irregular），指用来构建 TIN 的采样点的分布形式。与 RSG DEM 相比，TIN DEM 具有可变分辨率，也就是说在地形变化复杂的地方，数据点分布比较密，三角形形状较小且密集，而在地形变化平缓的地方，数据点稀疏，三角形大且稀疏。因此，TIN DEM 比 RSG DEM 能更好地反映地形起伏特征。

N：网络（Network），表达了整个区域中三角形的分布状态，即三角形之间不能交叉和重叠，但又有机地联系在一起，三角形之间的拓扑关系隐含其中。三角形的网络结构使得在 TIN DEM 上能够进行较为复杂的表面分析。

近年来，针对 DEM 建模的精度问题，国内外很多专家和学者进行了详细的研究，从不同角度研究了建模精度的分类、成因、分布特征和传播模型等问题，王耀革在其博士论文中对这些研究进行了较为详细的分类。DEM 建模和信息伪装的主要区别在于 DEM 建模的目的是建立地球表面一定区域内高保真的模拟模型，而信息伪装的目的是改变原始数据的这种高保真特性，将其变成具有一定仿真能力的假数据。在 DEM 信息伪装时，伪装数据是否改变了原始数据的高保真特性，还原数据是否在处理过程中还能达到应用的精度要求，都需要相应的理论进行支撑。

同时，DEM 在地形建模过程中也很容易进行信息伪装。在整个地形重建过程中，高程内插计算是一个关键环节，根据采样点内插计算出其他未知点的高程值是整个 DEM 建模的核心问题。从 DEM 的概念出现发展至今，内插方法很多，却没有统一的标准，为 DEM 的信息伪装提供了便利，制作者可以在进行内插计算时加入伪装因子，建模生成的 DEM 就是经过处理的伪装数据。

参考文献

[1] 王慧．网络欺骗技术与档案信息化安全[J]. 兰台世界，2013（S2）：88.

[2] 陈涛．基于小波的图像数字水印及 DEM 数据数字水印算法研究[D]．郑州：信息工程大学，2008.

[3] 余建德，宋瑞霞，齐东旭．基于数字图像三角形剖分的信息伪装算法[J]．计算机研究与发展，2009，46（9）：1432-1437.

[4] 杨恒伏．数字图像主动伪装技术研究综述[J] ．激光与红外，2012，42（5）：481-489.

[5] 罗永，成礼智，吴翊，等．基于模糊关系的 DEM 数据信息伪装技术研究[J]．模糊系统与数学，2004（3）：116-120.

[6] 罗永，杨岳湘，成礼智．数字高程模型数据的信息伪装和信息隐藏技术[J]．软件学报，2007，18（3）：739-745.

[7] 何密，罗永，成礼智，等．基于 EMD 的 DEM 数据信息伪装技术[J]．计算机应用，2007，27（6）：1345-1348.

[8] 刘绪崇，王建新，罗永．纹理图像无损隐藏三维 DEM 数据技术[J]．计算机科学与工程，2010，32（10）：63-65.

[9] 李黎亮，陈令羽．DEM 信息伪装关键技术分析[J]．测绘与空间地理信息，2015，38（1）：63-66.

[10] Petitcolas F, Anderson R, Kuhn M. Information Hiding—A survey[J]. Proceedings of IEEE (Special Issue on Protection of Multimedia Content), 1999, 87(5): 1062-1078.

[11] 王耀革．DEM 建模与不确定性分析[D]．郑州：信息工程大学，2009.

[12] 游雄．地形建模原理与精度评估方法[M]．北京：测绘出版社，2014.

[13] 游雄，陈刚，宋国民，等．战场环境仿真[M]．北京：解放军出版社，2012.

[14] 彭德云，王嘉祯，杨素敏，等．信息隐藏的空间概念模型构建[J]．武汉大学学报（理学版），2006，52（5）：560-564.

[15] 汤国安．数字高程模型精度研究[M]．北京：科学出版社，2000.

[16] 王光霞．DEM 精度模型建立与应用研究[D]．郑州：信息工程大学，2005.

[17] 胡鹏，杨传勇，吴艳兰，等．新数字高程模型理论、方法、标准和应用[M]．北京：测绘出版社，2007.

[18] 胡鹏，吴艳兰，胡海．数字高程模型精度评定的基本理论[J]．地球信息科学，2003（9）：64-69.

3
DEM 信息伪装的理论基础

3.1 DEM 信息伪装的基础框架

理论是人们对事物知识的理解和论述，是深入进行相关研究的基础。以数据加密技术为例，1949 年美国科学家 Shannon 发表了著名的《保密系统的通信理论》一文，以信息论为基础建立起了数据加密的整套理论体系，虽然发展到现在部分理论已经不太适用，但其支撑起了现代密码学 70 余年的发展。信息隐藏经过近些年的不断完善，虽然没有形成统一的理论框架，但主要体系也建立完毕，指导各项研究的顺利开展。相比较而言，信息伪装的相关研究出现较晚，理论研究相对滞后，没有一个成型的理论框架。结合信息伪装技术的理论体系，参考相关领域（数据加密、信息隐藏）已经形成的框架，建立使用于 DEM 信息伪装的基础模型，并进行科学合理的描述，抽取最核心的本质，是进行 DEM 信息伪装的前提。

DEM 信息伪装是通过一定的处理手段，将 DEM 的全部或局部高程信息转换为与周围地形相匹配的非真实数据，并能在合适条件下进行还原的技术和方法，伪装的结果仍旧是能够进行地形表达的 DEM 数据。实际上，DEM 信息伪装可以看成将数据整体或部分隐藏于自身的信息保护技术，是一种主动的信息自隐藏技术，更是一种顾及地形特征的数据加密技术。根据不同的角度，DEM 信息伪装具有不同的技术框架。考虑信息伪装的目的主要是保护重要地形信息在传输过程中的安全，结合其他领域的相关理论，设计 DEM 信息伪装的基础框架如图 3.1 所示。

图 3.1 中虚线表示的部分说明该过程在实际传输中并不一定存在。该模型用以下五元组进行形式化描述：

$$\Sigma = < S, C, K, P, D > \tag{3.1}$$

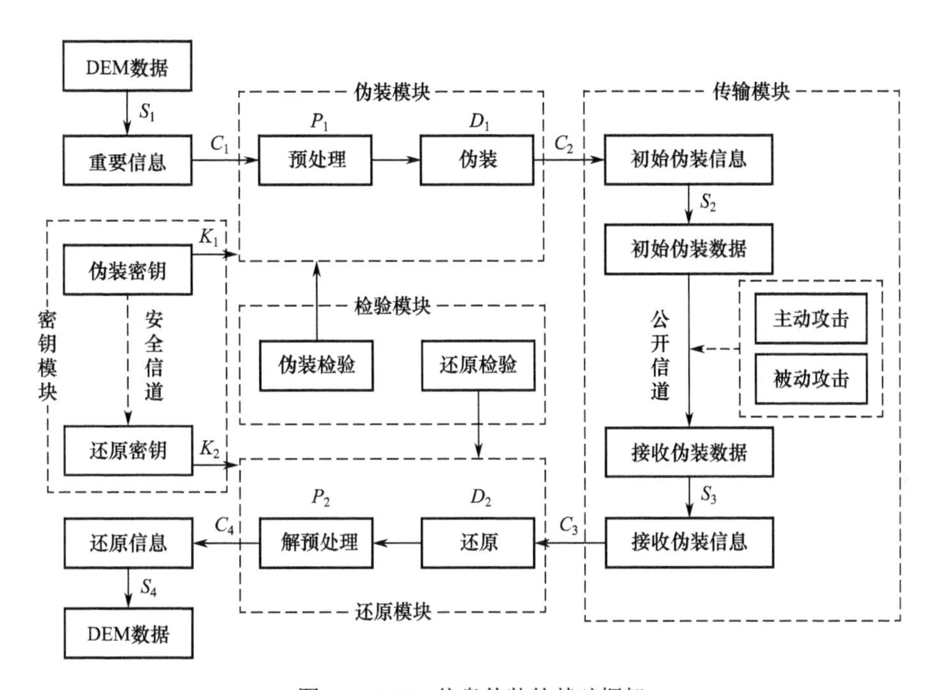

图 3.1　DEM 信息伪装的基础框架

各参数的意义如下。

S：DEM 数据，包括 4 种类型。S_1 表示最原始的 DEM 数据，包含重要高程信息和普通高程信息两部分内容；S_2 表示伪装后形成的 DEM 数据，是重要信息伪装后的载体数据；S_3 表示用户接收到的 DEM 数据，是伪装 DEM 数据经传输后呈现的状态，同样属于伪装数据。如果在传输过程中不存在任何形式的外来攻击，则有 $S_2 = S_3$；S_4 表示合法接收者最终得到的 DEM 数据，即还原数据。

C：重要高程信息，同样包括 4 种类型。C_1 表示重要信息最初的状态，是原始数据的子集，有 $C_1 \subseteq S_1$；C_2 表示重要信息经伪装后的状态，是伪装数据的子集，有 $C_2 \subseteq S_2$；C_3 表示从伪装 DEM 数据中提取出来的重要信息，是接收到伪装数据的子集，有 $C_3 \subseteq S_3$。同样，如果在传输过程中不存在任何形式的外来攻击，则有 $C_2 = C_3$；C_4 表示还原得到的重要信息，是还原数据的子集，有 $C_4 \subseteq S_4$。

K：密钥，包括两种类型。K_1 表示伪装密钥，K_2 表示还原密钥。一般情况下，$K_1 = K_2$ 或存在某种关联关系，但利用公钥方法时两者可以相互独立。

P：预处理操作，包括两种类型。P_1 表示重要信息进行伪装前的预处理过程；P_2 表示还原后对接收到的重要信息进行的解预处理操作。P_1 和 P_2 两者互为逆过程。

D：伪装还原操作，包括两种类型。D_1 表示伪装操作，是重要信息到伪装信息的空间变换；D_2 表示还原操作，是伪装信息到还原信息的空间变换。D_1 和 D_2 两者互为逆变换，是 DEM 信息伪装的关键。

根据空间通信模型，整个 DEM 信息伪装过程主要包括 5 个模块。

1. 伪装模块

伪装模块的输入是原始 DEM 数据中的重要信息 C_1，通过伪装操作 D_1 输出经过伪装后的重要信息 C_2。整个过程表示为

$$C_2 = D_1(C_1, K_1) \tag{3.2}$$

很多情况下，原始信息不能直接进行信息伪装，需要先进行数据预处理，即整个伪装模块表示为

$$C_2 = D_1[P_1(C_1), K_1] \tag{3.3}$$

数据预处理是指在进行 DEM 信息伪装前对数据进行预先调整的过程，一般包括数据压缩和高程数值格式调整两个方面。数据压缩的目的是解决数据量过大造成伪装效率低下的问题，根据具体需要可以选择不同的压缩方法，但基本原则是必须保证压缩数据能够满足具体应用的最低精度要求；数值格式调整的目的是将高程信息转换成能够直接用于信息伪装算法的操作。在实际应用中，并不是所有 DEM 数据中高程数值的格式都可以满足伪装算法处理的要求。有些伪装算法对伪装处理数据的长度具有明确的要求，如 DES 算法的处理对象只能为 8 位字符，有些算法仅处理整数数据等。DEM 数据的存储按照不同的精度要求具有不同的格式，一般为浮点型数据，根据精度不同，小数的位数也不相同，信息伪装前需要对高程数据的格式进行一定的调整。进行数据预处理不仅

可以使高程数值更适合伪装算法的处理，还可以大幅度提高 DEM 信息伪装的效率。

2. 传输模块

传输模块主要负责伪装数据的传输，其主要任务是将包含初始伪装信息 C_2 的初始伪装 DEM 数据 S_2 传输给接收方，得到包含接收到伪装信息 C_3 的 DEM 数据 S_3。如果在传输过程中没有遭到任何攻击，则认为

$$\begin{cases} C_2 = C_3 \\ S_2 = S_3 \end{cases} \tag{3.4}$$

DEM 数据传输的最佳效果是能够达到上述要求的，但实际上由于信道环境等问题，数据极有可能受到不同形式的攻击，主要分为主动攻击和被动攻击两种形式。主动攻击是攻击者对专有信道中通过的所有数据进行无选择的破坏修改，即使不能判断 DEM 数据是否经过了伪装处理，但仍对其进行某些属性特征的处理，破坏伪装数据中重要信息的完整性；被动攻击是攻击者对信道中经过的数据进行有选择的处理，是在首先判断出 DEM 数据经过伪装处理后再进行的各种攻击。根据攻击者掌握的具体条件不同，被动攻击又可以分为以下几种情况。

（1）攻击者已知采用的信息伪装算法并同时截取到原始 DEM 数据和传输中的伪装 DEM 数据。攻击者的主要目的是根据两种 DEM 数据之间的不同，判断出哪些信息是数据拥有者计划在传输过程中重点保护的内容。

（2）攻击者截取了伪装数据并持有部分重要地形信息。攻击者的主要目的是根据部分信息反解出进行信息伪装采用的密钥和方法，提取全部的重要信息。

（3）攻击者已知进行保护的全部重要内容和伪装算法，其主要攻击目的是判断信道中通过的其他伪装数据，通过截取和破坏阻断信息传输。

（4）攻击者仅仅截取到伪装后的 DEM 数据，根据已有经验对数据是否经过特殊处理进行判断，是完全的盲分析。这是最常见的一种攻击方式，也是最难的一种攻击方式。

3. 还原模块

还原模块的输入是接收到的伪装信息 C_3，通过还原操作 D_2 输出的是还原得到的重要信息 C_4。整个过程表示为

$$C_4 = P_2[D_2(C_3, K_2)] \tag{3.5}$$

经过还原处理得到的仅是为适应伪装算法进行预处理后的数据，因此需要对其进行解预处理后才能得到真正的还原信息。解预处理的方法主要根据预处理的方法确定，如果之前进行了数据压缩，就需要进行数据的解压缩（部分数据在压缩后不能无损复原）；如果进行了格式调整，如数据取整，在解预处理后就应该将其归化到合理的高程表达区间内。

4. 检验模块

检验模块包括伪装检验和还原检验两部分。伪装检验的目的是判别经过伪装处理得到的 DEM 数据是否达到了预期要求，一般包括安全性和迷惑性两个内容。安全性检验的一个重点是判断伪装数据与原始数据之间是否具有足够大的差异，迷惑性检验是要判断伪装数据是否具有模拟地形的能力，两者都是进行伪装检验的重要内容。还原检验的目的是检查还原数据是否达到了数据传输后继续应用所需要的最低要求，主要是检验还原数据和原始数据之间的精度差异，判断伪装或还原过程中损失的数据精度是否影响 DEM 的后续使用。

5. 密钥模块

密钥模块的功能主要有两个：产生密钥和传输密钥。根据 Kerckhoffs 法则，伪装算法的设计应该是完全公开的，其安全性主要依赖于密钥的可靠性。因此，合理的信息伪装算法应该仅根据密钥就可以将伪装数据完整还原。为了保证重要信息的安全，伪装密钥一般要在绝对安全的信道中进行传输。

以上 5 个模块中，伪装模块和还原模块是 DEM 信息伪装最主要的内容，具体进行待保护信息的处理。对 DEM 信息伪装的基础框架进行简化，抽取其中最核心的部分，可以得到如图 3.2 所示的简化框架。

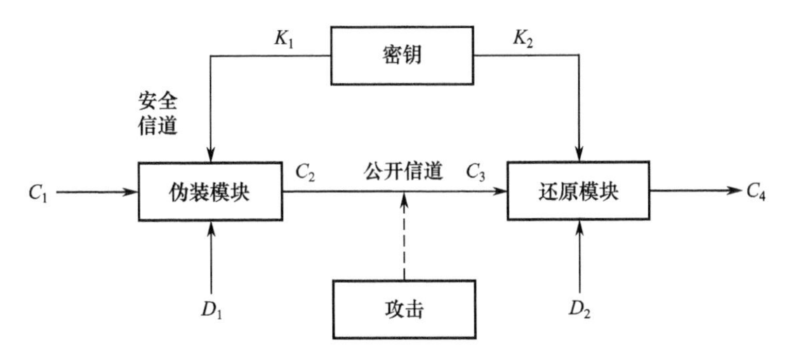

图 3.2　DEM 信息伪装的简化框架

用以下三元组表示为

$$\Sigma = < C, K, D > \tag{3.6}$$

3.2　DEM 信息伪装的关键技术

根据 DEM 信息伪装的基本概念和基础模型，考虑 DEM 数据的特点和进行信息保护的基本要求，进行 DEM 信息伪装的关键技术主要涉及伪装算法的设计和伪数据迷惑增强。

▶ 3.2.1　伪装算法的设计

选择合适的信息伪装算法，对整个信息伪装的效果有着至关重要的影响，安全有效的算法设计是进行 DEM 信息伪装的前提。根据 DEM 数据的特点，设计满足要求的信息伪装算法，其依据是 DEM 信息伪装的理论模型。参考相关领域（特别是信息隐藏领域）的研究方法，进行 DEM 信息伪装算法设计主要有空间域和频率域两种方式。

1. 基于空间域的信息伪装算法

在 DEM 信息伪装中，空间域是指由高程数值组成的空间。空域伪装方法是指直接作用于高程数值的方法，可以表示为

$$H_1(x, y) = F[H_0(x, y)] \tag{3.7}$$

式中，$H_0(x, y)$ 和 $H_1(x, y)$ 分别代表原始数据和伪装数据，F 代表伪装操作，既可以仅作用于某一个高程点上，也可以作用于某个区域。

基于空间域的信息伪装算法还可以分为高程点操作和几何操作两种。高程点操作仅根据该点的高程值来改变该位置上的高程意义，大多数基于位置的信息伪装算法属于此类；几何操作主要根据位置信息来改变该点的高程意义，大多数基于结构的信息伪装算法属于此类。

目前常用的空域操作算法很多，矩阵变换、LSB、分形理论、三角剖分等都属于空域算法。其中，LSB 算法又称最不重要位算法，常用于图像处理中。如图 3.3 所示，将灰度图像各个位置的灰度值（0～255）转换成 8 位二进制数表示，按照从高到低的序列排列，形成由 1、0 组成的第 7 到第 0 个的 8 个二进制位平面。一般而言，第 0 个位平面对灰度值的影响最小，称为最不重要位平面。通过改变该位平面上的值，可以进行图像处理或水印嵌入的相关操作。

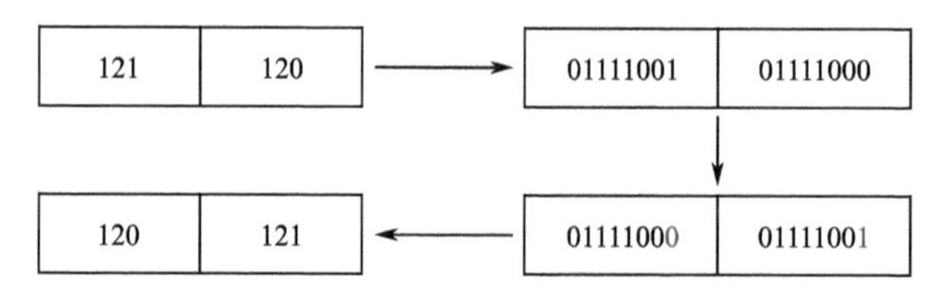

图 3.3　LSB 算法示例

这种方法被广泛应用于信息隐藏和数字水印技术中，但是安全性并不十分高，利用 SPA 分析（利用样本分析方法）和 RS 方法（利用统计图像中的正则组和奇异组数量变化来估计嵌入长度）可以很大概率地估计出图像中的隐藏信息。因此，需要改进传统的 LSB 算法，才能满足不断提升的信息伪装要求。目前出现的研究主要有利用矩阵编码的思想、基于亚仿射变换、基于 Arnold 变换或利用像素差值等方法进行改进，提高算法的抗攻击能力。

在进行 DEM 信息伪装时，LSB 算法可以提供很好的借鉴作用，将高程数值转换成一定个数的二进制（或多进制）位平面，通过改变最重要位（MSB）

或次重要位（SMSB）的数值达到信息伪装的目的。利用矩阵编码等技术还可以提高算法的安全性。

2. 基于频率域的信息伪装算法

基于频率域的信息伪装算法是指经过变换将高程数据从空间域转换到频率域再进行信息伪装的方法。通过改变 DEM 某个范围内或某些频率的分量，可以达到信息伪装的目的。

在频率空间进行 DEM 信息伪装，主要有两个关键问题：

（1）将规则格网 DEM 从高程空间转换到频率空间所需要的变换和再将 DEM 从频率空间转换回高程空间的逆变换；

（2）在频率空间对 DEM 数据进行的伪装处理算法。

基于频率域进行 DEM 信息伪装的步骤有三个：将 DEM 数据转换到频率空间；在频率空间进行信息伪装；将伪装后的频率空间转换成 DEM 数据。整个过程可用下式表示：

$$H_1(x, y) = T^{-1}\{F[T[H_0(x, y)]]\} \tag{3.8}$$

目前常用的二维频率变换主要有傅里叶变换、快速傅里叶变换、离散余弦变换及小波变换等。

二维傅里叶变换的定义为

$$F(u, v) = \frac{1}{N}\sum_{x=0}^{N-1}\sum_{y=0}^{N-1} f(x, y)\exp[-\mathrm{j}2\pi(ux+vy)/N] \quad u, v = 0, 1, \cdots, N-1 \tag{3.9}$$

其逆变换为

$$f(x, y) = \frac{1}{N}\sum_{u=0}^{N-1}\sum_{v=0}^{N-1} F(u, v)\exp[\mathrm{j}2\pi(ux+vy)/N] \quad x, y = 0, 1, \cdots, N-1 \tag{3.10}$$

傅里叶变换的计算量巨大，直接计算一个 $N \times N$ 的 DEM 所需的计算量是 N^4 次复数乘法运算和 $N^2(N^2-1)$ 次复数加法运算，大大增加了计算机运算的负担。因此，利用二维傅里叶变换可以是连续两次一维傅里叶变换的叠加，出现了快速傅里叶变换算法。

离散余弦变换（DCT）是一种可分离和正交变换，并且是对称的。该变换及其逆变换的定义如下：

$$\begin{cases} C(u,v)=a(u)a(v)\sum_{x=0}^{N-1}\sum_{y=0}^{N-1}f(x,y)\cos\frac{(2x+1)u\pi}{2N}\cos\frac{(2y+1)v\pi}{2N} & u,v=0,1,\cdots,N-1 \\ f(x,y)=\sum_{u=0}^{N-1}\sum_{v=0}^{N-1}a(u)a(v)C(u,v)\cos\frac{(2x+1)u\pi}{2N}\cos\frac{(2y+1)v\pi}{2N} & x,y=0,1,\cdots,N-1 \end{cases} \tag{3.11}$$

离散余弦变换与傅里叶变换联系紧密，近年来应用广泛，特别是在数据压缩领域得到了充分应用。

目前，基于频率域在进行 DEM 信息保护时大多应用于数字水印领域，同时在信息隐藏方面也具有广泛的应用。由于 DEM 数据和灰度图像传递的信息不同、空间定位关系不同、质量要求不同，所以在实际操作中也有不同的处理方法。

Cox 等最早采用 DCT 对整幅图像进行处理，通过使用一个随机向量改变图像中前 N 个感知最重要的 DCT 系数来嵌入水印。通过改变 DCT 系数的量化方法，并通过校验来改变部分系数也可以达到嵌入水印信息的目的。目前大多采用的是 8×8 分块 DCT，通过对每一小块进行变换嵌入水印。同时，也有学者根据某种规则（如高斯网络分类器）来决策选出特定的块进行处理。

小波变换（DWT 域）是目前在图像处理领域最为活跃的研究对象，近些年也被引入矢量数据和 DEM 数据的处理中。申亚宁等提出一种基于 Hash 函数、小波变换和相对小波系数相对模糊关系的三维地形数据数字水印算法。该算法拓展了视觉系统小波域量化噪声的视觉权重分析方法，使其能应用于三维地形数据，并通过自适应地构造模糊关系矩阵，在水印的提取过程中实现了盲检测。

进行 DEM 信息保护，特别是进行水印或信息隐藏时，需要顾及数据本身的地形特征，这也是评判算法优劣的一个重要指标。例如，研究 DEM 数据的水印嵌入自适应算法，将水印信息嵌入地形线位置或是基于坡度信息分析水印嵌入位置。

通过分析频率域处理当前在图像处理和 DEM 数字水印方面的应用，可以推断，选择频率域处理进行 DEM 信息伪装是一种合理的方式。一般来讲，通过频率域进行的信息伪装，可以将伪装的力度扩大到整个或是某个范围内的高程数据中，可以提高算法的抗攻击性；同时，通过分析 DEM 数据的特点及其与频率域处理技术的结合点，对满足 DEM 信息伪装的其他要求也会有进一步的提升。

3.2.2 伪数据迷惑增强

DEM 信息伪装不仅仅是数据格式上的保持，也不是单纯的高程大小转换，更重要的是伪装数据应当具备“虚实结合”的特点，能够在理论意义上模拟某一块地形特征，这样才能迷惑攻击者的视线。对不同数据进行有效伪装的差异性很大，加大数据迷惑性的技术要求完全不同，是目前进行信息伪装研究较少的重要原因。研究伪数据的迷惑增强技术，可以最大限度地达到信息伪装的目的，主要包括伪数据的可阅读性保持和 DEM 局部伪装技术两个方面。

1. 伪数据的可阅读性保持

伪数据的可阅读性是指通过信息伪装得到的 DEM 数据内部包含一定的空间约束关系，具有模拟地形特征的能力。如果通过信息伪装取得的数据缺乏基本的可阅读性，仅仅是一组毫无关系的数据组合，则没有进行信息伪装的必要。伪数据的可阅读性，是信息伪装和信息加密技术的根本区别。伪 DEM 数据可阅读性保持的基本要求是数据间空间关系的确立，是整个 DEM 信息伪装技术的难点所在。通过研究近邻区域或是更大区域的高程点相关系数，可以帮助伪装数据进行地形仿真，提高数据的可阅读性。特别是可以设定一些典型地形的高程分布样式，通过比较伪装数据异性区域的高程序列与特定分布的关联程度，判断地形仿真度，鉴别数据的可阅读程度。

未经处理的伪装数据虽然保持了原始 DEM 数据的组织格式，具备 DEM 的数据意义，但是数据间跳跃性很强，缺乏基本的空间相关关系，不具备用来模拟地形特征的物理意义。而兼顾可阅读性的伪装数据较好地处理了相邻数据间的约束关系，不仅保证了原有的数据组织特征，更具有一定的地形模拟能力，更符合 DEM 信息伪装的要求。

2. DEM 局部伪装技术

DEM 局部伪装既是 DEM 信息伪装的一种类型，也是增强 DEM 信息伪装迷惑性的一种方法。DEM 数据的生产具有成套的标准和流程，描述规定空间范围内的地形起伏，大小和幅面相对单一。在进行 DEM 信息保护时，仅处理整块数据中需要保密的重要部分，忽略已经公开的其他数据，更具有实践价值。进行 DEM 局部伪装的三个主要问题中（见 2.3.1 节），伪装后的局部 DEM 数据与周邻数据之间的衔接，本质上也是伪数据的可阅读性。

3.3 DEM 信息伪装的发生阶段

数字高程模型的信息伪装可以发生在 DEM 数据的全生命周期中，特别是在数据获取、建模及存储传输等阶段更为适合。

▶ 3.3.1 数据获取阶段

数据获取是数字高程模型建模前最重要的一个环节。合理、准确的数据源是生成高质量 DEM 数据的关键。DEM 数据的获取方法很多，主要的有以下几种。

1. 影像数据

影像一直都是地形图测绘和更新的主要手段，同时也是制作高精度 DEM 最有价值的数据源。利用影像数据可以快速制作、更新大面积的 DEM 数据，而且现势性很强。影像数据可以通过航空航天遥感获取，也可以由卫星携带的扫描系统获取。例如，ASTER DEM（如图 3.4 所示，覆盖整个地球陆地表面 99%的区域）就是基于新一代对地观测卫星 Terra 搭载的 ASTER 传感器（先进星载热辐射和反射辐射计）所采集的 130 万对立体影像生产的，DEM 格网间距达到 30m，高程精度达到 20m。我国第一颗民用三线阵立体测绘卫星“资源三号卫星”可以获得优于 2.1m 分辨率的全色影像，带控制点高程精度优于 3m，平面精度优于 4m，完全可以满足 1∶5 万测图要求，并可用于 1∶2.5 万甚至更大比例尺地图的修测与更新。

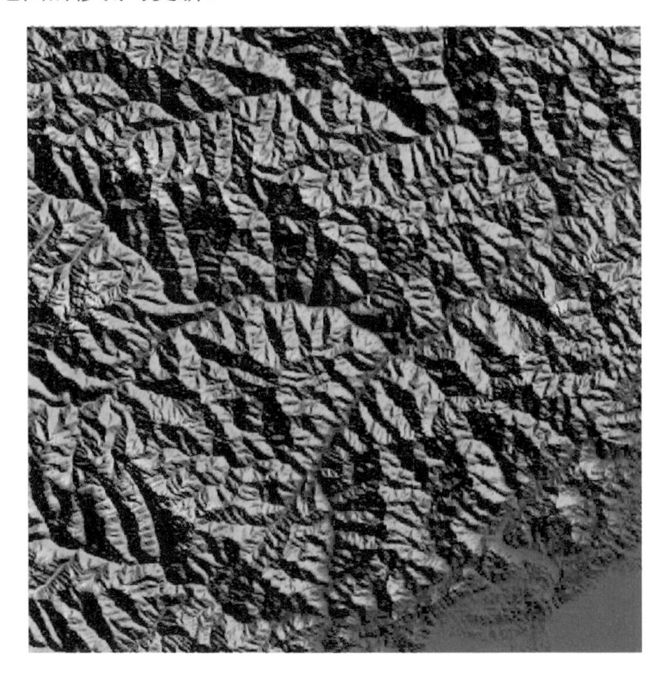

图 3.4　ASTER DEM 30m 数据

2. 地形图

地形图具有悠长的发展历史，几乎所有国家都有自己制作的各种比例尺的地形图，这些地形图同时也是生成 DEM 的一个重要数据来源。一般而言，地形图制作 DEM 有两个问题需要解决：一个是等高线的数字化困难；另一个是数字化后的高程数据难以满足现势性的要求。特别是在一些经济发达地区，由于大规模的土地开发，地形地貌发生了剧烈的变化，现有的地形图很难满足 DEM 数据制作的精度要求。但在一些地形变化较小的偏远地区，地形图仍是制作 DEM 十分理想的数据源。另外，地图比例尺对生成 DEM 的精度影响巨大：

比例尺越小，制图综合的程度就越高，精度保障就越低。因此，大比例尺地形图更适合制作高精度的 DEM 数据。我国地形图比例尺系列及其特征如表 3.1 所示。

表 3.1　我国地形图比例尺系列及其特征

类　型	比 例 尺	等高距/m	综 合 程 度
大比例尺	>1∶5000	<1	综合程度很低，较真实地反映地形地貌
	1∶5000	1	
	1∶1 万	2.5	
	1∶2.5 万	5	
	1∶5 万	10	
	1∶10 万	20	
中比例尺	1∶25 万	50	一定程度的综合，近似地反映地形地貌
	1∶50 万	100	
小比例尺	1∶100 万		较高程度的综合，仅反映地形地貌的大致特征

我国已经建成覆盖全国陆地范围的 1∶100 万、1∶25 万、1∶5 万 DEM 数据库，就是利用现有地形图制作而成的。1∶100 万 DEM 数据库建成于 1994 年，格网间距为 600m；1∶25 万 DEM 数据库建成于 1998 年，格网间距为 100m；1∶5 万 DEM 数据库建成于 2002 年，格网间距为 25m。

3. 地面本身和其他数据源

采用经纬仪、全站仪或激光扫描器等结合 GPS 等全球定位系统，可以在野外实时观测得到地形数据，经过计算机适当变换即可生成 DEM。这种方式生成的 DEM 精度很高，但成本消耗极大，只适合在小范围内进行的大比例尺建模，不利于大面积的推广。另外，在精度要求不高时，还可以通过气压测高、气象站、水文站、重力测量等方式获取地面稀疏点的高程数据，进而制作 DEM。图 3.5 所示为激光点云生成的 DEM 数据。

根据 DEM 数据源的特点，对这些数据本身进行伪装处理，是 DEM 信息伪装的一个基本方式。例如，在利用大比例尺地形图制作 DEM 时，需要将等高线数字化，而通过对这些数字化了的高程数据进行伪装处理，就可以改变地面的各种地形特征，由这些数据生成的 DEM 数据，同样不能代表真实的地貌形状。特别是地形图中的等高线设置具有等高距，为等高线数据的伪装处理提供了极大的可操作空间。

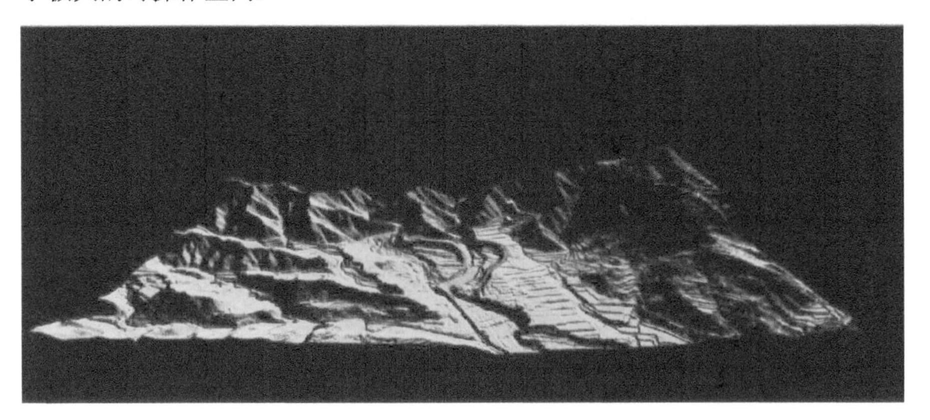

图 3.5　激光点云生成的 DEM 数据

▶ 3.3.2　建模阶段

数字高程模型是三维空间到二维平面的描述。对于 DEM 而言，空间构造的过程就是形成格网或三角剖分的过程，其构建方法主要有内插法、建模方法、DEM 数学特征及 DEM 结构网格 4 类。在整个 DEM 建模的过程中，高程的内插计算是其中的一个关键环节。根据采样点内插计算出其他未知点的高程值是整个 DEM 建立的核心问题。但是从 DEM 的概念出现发展至今，DEM 内插方法很多，却没有统一的标准。按照不同的分类方法，内插算法的种类有很多。这就为 DEM 在这一阶段进行信息伪装提供了便利，制作者可以在进行内插计算时加入伪装因子，建模生成的 DEM 就是经过处理的伪装数据。

以规则格网 DEM 数据为例，新的规则格网 DEM 生成主要可以通过重采样即从细网格到粗网格、由离散点生成格网、由等高线生成格网三种方式。在由离散点生成规则格网 DEM 时，可直接由离散点内插生成格网点，也可通过三角网内插生成，如图 3.6 所示。

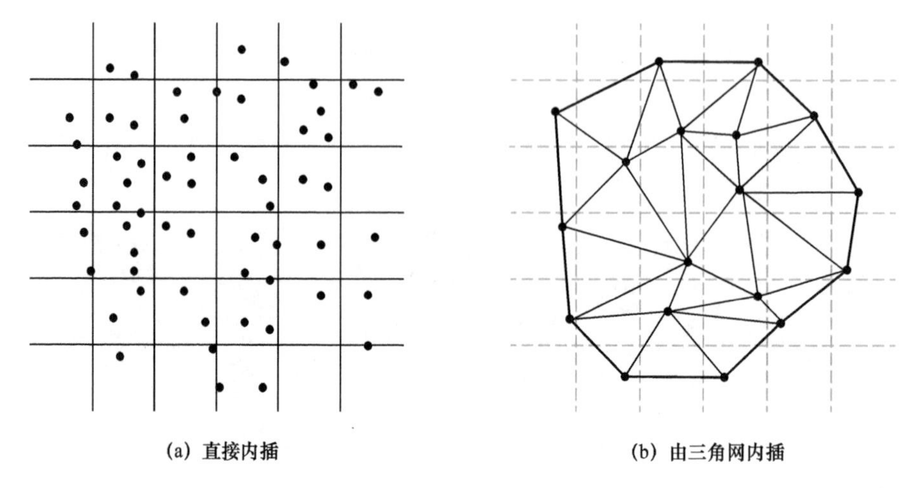

图 3.6　随机离散点生成格网示意图

在直接内插时，又可以分为逐点法、局部法和全局法。逐点法要对每一个内插点建立自己的内插模型，这个模型由内插点周围的已知点建立，最常用的有移动拟合法和加权平均法。在加权平均的过程中，通过对加权系数的可逆操作可以得到不同的 DEM 数据，还可以实时还原。由此可见，加入伪装因子改造后的内插算法就是一种 DEM 信息伪装技术。

▶ 3.3.3　存储传输阶段

DEM 的存储传输阶段是指 DEM 数据生成后等待应用的时期。对于大多数用户，接触到的也是这种 DEM 成品，而非数据获取和建模阶段的半成品。存储传输阶段的 DEM 信息伪装是本书研究的主要内容。

以规则格网 DEM 数据为例，其本身就是一种有规则间隔的矩形网格或经纬网点阵列。根据该阵列的起始点坐标和网格间隔可以推算出其他任意格网点的地理位置。因此，规则格网 DEM 数据只需要记录各个位置的高程信息及起算点坐标和格网间隔。这种结构很容易在数据库内进行存储管理，而且占用的空间也很少。一般而言，规则格网 DEM 数据包括三部分：元数据，描述 DEM 的一般数据特征，如名称、投影参数等；数据头，记录 DEM 的起算点坐标、坐标类型、格网间隔及行列数等；高程数据体，包含各个格网点的高程数值。其中，元数据可以包含在数据头中，高程数据体是 DEM 数据的核心内容，也是要进行伪装操作的主要部分。高程数据体是由表示真实地貌特征的高程数值组成的高程矩阵，所以在进行伪装操作时，可以从结构和高程数值本身两方面考虑。同时，根据不同 DEM 数据的存储文件格式（见表 3.2），也可以设计不同的信息伪装方法，保障数据的安全存储和传输。

表 3.2 两种常见的规则格网 DEM 数据存储格式

格式	文件类型	描述
USGS DEM, Canadian CDED	.DEM	DEM 格式是由 USGS 专门开发的基于栅格的 ASCII 文件，用于存储数字高程模型。由于 USGS 制作了大量传统高程模型，它们在行业中得到广泛使用。DEM 格式是包含三种记录类型的单个文件。记录 A 存储 DEM 的一般特征，如描述性名称、海拔最小值和最大值、范围边界和记录 B 的数量；记录 B 包含标题和高程剖面；记录 C 存储数据的准确性，是可选的
Digital Terrain Elevation Data（DTED）	.DT0、.DT1、.DT2	数字地形高程数据（DTED）是由美国国家地理空间情报局创建的标准格式。它是一种栅格格式，由通常从飞机雷达捕获的地形高程值组成。用户定义的属性通过 TAB 文件分配。三级分辨率包含各种单元格间距分辨率：0 级间距为 30"（标称 1km），1 级间距为 3"（约 100m），2 级间距为 1"（约 30m）

3.4 DEM 数据的伪装性能指标

作为信息伪装在数字高程模型中的具体应用，DEM 信息伪装需要尽量满足安全性、鲁棒性、差异性、迷惑性、时效性、可逆性及可认证性等各项技术要求。这些技术指标本质上可以概括为两个部分：一部分是采用的伪装算法必须满足要求，具有足够的安全性能和执行效率；另一部分是过程中产生的各种数据必须满足要求，包括伪装数据和原始数据具有足够大的差异，并具有模拟真实地形特征的能力，同时在不考虑不同精度要求还原的条件下，还原数据和原始数据之间的差异应当尽可能地小。因此，DEM 信息伪装的效果分析主要从算法的执行性能和数据的伪装性能两个方面进行，其中数据的伪装性能是决定 DEM 信息伪装效果的关键因素。

DEM 信息伪装过程中主要涉及原始数据、伪装数据及还原数据三种类型的数据，根据 DEM 信息伪装的技术要求及数据间的相互关系，数据的伪装性能指标主要有地形差异度、伪地形仿真度和还原精确度三个方面。

▶ 3.4.1 地形差异度

两种不同 DEM 数据地形表示之间的差异，称为地形差异度。伪装数据和原始数据之间的地形差异度也称为伪装差异度（Disguising Difference Degree，DDD），表示伪装 DEM 数据模拟地形和原始 DEM 数据真实地形之间的差异，是判断重要高程信息是否完全隐匿、得到合理保护的重要指标。地形差异度的计算分为直接计算法和间接计算法两种方法。

1. 直接计算法

直接计算法是通过直接比较伪装数据和原始数据中对应位置的高程变化确定两者间的伪装差异度。这种方法本质上也是计算数据间的误差，可以采用平均误差、中误差、标准差等各种参数进行表示，常见的主要参数如表 3.3 所示。

表 3.3 数据差异性指标

差异性指标	数学表达式
中误差（RSME）	$\text{RSME}=\sqrt{\dfrac{\sum_{i=1}^{n}\varepsilon_i^2}{n}}$
相对中误差（R-RSME）	$\text{R-RSME}=\sqrt{\dfrac{\sum_{i=1}^{n}\left(\dfrac{\varepsilon_i}{z_i}\right)^2}{n}}$
对数中误差（L-RSME）	$\text{L-RSME}=\sqrt{\dfrac{\sum_{i=1}^{n}\left(\ln\dfrac{Z_i}{z_i}\right)^2}{n}}$
平均误差（ME）	$\text{ME}=\dfrac{\sum_{i=1}^{n}\varepsilon_i}{n}$
标准差（SD）	$\text{SD}=\sqrt{\dfrac{\sum_{i=1}^{n}(z_i-\text{ME})^2}{n}}$
精度比率（AR）	$\text{AR}=\sqrt{\dfrac{\sum_{i=1}^{n}\varepsilon_i^2}{\sum_{i=1}^{n}(z_i-\text{ME})^2}}$

其中，评价 DEM 数据的整体精度最常用的指标参数是中误差，我国原国家测绘局及欧美部分国家都采用这种方式。在进行 DEM 数据差异性分析时，可根据实际情况选用其中一种或几种指标进行比较分析，以反映 DEM 数据间的差异性。

DEM 数据差异分析主要包括整体差异和局部差异分析两种方法。整体差异描述的是 DEM 数据在伪装算法处理后对数据全局产生的影响，更侧重数据的平均差异；局部差异只是选取一个或几个关键点作为研究的对象，考虑局部点的高程差异，侧重对关键位置目标的保护检测。同时，还可以进行局部差异和整体差异相结合的方式，从多个侧面反映 DEM 数据间的差异性：选用关键位置的高程数据进行分析比较，确保在整体差异性得到保证的情况下，关键点全部满足应用的要求。也可以对传统的误差指标进行简化，只是选取关键点的高程数据作为统计数据源，进行中误差等差异指标计算，实时、快速地得到较为精确的 DEM 数据差异值。

1）整体差异分析法

整体差异分析可以通过整体比较和采样比较两种方式进行。整体比较是最简单的一种方法，即将伪装数据和原始数据中所有对应位置的高程值一一比较，计算两者间的数据差异度。假设原始 DEM 数据 $C_1(n\times n)$ 经过伪装后得到伪装数据 $C_2(n\times n)$，高程节点上的值 $c_{1ij}\in C_1$，$c_{2ij}\in C_2$（$i=1, 2, \cdots, n$；$j=i=1, 2, \cdots, n$），则其伪装差异度

$$\mathrm{DDD}(C_1, C_2)=\sqrt{\frac{\sum_{i=1}^{n}\sum_{j=1}^{n}(c_{1ij}-c_{2ij})^2}{n\times n}} \tag{3.12}$$

采样比较是在两组数据中选取相应位置上一定数量的样本点进行数据的差异比较。样本点的选取应当根据数字高程模型所表示区域的特点，在整体范围内选择合适数量的样本点。样本点的选取是伪装差异度计算的基础：一般情况下，样本点不能过度集中在某一地区，应当统筹兼顾到整幅数据，同时向需要保护的重点位置倾斜。采样比较伪装差异度的计算方法和整体比较相同，只是

参与计算的高程点数量不同。

针对 DEM 数据的特点，可以在全局范围内选取一定数量的样本点，通过计算两组 DEM 数据的差异性指标参数来表示它们之间的整体差异。样本点的选取和样本数量的确定是整体差异性分析可信度的基础与关键。样本点不能过度集中在 DEM 数据的某一地区，应当统筹兼顾到整幅数据，在允许的范围内向更能反映整个区域地形特征的局部倾斜。根据统计学原理，样本数量越大，计算得出的指标参数越接近 DEM 数据的真实差异。但是同时，样本数量的增大必然会带来样本选取问题及计算量的增大。虽然计算量的增大在目前的计算机技术条件下几乎可以忽略，但是样本的选取问题一直以来都没有合适统一的标准，难以平衡。

例如，选取均匀分布在整个区域的 16 个样本点，以计算中误差作为差异性指标参数来反映数据的整体差异。选取的 16 个样本点分布状况如图 3.7 所示。

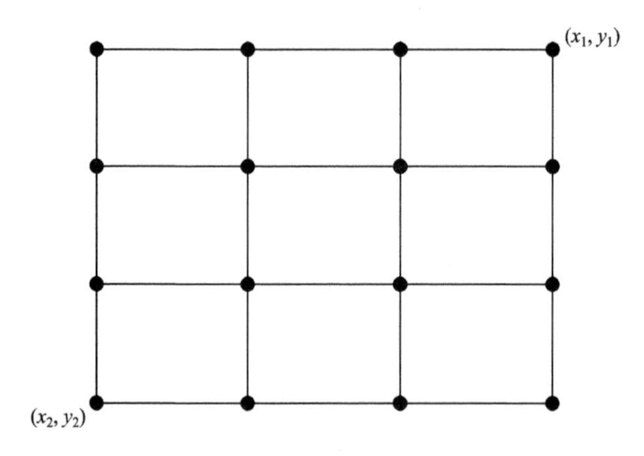

图 3.7　样本点位置选取示意图

需要说明的是，选取的样本点不一定就是格网点。只有在 DEM 数据横纵两个方向的 1/3 和 2/3 处都为格网点时才会出现所有样本点恰好都是格网点的情况。这时样本点的高程值就是格网点的高程值。假定 DEM 数据的左下角坐标为（x_1, y_1），右上角坐标为（x_2, y_2），横纵方向的网格间隔分别是 dx、dy，则有横纵两个方向的间隔数：

$$\begin{cases} X_{\text{num}} = \dfrac{x_2 - x_1}{\mathrm{d}x} \\ Y_{\text{num}} = \dfrac{y_2 - y_1}{\mathrm{d}y} \end{cases} \tag{3.13}$$

以网格数据的左下角为原点坐标（0,0），若 16 个样本点均在格网点上，则其坐标位置为

$$\left(\frac{m}{3}X_{\text{num}},\ \frac{n}{3}Y_{\text{num}}\right) \qquad \begin{matrix} m = 0,\ 1,\ 2,\ 3 \\ n = 0,\ 1,\ 2,\ 3 \end{matrix} \tag{3.14}$$

通过 m 和 n 的不同取值可以得到 16 个样本点的相对坐标，同时可以根据在高程矩阵中的位置获取这些样本点的高程值。

但是，大多数情况下不能保证所有的样本点都是格网点，总有几个点不能直接从高程矩阵中提取出来。这时，首先确定 16 个样本点的空间地理坐标为

$$\left(x_1 + \frac{m}{3}(x_2 - x_1),\ y_1 + \frac{n}{3}(y_2 - y_1)\right) \qquad \begin{matrix} m = 0,\ 1,\ 2,\ 3 \\ n = 0,\ 1,\ 2,\ 3 \end{matrix} \tag{3.15}$$

根据地理坐标可以判断出该样本点落在哪一个小格网内，由于组成任一小格网 4 点的地理坐标和高程数值已知，故可以根据线性插值方法求出落在格网内部样本点的高程值。然后根据两幅数据中对应的 16 个样本点计算得出反映 DEM 处理前后整体差异的参数 RSME：

$$\text{RSME} = \sqrt{\frac{\sum_{i=1}^{16} \varepsilon_i^2}{n}} \tag{3.16}$$

式中，ε_i 表示两组 DEM 数据对应空间位置上样本点的高程值之差。

2）*局部差异分析法*

整体差异分析法可以在整体上体现伪装处理前后 DEM 数据间的差异。但是在一些特殊的要求下，特别是在需要对一些重要目标点进行保护时，采用局部差异分析法可以更好地反映伪装数据是否能够达到要求。甚至在特定情况下，对特征位置的高程进行差异分析，就是抓住了整个 DEM 信息伪装的本质。例

如，为了保护某一高地上的重点目标而对该地区的 DEM 数据进行信息伪装时，就需要在伪装后对该点的高程差异进行重点分析，确保其在安全的阈值内。根据 DEM 数据的特点，选取影响 DEM 构成的 4 个边缘点的高程值，以及反映 DEM 主要特征的最大、最小高程值进行中误差计算，以此来比较 DEM 数据间的局部差异。

DEM 数据的局部差异分析不能说明数据的平均差异，但却可以反映该事件的主要矛盾信息，更直接地体现伪装者关心的问题，以达到 DEM 数据信息伪装的效果与初衷。这种方式简单方便，易于操作，可以单独应用，也可以和整体差异分析结合应用，既从整体考虑，又兼顾局部重要信息，更清晰地反映数据的变化，全面考量伪装效果，更准确地表示 DEM 数据间的差异。

2. 间接计算法

间接计算法是指通过比较伪装数据和原始数据的地形因子变化反映伪装差异度。进行 DEM 信息伪装的目的是将原有地形特征转化成其他地形内容，根据地形因子变化计算伪装差异度，更能反映数据的伪装效果。

DEM 的地形因子主要有表面粗糙度、坡性凹凸度、坡度、坡向、曲率、表面积和体积等内容。邹豹君认为，地貌的形态主要由若干地形基本单元组成，这样的基本单元就是坡面，坡面内部的形态不发生变化。无论平原还是高山，都是由若干呈现不同形态的坡面组成的。因此，通过描述这些坡面在伪装前后的变化可以有效反映伪装 DEM 数据和原始数据的地形差异。在地形因子中，坡度和坡向是描述坡面的主要参数。本质上，两者是统一的量，表示地形表面在该点的倾斜程度，这个程度值是一个既有大小又有方向的矢量。矢量的模是地表曲面函数在该点切平面与水平面之间夹角的正切，表示传统意义上的坡度；矢量的方向等于在该切平面上沿最大倾斜方向的某一矢量在水平面上的投影方向，也就是坡向。计算坡度与坡向的方法主要有数值分析法、局部曲面拟合法、空间矢量法及快速傅里叶变换等方法，一般基于格网 3×3 局部移动窗口进行，如表 3.4 所示。

表 3.4 基于格网 3×3 局部移动窗口的坡度坡向计算方法（据周启鸣）

<table>
<tr><td rowspan="6">数值分析法</td><td>最大坡降算法</td><td></td><td></td></tr>
<tr><td>简单差分算法</td><td></td><td></td></tr>
<tr><td>二阶差分</td><td></td><td></td></tr>
<tr><td>边框差分</td><td></td><td></td></tr>
<tr><td rowspan="2">三阶差分</td><td>带权</td><td></td></tr>
<tr><td>不带权</td><td></td></tr>
<tr><td rowspan="6">局部曲面拟合法</td><td>线性回归平面</td><td></td><td></td></tr>
<tr><td rowspan="5">二次曲面</td><td rowspan="2">限制型</td><td>带权</td></tr>
<tr><td>不带权</td></tr>
<tr><td rowspan="2">非限制型</td><td>带权</td></tr>
<tr><td>不带权</td></tr>
<tr><td colspan="2">不完全四次曲面</td></tr>
<tr><td colspan="4">空间矢量法</td></tr>
<tr><td colspan="4">快速傅里叶变换</td></tr>
</table>

其中，局部曲面拟合法被认为是求解坡度的最佳方法，这里采用二次曲面计算某地面点的坡度与坡向值，选取格网数量为3×3大小的一个窗口（如图3.8所示），顶点数据代表该相邻点的高程值。

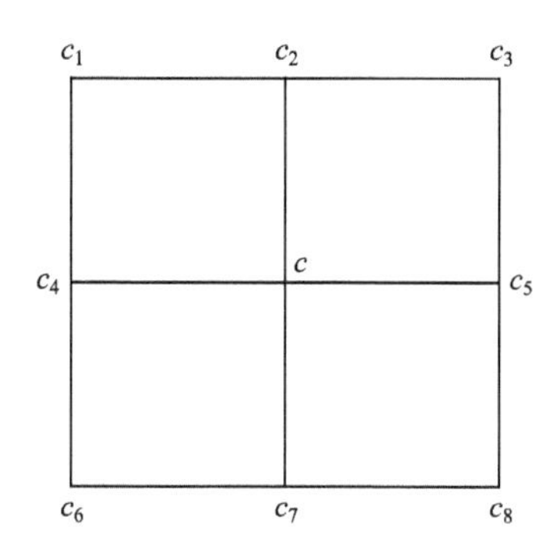

图 3.8 3×3 的窗口计算坡度与坡向

则点 c 的坡度与坡向值计算方法为

$$\begin{cases}\text{Slope}=\arctan\sqrt{\text{Slope}_X^2+\text{Slope}_Y^2}\times 180/\pi \\ \text{Aspect}=\arctan(\text{Slope}_X/\text{Slope}_Y)\times 180/\pi\end{cases} \tag{3.17}$$

式中，Slope 表示该点的坡度，Aspect 表示该点的坡向，计算得到的结果单位是度。Slope_X 和 Slope_Y 分别表示该点在 X 和 Y 方向上的坡度，其计算方法为

$$\begin{cases} \text{Slope}_X = \dfrac{(c_6 + 2c_4 + c_1) - (c_8 + 2c_5 + c_3)}{8d} \\ \text{Slope}_Y = \dfrac{(c_8 + 2c_7 + c_6) - (c_3 + 2c_2 + c_1)}{8d} \end{cases} \tag{3.18}$$

式中，d 表示格网的间距大小。

伪装前后该点的地形变化同样表现在坡度和坡向两个方面，有

$$\begin{cases} D_S = \text{Slope}_1 - \text{Slope}_2 \\ D_A = \text{Aspect}_1 - \text{Aspect}_2 \end{cases} \tag{3.19}$$

式中，D_S 表示该点的坡度变化，D_A 表示该点的坡向变化。Slope_1 表示该点在伪装后的坡度，Slope_2 表示该点在伪装前的坡度；Aspect_1 表示该点在伪装后的坡向，Aspect_2 表示该点在伪装前的坡向。

同样，根据中误差的思想，可以得出伪装数据和还原数据在整体上的伪装差异度：

$$\begin{cases} \text{DDD}_S(C_1, C_2) = \sqrt{\dfrac{\sum\limits_{i=1}^{n}\sum\limits_{j=1}^{n}(D_{S_{1ij}} - D_{S_{2ij}})^2}{n \times n}} \\ \text{DDD}_A(C_1, C_2) = \sqrt{\dfrac{\sum\limits_{i=1}^{n}\sum\limits_{j=1}^{n}(D_{A_{1ij}} - D_{A_{2ij}})^2}{n \times n}} \end{cases} \tag{3.20}$$

式中，DDD_S 表示坡度的整体差异，DDD_A 表示坡向的整体差异。DDD_S 和 DDD_A 计算得出的值越大，说明两种数据间的地形差异度就越大。同样，可以采用样本计算的方式取代全局计算。间接计算法虽然计算过程较为复杂，但是比直接计算法得出的地形差异度更能反映 DEM 数据伪装前后地形发生的变化。

▶ 3.4.2 伪地形仿真度

伪地形仿真度（Disguising Terrain Simulation Degree，DTSD）是指伪装数

据模拟真实地形的能力，是判断算法迷惑性的重要指标和主要依据。由于表达的连贯性，真实 DEM 数据间具有很强的相关性，除极端地形特征（如断崖）外，极少出现相邻数据间的高程陡变现象，在一定空间范围内不会出现强烈的地形起伏变化。伪装数据由于来自人工生成，不代表真实空间，如果不考虑数据间的相关性，高程点分布的随机性较强，难以达到迷惑对方的目的。减小随机性、加强数据间相关性，是增强伪装数据迷惑性的关键所在。因此，伪装数据的伪地形仿真度可以用其高程数据间的相关度表示。

地理学第一定律指出：所有的事物都是相关的，距离近的事物比距离远的事物相关性更强。空间自相关是指同一属性变量在不同空间位置上的相关性，是空间单元属性值聚集程度的一种度量。空间自相关性的存在，使定量描述空间点相互间的关系成为可能，主要有 Moran's I 指数、Geary's C 指数和半变异函数三种类型，其中最常见的是计算 Moran's I 指数。Moran's I 指数有全局相关指标和局部相关指标两个方面，全局指数表示一定空间范围内数据的整体相关性。若 DEM 区域内有 n 个高程点，全局相关性是为了反映整个区域内各个高程点和相邻点之间相关性的总体水平，是区域空间自相关的平均反映，可以分析该数据中高程分布是否具有聚集、离散或随机等特征。计算公式如下：

$$I=\frac{n\sum_{i=1}^{n}\sum_{j=1}^{n}w_{ij}(z_i-\overline{z})(z_j-\overline{z})}{\sum_{i=1}^{n}\sum_{j=1}^{n}w_{ij}\sum_{i=1}^{n}(z_i-\overline{z})^2}\quad(\forall j\neq i)\tag{3.21}$$

式中，z_i 表示该点的高程值，$\overline{z}$ 表示区域内的平均高程值，w_{ij} 是空间权重矩阵 $\boldsymbol{W}$ 的元素。全局指数的取值范围为[−1, 1]，取值靠近−1，说明该区域内的数据负相关；取值靠近 1，说明该区域内的数据正相关，具有空间聚类的某些特性。伪装数据中的高程信息应当具有较强的正相关特性。

空间权重矩阵主要根据元素间空间关系判断，有基于空间邻接关系和基于空间距离两种方法。这里采用基于空间邻接关系的空间权重（针对规则格网 DEM 数据），设置为

$$w_{ij}=\begin{cases}1, 4-\text{邻域关系}\\1/\sqrt{2}, \text{对角邻域关系}\\0, \text{其他}\end{cases} \tag{3.22}$$

具体如图 3.9 所示。

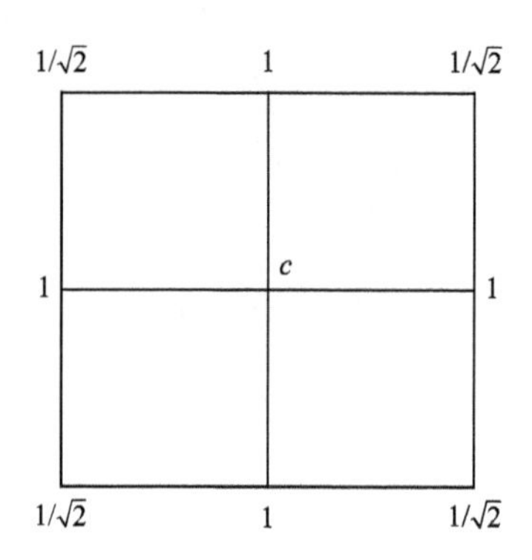

图 3.9 空间权重设置关系

全局空间的自相关性可以通过计算标准化统计量 Z 值来进行显著性检验。

$$Z=\frac{I-E(I)}{\sqrt{\mathrm{VAR}(I)}} \tag{3.23}$$

式中

$$E(I)=-\frac{1}{n-1}, \quad \mathrm{VAR}(I)=\frac{3a_0^2+a_1n^2+a_2n}{a_0^2(n^2-1)}-E^2(I)$$

$$a_0=\sum_{i=1}^{n}\sum_{j=1}^{n}w_{ij}, \ a_1=\frac{1}{2}\sum_{i=1}^{n}\sum_{j=1}^{n}(w_{ij}+w_{ji})^2, \ a_2=\sum(w_{i.}+w_{.i})^2$$

一般认为$|Z|>1.96$时，该区域在 0.05 的显著水平下格网高程间具有明显的关联性。

局部相关指标是在全局相关指标的基础上发展而来的，表示单个数据与周围相邻数据的相关性，是全局指标在局部区域的分量。其公式为

$$I_i=\frac{z_i-\overline{z}}{S^2\sum\limits_{j=1,j\neq i}^{n}w_{ij}}\sum_{j=1,j\neq i}^{n}w_{ij}(z_j-\overline{z}) \tag{3.24}$$

式中，$S^2=\frac{1}{n-1}\sum_{i=1}^{n}(z_i-\overline{z})$，$w_{ij}$ 是空间权重矩阵 $\boldsymbol{W}$ 的元素，用以定量表示 n 个位置上的空间邻接关系。局部指数高，说明该点周围区域的高程值具有空间聚集的特性，能够当作伪装地形，反之则不行。

Moran's I 指数可以用 Moran's I 散点图进行描述，其横坐标表示空间变量，纵坐标表示空间滞后量，具体到 DEM 数据时，其横坐标为模型中格网点的高程值，纵坐标为格网点周围格网高程值根据空间权重矩阵计算得出的平均数（在显示时横、纵坐标都要经过标准化处理）。Moran's I 散点图有 4 个象限：第一象限和第三象限表示格网点的高程值具有空间聚集的特性，格网点与周围点的高程值正相关，第一象限说明高点附近的格网点高程较高，第三象限表示低点附近的格网点高程较低；第二象限和第四象限阈值相反，表示为负相关，第二象限表示高点附近的格网点高程反而较低，第四象限表示低点附近的格网点高程反而较高。一般情况下，真实 DEM 数据中的高程信息具有较强的空间自相关性，图 3.10 为几种不同坡度的数字高程模型及其高程 Moran's I 散点图。

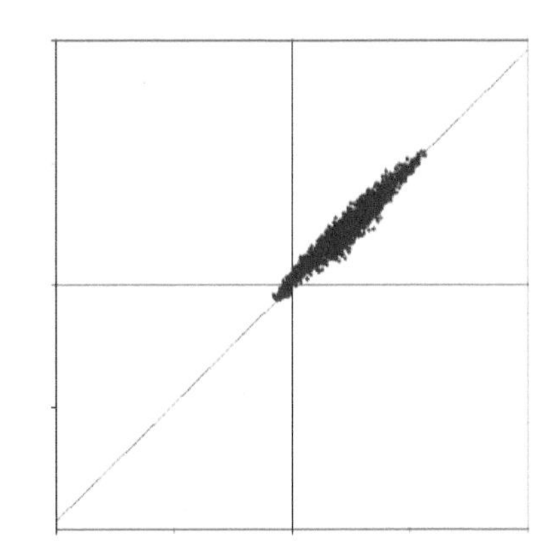

(a) 平均坡度 1.65° DEM 的 Moran's I = 0.9678

图 3.10　不同坡度的数字高程模型及其高程 Moran's I 散点图

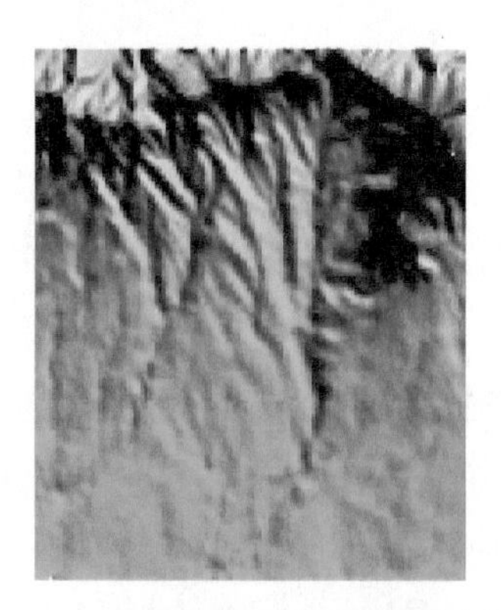

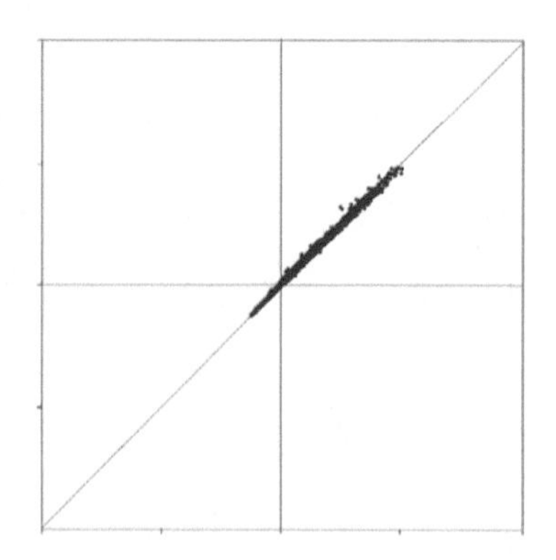

(b) 平均坡度 6.50° DEM 的 Moran's I = 0.9941

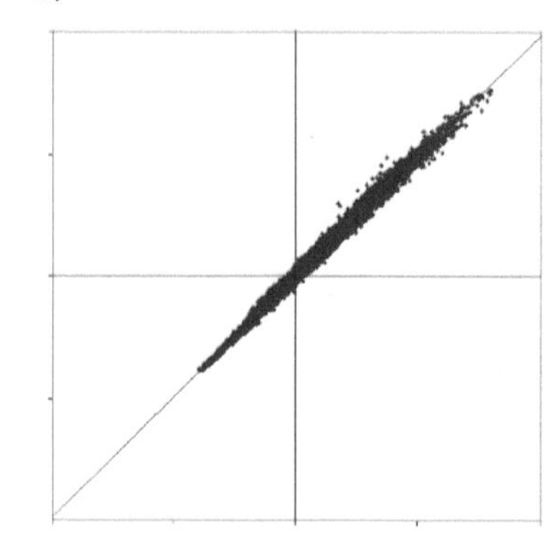

(c) 平均坡度 12.38° DEM 的 Moran's I = 0.9884

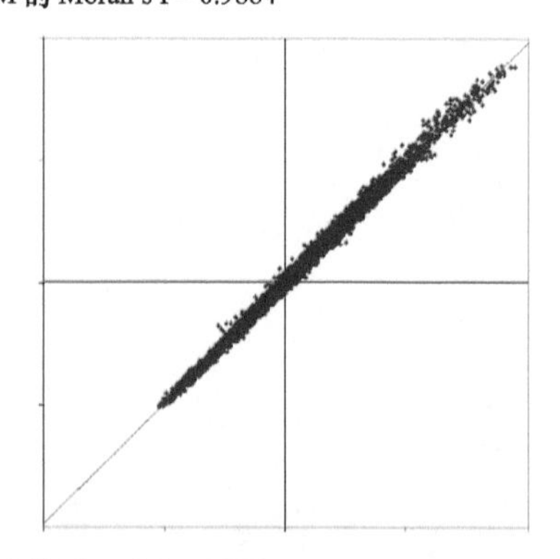

(d) 平均坡度 20.06° DEM 的 Moran's I = 0.9879

图 3.10 不同坡度的数字高程模型及其高程 Moran's I 散点图（续）

同时，对同一地区 6 种不同分辨率的 DEM 数据分别计算 Moran's I 指数，得到其散点图结果如图 3.11 所示。

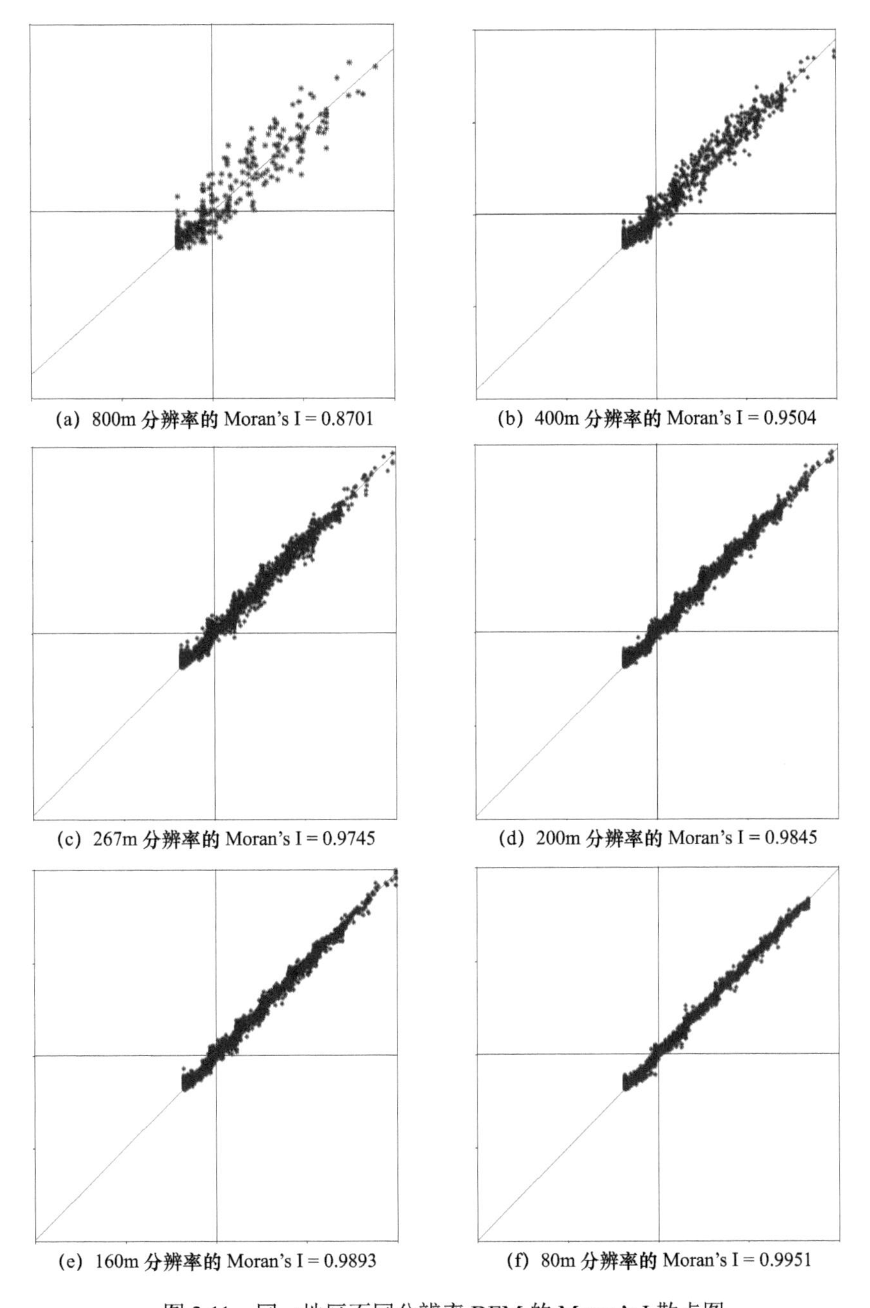

(a) 800m 分辨率的 Moran's I = 0.8701

(b) 400m 分辨率的 Moran's I = 0.9504

(c) 267m 分辨率的 Moran's I = 0.9745

(d) 200m 分辨率的 Moran's I = 0.9845

(e) 160m 分辨率的 Moran's I = 0.9893

(f) 80m 分辨率的 Moran's I = 0.9951

图 3.11 同一地区不同分辨率 DEM 的 Moran's I 散点图

综合分析图 3.10 和图 3.11 可以发现：坡度不同，说明 DEM 数据的地形类型不同，起伏特征各异，但是其内部的高程值都表现出了极大的空间自相关性。图 3.10 中 4 种数据的全局 Moran's I 指数均大于 0.95，说明数据间关联性极其显著。由此可见，真实 DEM 数据格网点之间的数据高程具有强烈的空间自相关性，Moran's I 指数均比较大；同时，同一地区的 Moran's I 指数随 DEM 数据分辨率的升高而增大。图 3.11 中 800m 分辨率 DEM 数据的 Moran's I 指数仅为 0.8701，随着格网间距的不断减小，80m 分辨率 DEM 数据的 Moran's I 指数达到 0.9951。这主要是因为高分辨率数据中高程间隔更小，相互间的距离更近。同样说明真实 DEM 数据间具有良好的空间自相关特性，而这种特性随着高程节点距离的增大而减小，符合地理学第一定律的内容。因此，可以将伪装数据各格网点间的空间自相关性作为判断其地形仿真能力的主要依据：在一定的空间分辨率下，Moran's I 指数越大，说明数据整体间具有强烈的空间自相关性，地形仿真的能力较强，伪装效果越好。

▶ 3.4.3 还原精确度

还原精确度（Restoring Accuracy Degree，RAD）表示还原数据和原始 DEM 数据之间的差异。一般情况下，这两种数据之间的差异比较小，其本质就是以原始数据为参考，计算还原数据的误差。还原数据的误差主要来源有以下几种：

（1）不可逆的数据预处理造成的数据精度丢失。例如，伪装前对原始数据的取整计算和有损压缩，造成部分高程信息在进行伪装前已经丢失，数据还原仅能得到参与信息伪装 DEM 的精度标准。

（2）伪装算法造成的精度损失。这种情况主要是因为伪装处理操作中无意地损失了部分精度，且不能进行标记，造成还原时达不到原始数据精度。

（3）有意识的精度损失处理。此类情况主要是针对不同权限的用户进行设计，根据权限高低，在进行信息伪装时舍去相应精度。

实际上，信息伪装的还原精确度与其地形差异成反比：还原数据和原始数据的地形差异越小，还原精确度越高；两者的地形差异越大，还原精确度越低。故有

$$\mathrm{RAD}(C_1,\ C_2)=\frac{1}{\mathrm{DDD}(C_1,\ C_2)}=1\Bigg/\sqrt{\frac{\sum_{i=1}^{n}\sum_{j=1}^{n}(c_{1ij}-c_{2ij})^2}{n\times n}} \tag{3.25}$$

式（3.25）中各项参数的含义与式（3.12）相同。数据还原的基本要求是保持地形的基本特征不变，还原数据和原始数据的地形特征的差异不能过大，因此还原精确度一般不能直接利用坡度和坡向的变化表示。

3.5 DEM 数据处理

DEM 信息伪装中的数据处理主要包括数据预处理和数据格式变换等内容，是为了提升伪装效率或检验伪装效果的常用方法。数据预处理是指在进行 DEM 信息伪装前对数据进行预先调整的过程，一般包括数据压缩和高程数据格式调整两个方面。进行数据预处理不仅可以使得高程数值更适合伪装算法的处理，还可以大幅度提高 DEM 信息伪装的效率。同时，在分析 DEM 数据伪装效果时，经常需要将数据转换成等高线进行查看。

▶ 3.5.1 数据压缩

分析 DEM 数据的特点，其相互间存在很大的相关性和数据冗余。DEM 数据特别是高分辨率 DEM 的数据量很大，不经处理直接应用于算法，会严重影响 DEM 信息伪装的效率。进行 DEM 数据压缩，可以有效缓解这一问题。

数据压缩是指在不丢失信息的前提下，缩减数据量以减少存储空间、提高数据处理效率的一种技术方法。不是任何数据都可以进行压缩的，根据 DEM 数据所具有的相关特点，发现使其具有被压缩的可能，主要包括有损压缩和无损压缩两种形式。

DEM 的数据压缩主要包括三种情况：第一种是在规则格网 DEM 数据内部，通过一定的方式减少数据量；第二种是将规则格网 DEM 数据压缩为 TIN DEM

数据，从而减少数据量；第三种是 TIN 到 TIN 数据的压缩，主要是通过减少特征点来压缩数据。

1. 规则格网 DEM 到规则格网 DEM 的压缩

主要有网格简化、小波变换和压缩编码三种方法进行规则格网 DEM 数据的压缩。网格简化是一种简单的 DEM 数据压缩方法，可以快速得到一定压缩比的 DEM 数据。小波变换数据压缩（Wavelet Data Compression）是目前国内外最流行的高效数据压缩方法之一，通过小波分析可以将 DEM 数据中的冗余信息去除，减少数据量，从而达到数据压缩的目的，保证较高的压缩比。小波变换发展至今已形成较为完备的理论体系，压缩算法成熟，基于小波变换进行 DEM 数据压缩可以得到较好的效果。同时，针对规则格网 DEM 数据，因为和数字图像的组织方式十分相近，图像压缩编码的算法通过改进也可以用于数据的压缩，减少数据存储量。

1）网格简化

规则格网 DEM 数据由若干格网点组成。网格简化的目的就是通过削减同一地区高程模型在纵、横两个方向的分割数，减少格网点的数量。目前常用的网格简化方法有以下两种。

（1）稀疏采样法。稀疏采样法简化地形的原理很简单：根据已有的采样点重新布局，加大高程点采样的间隔，形成一种精度较低的高程模型，如图 3.12

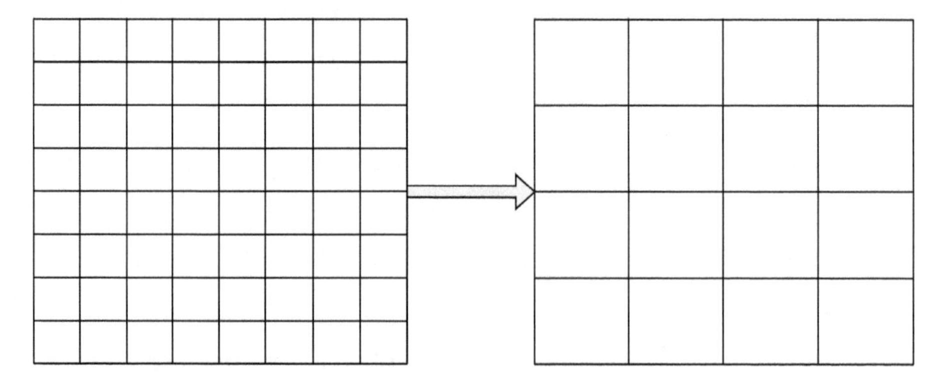

图 3.12　稀疏采样法简化 DEM 数据

所示。最终选取的采样点越少、删除的中间格网点越多，生成的模型就越粗糙、数据压缩比越大。这种方法不加选择和处理地保留采样点作为新的格网点，方法简单、易于操作，但往往会较大地损失 DEM 数据的精度，不利于 DEM 伪装数据的重新还原利用。

（2）表面综合法。不同于稀疏采样法的简单取舍，表面综合法以原始 DEM 数据的单个小格网为基础，一次性选取 $n \times n$ 个格网作为模板，在 DEM 数据的 X 和 Y 轴方向移动。每到一个地方，就对该区域内的地形进行一次综合（综合的方法可以是对该区域内所有格网点的平均或加权，也可以是其他方法），最终形成一个新的 DEM 数据，如图 3.13 所示。在此过程中，选取的 n 值越大，模板就越大，最终形成的 DEM 精度越低、数据压缩比越大。

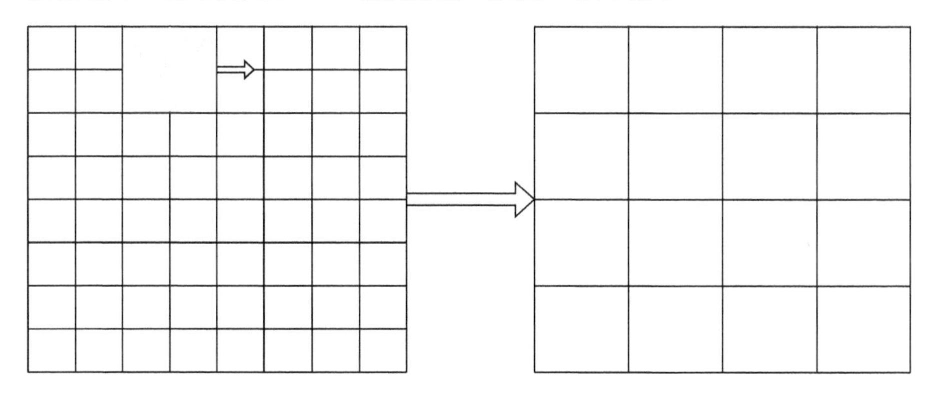

图 3.13　表面综合法简化 DEM 数据

采用网格简化的方式进行 DEM 数据的压缩，易于理解，操作也十分简单；但是最终生成的 DEM 数据精度往往无法满足信息伪装的要求。同时，这种压缩方法是不可逆的，一旦压缩完成，很难再根据压缩后的数据还原出原有精度的 DEM，会损失大量的地形细节信息。

2）小波变换

由于 DEM 数据与灰度图像在某一程度上的相似性，近些年来广泛应用于图像压缩的小波变换也可以引入 DEM 的数据压缩中。相对于网格简化，利用小波变换压缩 DEM 数据得到的压缩比更高、压缩速度也更快，不仅可以保持压缩后 DEM 的基本特征不变，在传输过程中还有很强的抗干扰性。而且，在一定条件下还可以进行精确重建。

小波变换是在傅里叶分析的基础上发展而来的。简单来讲，小波就是一组可以用来表示其他函数或数据的满足一定数学条件的函数。与傅里叶变换、窗口傅里叶变换相比，小波是时间和频率兼备的一种局部变换，可以更为有效地从信号中提取信息，通过伸缩平移等功能对信号进行多尺度分析，解决以前难以解决的问题，具有“数学显微镜”的称誉。因此，小波变换特别适合处理非平稳信号，而 DEM 就是其中典型的一种。

根据 DEM 数据和灰度图像的相似性，参考小波变换在图像压缩中的方法进行 DEM 的数据压缩。通过水平和垂直两个方向，可以分离二维小波变换，将原始图像信号分解为水平、垂直、对角和低频 4 个子带，其中低频信息表示信号的大体轮廓，集中图像的主要能量，能够再进行二次分解，其他三个子带表示细节信息。类似于图像压缩，将 DEM 数据转化为图像格式后，经过多分辨率分析将其分为近似部分和细节部分。近似部分对应的就是小尺度的瞬间，在本尺度内稳定，可以表示 DEM 的有损压缩数据；而细节部分则是在整个压缩过程中损失掉的信息。这是因为两者对应的分别是正交变换中的高通滤波器和低通滤波器，而高频部分的小波系数绝对值较小，低频部分的小波系数绝对值较大。因此，可以在 DEM 压缩中对高频部分大多数系数分配较小的位，从而达到数据压缩的目的。

利用小波分析进行 DEM 数据压缩的方法很多，目前比较成功的有小波变换零数压缩、小波包、小波变换矢量化压缩等方法。以二进制小波为例，在 MATLAB 环境下进行 DEM 数据压缩，选择小波系数如下：

$$L=\{h_k\}=\left\{\frac{1+\sqrt{3}}{4\sqrt{2}},\ \frac{3+\sqrt{3}}{4\sqrt{2}},\ \frac{3-\sqrt{3}}{4\sqrt{2}},\ \frac{1-\sqrt{3}}{4\sqrt{2}}\right\}$$

$$H=\{g_k\}=\left\{\frac{-(1-\sqrt{3})}{4\sqrt{2}},\ \frac{3-\sqrt{3}}{4\sqrt{2}},\ \frac{-(3+\sqrt{3})}{4\sqrt{2}},\ \frac{1+\sqrt{3}}{4\sqrt{2}}\right\}$$

将得到的结果通过等值线追踪、以等高线显示的方式进行对比，如图 3.14 所示。

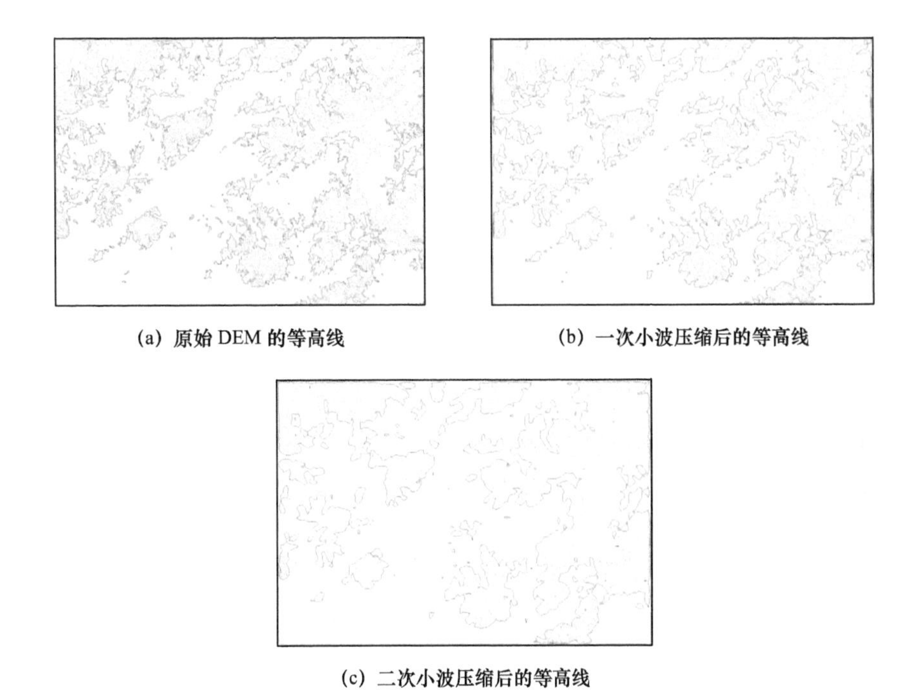

(a) 原始 DEM 的等高线

(b) 一次小波压缩后的等高线

(c) 二次小波压缩后的等高线

图 3.14 小波变换的 DEM 数据压缩效果对比

经过一次小波压缩和二次小波压缩后的DEM数据大小分别是原始DEM数据的 1/4 和 1/16。由图 3.14 可以看出，数据的压缩比越高，DEM 数据损失的细节信息就越多，但是反映地形整体走势的起伏状态并没有发生太大的改变，因此三幅数据的等高线效果图具有一定的相似性。

同时，经过小波变换的 DEM 压缩数据结合压缩过程中损失的其他信息还可以进行精确重建。

利用小波变换压缩 DEM 数据的特点是压缩比高，压缩速度也比较快，同时压缩后的 DEM 数据可以保证地形基本特征不变，结合压缩过程中损失的细节信息还可以进行精确重建。所以，小波变换应用于 DEM 数据压缩具有十分明显的优势。不过，单纯利用二进制小波压缩 DEM 数据得到的压缩比也比较单一，只能是 1/2 的 *n* 次方。研究多进制小波在 DEM 数据压缩中的应用将会使其具有更为广泛的使用价值。

3）压缩编码

结合图像压缩领域，常用的压缩编码方法有以下几种。

（1）行程长度编码（RLE）。

行程长度编码（Run-Length Encoding）是压缩一个文件最简单的方法之一。它的做法是把一系列的重复值（例如，DEM 数据的高程值）用一个单独的值再加上一个计数值来取代。比如，有这样一组高程序列：

[50, 50, 50, 80, 80, 100, 100, 100, 100]

它的行程长度编码就是[3-50, 2-80, 4-100]。这种方法实现起来很容易，而且对于具有长重复值的串的压缩编码很有效。例如，对于有大面积高程相同的DEM 数据，使用这种方法压缩效果很好。

（2）LZW 编码。

这是三个发明人名字的缩写（Lempel，Ziv，Welch），其原理是将每一字节的值都与下一字节的值配成一个字符对，并为每个字符对设定一个代码。当同样的一个字符对再度出现时，就用代码代替这一字符对，然后再以这个代码与下个字符配对。

LZW 编码原理的一个重要特征是，代码不仅能取代一串同值的数据，也能代替一串不同值的数据。在 DEM 数据中若有某些不同值的数据经常重复出现，也可以找到一个代码来取代这些数据串。在此方面，LZW 压缩原理是优于 RLE 的。

（3）霍夫曼编码。

霍夫曼编码（Huffman Encoding）是通过用不固定长度的编码代替原始数据来实现的。霍夫曼编码最初是为了对文本文件进行压缩而建立的，迄今已经有很多变体。它的基本思路是出现频率越高的值，其对应的编码长度越短；反之，出现频率越低的值，其对应的编码长度越长。

霍夫曼编码很少能达到 8∶1 的压缩比，此外它还有以下两个不足：①它必须精确地统计出原始文件中每个值的出现频率，如果没有这个精确统计，压缩的效果就会大打折扣，甚至根本达不到压缩的效果。霍夫曼编码通常要经过两遍操作，第一遍进行统计，第二遍产生编码，所以编码的过程是比较慢的。另外，由于各种长度的编码的译码过程也是比较复杂的，因此解压缩的过程也比较慢。②它对于位的增删比较敏感。因为霍夫曼编码的所有位都是合在一起的而不考虑字节分位，所以增加一位或者减少一位都会使译码结果面目全非。

（4）预测及内插编码。

一般在 DEM 数据中局部区域的高程值是高度相关的，因此可以用先前的高程值的有关高程知识来对当前像素的灰度进行预计，这就是预测；而所谓内插就是根据先前的和后来的高程值知识来推断当前位置的高程情况。如果预测和内插是正确的，则不必对每一个位置的高程都进行压缩，而是把预测值与实际位置之间的差值经过熵编码后发送到接收端。在接收端通过预测值加差值信号来重建原位置的高程。

预测编码可以获得比较高的编码质量，并且实现起来比较简单，因而被广泛地应用于图像压缩编码系统。但是它的压缩比并不高，而且精确的预测有赖于 DEM 特性的大量的先验知识，并且必须进行大量的非线性运算，因此一般不单独使用，而是与其他方法结合起来使用。

（5）矢量量化编码。

在图像压缩领域，矢量量化编码利用相邻图像数据间的高度相关性，将输入图像数据序列进行分组，每一组 m 个数据构成一个 m 维矢量，一起进行编码，即一次量化多个点。根据香农相关理论，对于无记忆信源，矢量量化编码总是优于标量量化编码。

编码前，先通过大量样本的训练或学习或自组织特征映射神经网络方法，得到一系列的标准图像模式，每一个图像模式就称为码字或码矢，这些码字或码矢合在一起称为码书，码书实际上就是数据库。输入图像块按照一定的方式形成一个输入矢量。编码时用这个输入矢量与码书中的所有码字计算距离，找到距离最近的码字，即找到最佳匹配图像块。输出其索引（地址）作为编码结果。解码过程与之相反，根据编码结果中的索引从码书中找到索引对应的码字

（该码书必须与编码时使用的码书一致），构成解码结果。由此可知，矢量量化编码是有损编码。目前使用较多的矢量量化编码方案主要是随机型矢量量化，包括变换域矢量量化、有限状态矢量量化、地址矢量量化、波形增益矢量量化、分类矢量量化及预测矢量量化等。

（6）变换编码。

变换编码就是将 DEM 高程矩阵（时域信号）变换到系数空间（频域信号）上进行处理的方法。在空间上具有强相关的信号，反映在频域上是某些特定的区域内能量常常被集中在一起，或者是系数矩阵的分布具有某些规律。可以利用这些规律在频域上减少量化比特数，达到压缩的目的。由于正交变换的变换矩阵是可逆的且逆矩阵与转置矩阵相等，这就使解码运算是有解的且运算方便，因此运算矩阵总是选用正交变换来做。

（7）模型法编码。

预测编码、矢量量化编码及变换编码都属于波形编码，其理论基础是信号理论和信息论；其出发点是将信号看作不规则的统计信号，从数值之间的相关性这一信号统计模型出发设计编码器。而模型编码则是利用计算机视觉和计算机图形学的知识对图像信号进行分析与合成。

模型编码将信号看作三维世界中的目标和景物投影到二维平面的产物，而对这一产物的评价是由人类视觉系统的特性决定的。模型编码的关键是对特定的信号建立模型，并根据这个模型确定其中景物的特征参数，如运动参数、形状参数等。解码时则根据参数和已知模型用合成技术进行重建。由于编码的对象是特征参数，而不是原始数据，因此有可能实现比较大的压缩比。模型编码引入的误差主要是人眼视觉不太敏感的几何失真，因此重建数据非常自然和逼真。

2. 规则格网 DEM 压缩成 TIN DEM

规则格网 DEM 转成 TIN 可以看作一种规则分布的采样点生成 TIN 的特例，其目的是尽量减少 TIN 的顶点数目，同时尽可能多地保留地形信息，如山峰、山脊、谷底和坡度突变处。规则格网 DEM 可以简单地生成一个精细的规则三角网（见图 3.15），针对它有许多算法，其中两个代表性的算法是保留重要点法和启发丢弃法。

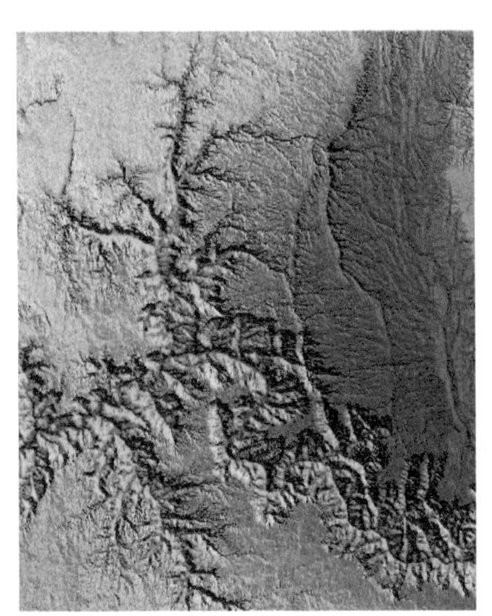
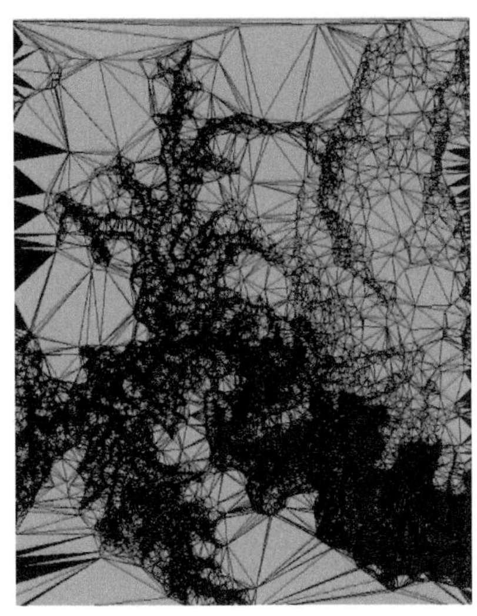

图 3.15　规则格网 DEM 生成 TIN DEM

1）保留重要点法

该方法是一种通过保留规则格网 DEM 中的重要点来构造 TIN 的方法。它采用比较、计算格网点的重要性的方法，保留重要的格网点。重要点（Very Important Point，VIP）是通过 3×3 的模板来确定的，根据 8 邻点的高程值决定模板中心是否为重要点。格网点的重要性是通过它的高程值与 8 邻点高程的内插值进行比较，将差分超过某个阈值的格网点保留下来。被保留的点作为三角网顶点生成 Delaunay 三角网。

2）启发丢弃法

该方法将重要点的选择作为一个优化问题进行处理。算法是给定一个格网 DEM 和转换后 TIN 中节点的数量限制，寻求一个 TIN 与规则格网 DEM 的最佳拟合。首先输入整个格网 DEM，迭代进行计算，之后逐渐将那些不太重要的点删除，处理过程持续至满足数量限制条件或满足一定精度为止。具体过程如下：

（1）每次去掉一个节点进行迭代，得到节点越来越少的 TIN。很显然，可以将格网 DEM 作为输入，此时所有格网点视为 TIN 的节点，其方法是将格网中 4 个节点的其中两个相对节点连接起来，这样将每个格网剖分成两个三角形。

（2）取 TIN 的一个节点 O 及与其相邻的其他节点，O 的邻点（称 Delaunay 邻接点）为 A、B、C、D，使用 Delaunay 三角构造算法，将 O 的邻点进行 Delaunay 三角形重构。

（3）判断节点 O 位于哪个新生成的 Delaunay 三角形中，计算 O 点的高程和过 O 点与三角形 BCE 交点 O' 的高程差 d。若高程差 d 大于阈值 d_e，则 O 点为重要点保留，否则可删除。

（4）对 TIN 中所有的节点，重复上述判断过程。

（5）直到 TIN 中所有的节点满足条件 $d > d_e$，结束。

3. TIN DEM 到 TIN DEM 的压缩

1992 年，Schroeder 提出了顶点删除的网格简化方法以后，基于边折叠、基于三角形删除等几何元素删除的方法被相继提出。这些方法的共同特点是以几何元素的删除来实现 TIN 模型的简化，即根据原模型的几何拓扑信息，在保持一定的几何误差的前提下，删除对模型几何特征影响相对较小的几何元素（点、边、面）。此类方法主要包括顶点删除法、边折叠法、三角形折叠法等。

1）顶点删除法

Schroeder 等提出的顶点删除法，是在三角网格中，若一顶点与它周围三角面片可以被认为是共面的（可以通过设定点到平面距离的阈值来判断），且这一点的删除不会带来拓扑结构的改变，那么就可将这一点删除，同时所有与该顶点相连的面均被从原始模型中删除，然后对其邻域重新进行三角化，以填补由于这一点被删除所带来的空洞。继续这种操作，直到三角网格中无满足上述条件的顶点为止。这种方法的好处是，由于简化模型的顶点是原始模型的一个子集，故能方便地重新利用顶点处的法向量和纹理坐标。但在保真方面有所欠缺，因为无法满足移动某些顶点的要求。

2）边折叠法

边折叠法是指，在每一次简化操作中以边作为被删除的基本几何元素，当选择一条边折叠后，将其一顶点的几何属性映射到另一顶点，并计算这另一顶点的理想位置，在进行多次的选择性边折叠后，原始的三角形集合中有很多三角形会退化，这样原始模型就可以被简化到想要的程度了。

边折叠的关键是折叠的次序及边折叠后新顶点的位置。Hoppe 在 1993 年采用能量优化的方式来确定折叠次序和新顶点的位置，能量优化计算复杂，所需时间较长，但是生成的简化模型的效果却是相当好的。Garland 和 Heckbert 在 1997 年提出了一种基于二次误差度量（Quadric Error Metric，QEM）的简化算法。二次误差度量简化算法基于顶点到平面的距离平方和，该算法速度快，以相对较小的存储代价，提供了一个简单方法来监督简化过程，产生的简化结果也拥有较高的保真度。Hoppe 将法向量、颜色及纹理等信息加入二次误差度量算法中，然后采用称作翼边（Wedge）的数据结构来加以实现，也得到了较好的效果。Lindstrom 和 Turk 在 1998 年用简化前后体积和面积的变化作为误差测度，也得到了与 QEM 类似的数学表达。这种方法在计算边折叠队列和新顶点的位置时只需要网格模型面的连接信息和顶点的位置，所以算法占用内存量小，运算速度快。

3）三角形折叠法

三角形折叠法是指在简化时使用三角面作为被删除的基本元素。它是边折叠算法的延续，一次三角形折叠可以删除四个三角形、两个顶点。Hamann 于 1994 年将三角形的权重定义为等角度与曲率的乘积，然后对网格模型上的所有三角形按权重进行排序，并依次折叠，这样细长且低曲率的面首先被删除。

▶ 3.5.2 高程数据格式调整

并不是所有 DEM 数据中高程数值的格式都可以完全满足伪装算法处理的要求。DEM 数据的存储按照不同的精度要求具有不同的格式，但一般为具有一定小数位数的浮点型数据，根据精度不同，小数的位数也不相同。这就需要对高程数据的格式进行一定的调整。

高程数据格式调整是指通过一定的方法，按照伪装算法要求，将高程数据调整为可恢复的特定格式。所谓可恢复，是指这种调整方式是可逆的，可以根据一定的方法将其还原成原始的高程数值，并且应尽量保证数据的精度不发生改变。

一般而言，这种调整方式都不应过于复杂，以转换整数为例，针对每一个正值的高程数值 A，做如下处理：

$$A_0 = [A \cdot 10^{|m-d_A|}],\ m \geqslant 4 \tag{3.26}$$

式中，A_0 表示预处理后的高程数值；m 是预处理后高程数值保留的位数，因为高程数值的整数部分最多为 4 位（高程值以 m 为单位时，陆上最高点为 8848.86m），所以为了不丢失信息，m 的取值最小为 4；d_A 表示高程数值 A 整数部分的位数；[ ]为取整符号。通过预处理的高程数值转化为 m 位的正整数。通过 m 和 d_A 的值可以还原得到初始高程值。

根据伪装算法的不同，对数据格式的要求也不尽相同，在实际计算中应根据情况进行处理，选取合适的调整方式。

▶ 3.5.3 DEM 生成等高线

相对于 DEM 而言，等高线更能在二维平面直观展示地形特征，将 DEM 数据转化成等高线，有助于信息伪装结果的查看和分析。

1. 基于 TIN DEM 生成等高线

基于 TIN 绘制等高线可以直接利用原始观测数据，避免内插的精度损失，因而等高线精度较高。对高程注记点附近的较短封闭等高线也能绘制，绘制的等高线分布在采样区域内且并不要求采样区域有规则的四边形边界。同一高程的等高线最多只穿过一个三角形一次，因而程序设计也较简单。但是，由于 TIN 的存储结构不同，等高线的具体跟踪算法也有所不同。

绘制基于三角形搜索的等高线时，对于记录了三角形表的 TIN，按记录的三角形顺序展开搜索。其基本过程如下：

（1）对给定的等高线高程 h，与所有网点高程 $z_i(i=1, 2, \cdots, n)$ 进行比较，若 $z_i=h$，则将 z_i 加上（或减去）一个微小正数 ε（如 $\varepsilon=10^{-4}$），以使程序设计简单而又不影响等高线的精度。

（2）设立三角形标志数组，其初始值为零，每个元素与一个三角形对应，凡处理过的三角形将标志置为 1，以后不再处理，直至等高线高程改变。

（3）按顺序判断每个三角形三边中的两条边是否有等高线穿过。若三角形一边的两端点为 $P_1(x_1, y_1, z_1)$、$P_2(x_2, y_2, z_2)$，则 $(z_1-h)(z_2-h)<0$，表明该边有等高线点；$(z_1-h)(z_2-h)>0$，表明该边无等高线点。

直至搜索到等高线与网边的第一个交点，称该点为搜索起点，该点所在的边是当前三角形的等高线进入边，通过线性内插的方式得出该点的平面坐标 (x, y)，之后进行如下操作。

（1）搜索该等高线在该三角形的离去边，也就是相邻三角形的进入边，并内插其平面坐标。搜索和内插的方法与搜索起点的方法相同，不同的是仅需对该三角形的另两边作处理，进入边不需要再处理。

（2）进入相邻三角形，重复上述步骤，直至离去边没有相邻三角形（此时等高线为开曲线）或相邻三角形即为搜索起点所在的三角形（此时等高线为闭曲线）时为止。

（3）对于开曲线，将已搜索到的等高线点顺序倒过来，并回到搜索起点、向另一方向搜索，直至到达边界（即离去边没有相邻三角形）。

（4）当一条等高线全部跟踪完后，将其光滑输出，方法与前面所述矩形格网等高线的绘制方法相同。然后继续三角形的搜索，直至全部三角形处理完毕，再改变等高线高程。重复以上过程，直到完成全部等高线的绘制为止。图 3.16 描述了利用三角网生成数值为 50 的等高线的过程。

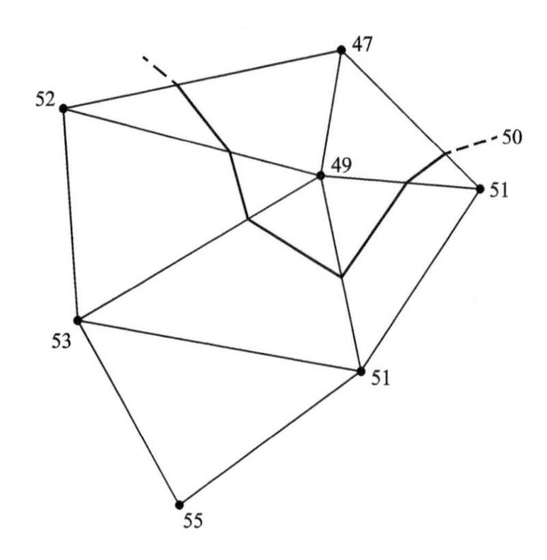

图 3.16 利用 TIN 生成等高线

2. 基于 RSG DEM 生成等高线

在利用格网 DEM 生成等高线时，需要将其中的每个点视为一个几何点，而不是一个矩形区域，这样可以根据格网 DEM 中相邻 4 个点组成四边形进行等高线跟踪。其方法类似于前面描述的利用 TIN 提取等高线。实际上，也可以将每个矩形分割为两个三角形，并应用由 TIN 提取等高线算法，但是由于矩形有两种划分三角形的方法，在某些情况下，会生成不同的等高线，这时需要根据周围的情况进行判断并决定取舍（见图 3.17）。

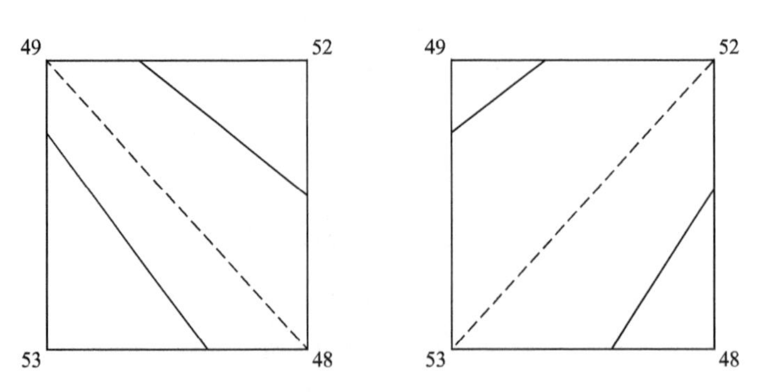

图 3.17 三角形划分不同导致生成的等高线不同

在格网 DEM 提取等高线中，除了划分为三角形，也可以直接使用四边形跟踪等高线。但是在图 3.17 所示的情形中，仍会出现等高线跟踪的二义性，即对于每个四边形，有两条等高线的离去边。进行取舍判断的方法一般是计算距离，距离近的连线方式优于距离远的连线方式。在图 3.17 中，就要采用右图所示的跟踪方式。

格网 DEM 提取等高线另一个值得注意的问题是，如果一些网格点的数值恰好等于要提取的等高线的数值，则会使判断过程变得复杂，并且会生成不闭合的等高线。一般的解决办法是将这些网格点的数值增加一个小的偏移量。

参 考 文 献

[1] 李名．信息熵视角下的密文图像信息隐藏研究[D]．重庆：重庆大学，2014.

[2] Gribble S D. Robustness in complex systems[J]. Proceeding of the 8th Work Shop on Hot Topics in Operating Systems, 2001 (HotOS-VIII): 21-26.

[3] Cox I J, et al. Secure spread spectrum watermaking foe multimedia[J]. Technical Report 95-10, NEC Research Institute, Princeton, NJ, 1995.

[4] 申亚宁，罗永，成礼智．小波系数相对模糊关系三维水印算法[J]．模糊系统与数学，2011（6）：162-168.

[5] 胡鹏，杨传勇，吴艳兰，等．新数字高程模型理论、方法、标准和应用[M]．北京：测绘出版社，2007.

[6] 汤国安．数字高程模型及地学分析的原理和方法[M]．北京：科学出版社，2005.

[7] 邹豹君．小地貌学原理[M]．北京：商务印书馆，1985.

[8] 周启鸣，刘学军．数字地形分析[M]．北京：科学出版社，2006.

[9] 唐启义，冯光明．DPS 数据处理系统——实验设计、统计分析及模型优化[M]．北京：科学出版社，2007.

[10] 刘贤赵，张安定，李嘉竹．地理学数学方法[M]．北京：科学出版社，2009.

[11] Howard L. Resnikoff, Raymond O. Wells Jr. Wavelet Data Compression[J]. Wavelet

Analysis, 1998: 343-365.

[12] 万刚，朱长青．多进制小波及其在 DEM 数据有损压缩中的应用[J]．测绘学报，1999，28（1）：36-40.

[13] LI Z L. Variation of the Accuracy of Digital Terrain Models with Sampling Interval[J]. Photogrammetric Record, 1992, 14(1): 113-128.

[14] H Li, BS Manjunath, SK Mitra. Multisensor image fusion using the wavelet transform[J]. Graphical Models and Image Processing, 1995：51-55.

[15] 张德丰．MATLAB 小波分析[M]．北京：机械工业出版社，2009.

[16] 李文娜．数字图像压缩编码及水印算法的研究[D]．沈阳：东北大学，2013.

[17] 曹志冬．DEM 地形简化技术研究[D]．长沙：长沙理工大学，2005.

[18] 袁占亭，张秋余，刘洪国，等．一种改进的 LSB 数字图像隐藏算法[J]．计算机应用研究，2009，26（1）：372-377.

[19] 殷小庆，严竞新，冉隆思，等．基于 DEM 的等高线自动生成方法研究[J]．测绘标准化，2019，5（4）：13-15.

[20] 黄晶晶．数字高程模型 TIN 和等高线建模[D]．长沙：中南大学，2007.

[21] 杨晓琴．等高线生成算法的研究[D]．太原：太原理工大学，2004.

4
基于结构的 DEM 信息伪装方法

4.1 基本概念

基于结构的DEM信息伪装技术，是从整体上考虑进行DEM信息伪装的方法。采用这种方法进行信息伪装时，关注的不是高程矩阵中的单个数值，而是在宏观上从DEM的组织结构着手，一次或分几次（远小于高程数值的个数）完成整个数据的伪装过程。

以规则格网DEM数据为例，基于结构的信息伪装技术可以分为两类：一类是完全把高程矩阵作为处理对象，将对DEM数据的伪装处理转化为对数据矩阵的伪装处理，这时需要考虑的是如何将高程矩阵转化为其他与原始结构相同而内容迥异的数据矩阵，同时在必要的时候还可以完整无误地还原，而且兼顾DEM信息伪装的其他原则；另一类是以整体结构为依托，将高程矩阵以一定形式划分为若干单元，在综合考虑伪装原则的情况下按单元进行DEM信息伪装，如图4.1所示。

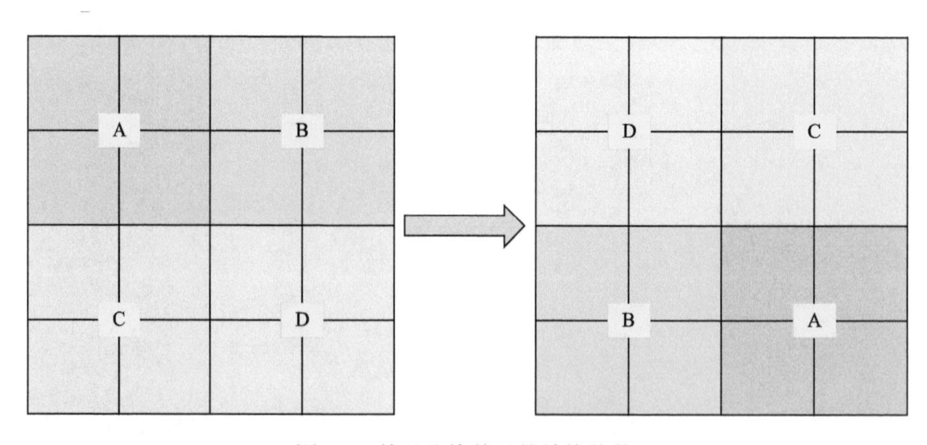

图4.1 基于分块单元的结构伪装

基于结构的DEM信息伪装可能会造成高程信息内容发生巨大改变，使原始的地形地貌面目全非，也可能改变的只是各个高程数值的空间位置，使高山变峡谷、平原变丘壑，而这些地貌本来就包含在原始数据中。常见的伪装方法有数据置乱、矩阵论和分形理论等。

4.2 基于置乱的 DEM 信息伪装技术

数据置乱技术属于数据加密技术的一种，在图像加密领域应用较多。应用于 DEM 信息伪装时，主要通过对高程数值矩阵的重新排列，实现关键信息的加密，达到安全传输的目的。数据置乱的实质是破坏相邻数值点间的相关性，使原始数据“面目全非”，看上去如同一幅没有意义的噪声数组。单纯使用位置空间的变换来置乱 DEM 高程数组，整体空间内的高程数组不会改变，直方图不变，只是几何位置发生了变换。

置乱算法的实现过程可以认为是构造映射的过程，该映射是原数组的置乱数组的一一映射，如果重复使用此映射，就构成了多次迭代置乱。

假设原始 DEM 高程矩阵为 $\boldsymbol{A}_0$，映射关系用字母 σ 表示，得到的置乱高程矩阵为 $\boldsymbol{A}_1$，则原始数据到置乱数据的关系，可简单地表示为

$$\boldsymbol{A}_1 = \sigma(\boldsymbol{A}_0) \tag{4.1}$$

假如

$$\boldsymbol{A}_0 = \begin{bmatrix} a_{00} & a_{01} & a_{02} & a_{03} \\ a_{10} & a_{11} & a_{12} & a_{13} \\ a_{20} & a_{21} & a_{22} & a_{23} \\ a_{30} & a_{31} & a_{32} & a_{33} \end{bmatrix}$$

则 $\boldsymbol{A}_1$ 的一种置乱结果可能为

$$\boldsymbol{A}_1 = \begin{bmatrix} a_{11} & a_{31} & a_{03} & a_{13} \\ a_{10} & a_{33} & a_{12} & a_{02} \\ a_{32} & a_{01} & a_{00} & a_{23} \\ a_{20} & a_{21} & a_{30} & a_{22} \end{bmatrix}$$

可以看出，置乱前后高程数组同一位置上的高程值发生了变化，但是改变的也仅仅是空间位置，整个高程数组的取值范围没有发生变化。

▶ 4.2.1 基于变换矩阵的数据置乱

根据规则格网 DEM 数据的组织形式，可以将其看成平面区域 D 上的二元函数 $Z=F(x, y), (x, y)\in D$。在绝大多数情况下区域 D 是一个矩形，对 D 中任意的点，(x, y) 表示其像素点的位置，而 $F(x, y)$ 代表高程信息。当高程数字化之后，新的 $Z=F(x, y)$ 则对应数学中的一个矩阵，其元素所在的行与列对应自变量取值，实际上规则格网 DEM 数据就对应元素之间有相关性的矩阵。

通过数学中矩阵的初等变换可以将一个矩阵转换为另一个矩阵，从而达到置乱的目的，但其置乱作用较差，因为初等变换是整行或整列进行变换，并不是对矩阵中的每个点进行变换，而一些非线性变换则有可能对数据置乱起到较好的作用。下面介绍目前常见的置乱方法。

1. 基于 Fibonacci 变换的置乱

设 DEM 数据的高程坐标 $(x, y)\in S=\{0, 1, 2, \cdots, N-1\}$，Fibonacci 变换为

$$\begin{bmatrix} x' \\ y' \end{bmatrix}=\begin{bmatrix} 1 & 1 \\ 1 & 0 \end{bmatrix}\begin{bmatrix} x \\ y \end{bmatrix}(\bmod N) \tag{4.2}$$

Fibonacci 变换的置乱效果如图 4.2 所示。

(a) 原始数据

(b) 置乱数据

图 4.2 Fibonacci 算法的置乱效果示意图

2. 基于排列变换的置乱

设 DEM 数据的高程坐标 $(x, y) \in S = \{0, 1, 2, \cdots, N-1\}$，排列变换表示为

$$\begin{bmatrix} x' \\ y' \end{bmatrix} = \begin{bmatrix} 1 & 1 \\ k & k+1 \end{bmatrix} \begin{bmatrix} x \\ y \end{bmatrix} (\bmod N) \quad x, y \in S, k \in Z \tag{4.3}$$

很容易看出：Fibonacci 变换就是式中 $k=0$ 的结果。假设 $k=6$，变换的置乱效果如图 4.3 所示。

(a) 原始数据

(b) 置乱数据

图 4.3　排列算法（$k=6$）的置乱效果示意图

3. 基于亚仿射变换的置乱

设 DEM 数据的高程坐标 $(x, y) \in S = \{0, 1, 2, \cdots, N-1\}$，亚仿射变换为

$$\begin{bmatrix} x' \\ y' \end{bmatrix} = \begin{bmatrix} a & b \\ c & d \end{bmatrix} \begin{bmatrix} x \\ y \end{bmatrix} (\bmod N) \quad x, y \in S, a, b, c, d \in Z \tag{4.4}$$

式中 $a \times d - b \times c = \pm 1$。假设 $a=3, b=14, c=7, d=33$，其置乱效果如图 4.4 所示。

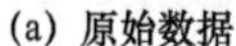

(a) 原始数据

(b) 置乱数据

图 4.4 亚仿射算法的置乱效果示意图

4.2.2 基于 Arnold 变换的数据置乱

Arnold 变换又称猫脸变换，设想在平面单位正方形内绘制一个猫脸图像，通过下述变换，猫脸图像将由清晰变得模糊。设 DEM 数据的高程坐标 $(x, y) \in S = \{0, 1, 2, \cdots, N-1\}$，Arnold 变换矩阵表示为

$$\begin{bmatrix} x' \\ y' \end{bmatrix} = \begin{bmatrix} 1 & 1 \\ 1 & 2 \end{bmatrix} \begin{bmatrix} x \\ y \end{bmatrix} (\bmod N) \tag{4.5}$$

反复进行此变换，即可得到置乱结果。Arnold 变换的逆变换如下：

$$\begin{bmatrix} x \\ y \end{bmatrix} = \begin{bmatrix} 2 & -1 \\ -1 & 1 \end{bmatrix} \begin{bmatrix} x' \\ y' \end{bmatrix} (\bmod N) \tag{4.6}$$

通常一次 Arnold 变换达不到理想效果，需要对数据进行连续多次的变换。Arnold 变换具有周期性，即对数据连续进行 Arnold 变换，最终又能得到原始数据。变换的周期和数据的尺寸有关，如表 4.1 所示。

表 4.1 大小为 N 的二维 Arnold 变换周期

N	2	3	4	5	6	7	8	9	10	11	12	16	24	25
周期	3	4	3	10	12	8	6	12	30	5	12	12	12	50
N	32	40	48	49	56	60	64	100	120	125	128	256	380	450
周期	24	30	12	56	24	60	48	150	60	250	96	192	90	300

通过 DEM 的二维 Arnold 变换，可以实现高程位置的置乱，其灰度直方图与原始数据一样，且通过一定次数的置乱，可以回到原始数据，如图 4.5 所示。

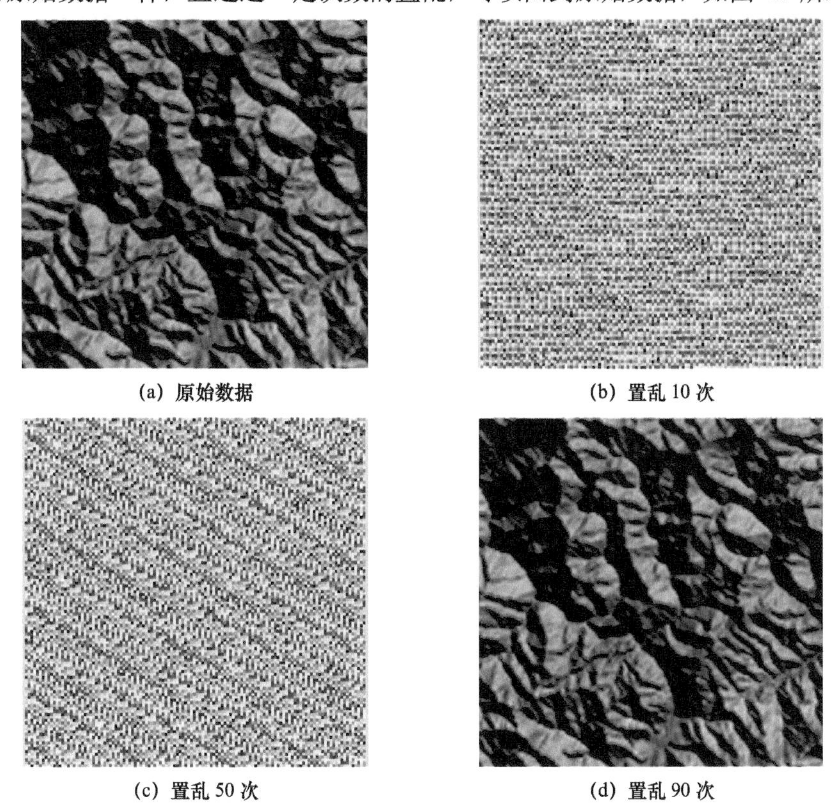

(a) 原始数据　(b) 置乱 10 次　(c) 置乱 50 次　(d) 置乱 90 次

图 4.5　Arnold 算法置乱效果示意图

实际上，数据置乱方法很多，比如图像分存、根据混沌理论的图像置乱算法、离散余弦变换等，可以根据具体情况进行选择。

4.3　基于矩阵论的 DEM 信息伪装技术

规则格网 DEM 一般由数据头和高程数据体两部分组成，高程数据体是其核心内容。高程数据体的组织形式相当于数据矩阵的组织，高程数值就是矩阵中的各个元素。对包含所有高程数值的高程矩阵进行处理，等同于对整个 DEM 数据进行处理，这就把 DEM 信息伪装问题转化成了矩阵运算问题。在利用矩阵论进行 DEM 信息伪装时，最关键的一点是要确保计算得出的高程矩阵具有唯一性，特别是在进行还原计算时还能得到原始的高程矩阵。基于这一点，逆矩阵不失为一种理想的选择。

▶ 4.3.1 逆矩阵的基本概念

定义：设 $\boldsymbol{A}$ 是数域上的一个 n 阶矩阵，若在相同数域上存在另一个 n 阶矩阵 $\boldsymbol{B}$，使得：

$$\boldsymbol{AB} = \boldsymbol{BA} = \boldsymbol{E} \tag{4.7}$$

则称 $\boldsymbol{A}$ 和 $\boldsymbol{B}$ 互为逆矩阵，$\boldsymbol{A}$ 为可逆矩阵。

逆矩阵具有很多性质，与 DEM 信息伪装最相关的一条就是可逆矩阵的逆矩阵具有唯一性。由逆矩阵的定义可以得出，$\boldsymbol{B}$ 是 $\boldsymbol{A}$ 的逆矩阵，记为 $\boldsymbol{A}^{-1}$，则同时 $\boldsymbol{A}$ 也是 $\boldsymbol{B}$ 的逆矩阵，两者是一一对应的关系，满足 DEM 信息伪装的基本要求。但是，对于一般的方形矩阵而言，可逆是有条件的：若 n 阶矩阵 $\boldsymbol{A}$ 可逆，则必有 $\boldsymbol{A}$ 的秩不能为零，即 $\det|\boldsymbol{A}| \neq 0$。实际上并不是所有 DEM 数据的高程矩阵都满足这样的条件，甚至很多情况下高程矩阵并不是方阵，而广义逆矩阵的引入很好地解决了这些问题。

▶ 4.3.2 广义逆矩阵的基本概念

早在 1920 年，针对逆矩阵只能存在于秩不等于零方阵中的这种情况，E. H. Moore 就找到了解决方案，他以比较抽象的形式给出了广义逆矩阵的概念，但是因为没有应用到具体实践中，一直没能得到足够的重视。1955 年，R. Penrose 利用 4 个矩阵方程给出了广义逆矩阵更为简便的定义后，立即受到了极大的关注，并使这一观点得到迅速发展，形成了一套系统而完备的理论。

定义：设 $\boldsymbol{A} \in C^{m \times n}$，如果 $\boldsymbol{G} \in C^{n \times m}$，满足以下 4 个方程

$$
\text{①}\ \boldsymbol{AGA}=\boldsymbol{A}\ ；\qquad \text{②}\ \boldsymbol{GAG}=\boldsymbol{G}\ ；
$$
$$
\text{③}\ (\boldsymbol{AG})^{\mathrm{H}}=\boldsymbol{AG}\ ；\ \text{④}\ (\boldsymbol{GA})^{\mathrm{H}}=\boldsymbol{GA}\ 。 \tag{4.8}
$$

中的一个或几个，则称 $\boldsymbol{G}$ 为 $\boldsymbol{A}$ 的广义逆矩阵；同时满足全部 4 个方程的广义逆矩阵 $\boldsymbol{G}$ 称为 $\boldsymbol{A}$ 的 Moore-Penrose 逆，也称为 $\boldsymbol{A}$ 的加号逆，记为 $\boldsymbol{A}^{+}$。

显然，如果方阵 $\boldsymbol{A}$ 是可逆矩阵，则 $\boldsymbol{B}=\boldsymbol{A}^{-1}$，满足全部 4 个 Penrose 方程。

按照广义逆矩阵的定义，可以分为满足 1 个、2 个、3 个、4 个方程的广义逆矩阵，这样一共就有 15 类。但并不是这 15 类广义逆矩阵都能够满足 DEM 信息伪装的基本要求，即具有唯一性。只有满足全部 4 个方程的 Moore-Penrose 逆是一定存在且唯一的。只要 $\boldsymbol{A}$ 不是可逆矩阵，则除了 Moore-Penrose 逆之外的其他 14 类广义逆矩阵都不唯一，不能直接应用于 DEM 信息伪装。

4.3.3 Moore-Penrose 逆在 DEM 信息伪装中的应用

Moore-Penrose 逆 $\boldsymbol{A}^{+}$ 具有很多性质，与 DEM 信息伪装相关的主要有：

（1）$(\boldsymbol{A}^{+})^{+}=\boldsymbol{A}$；

（2）$\boldsymbol{A}^{+}$ 存在且唯一；

（3）$\mathrm{rank}(\boldsymbol{A})=\mathrm{rank}(\boldsymbol{A}^{+})$；

（4）$(\lambda\boldsymbol{A})^{+}=\lambda^{+}\boldsymbol{A}^{+}$；

（5）$(\boldsymbol{A}^{+})^{\mathrm{H}}=(\boldsymbol{A}^{\mathrm{H}})^{+}$，$(\boldsymbol{A}^{+})^{\mathrm{T}}=\boldsymbol{A}^{\mathrm{T}}$。

其中，性质（1）、（2）说明了加号逆的可逆性和唯一性，证明它可以应用于 DEM 高程矩阵的伪装计算，也可以利用相同的方法进行还原；性质（3）说明了伪装后的高程矩阵和原始的高程矩阵在某些方面具有一定的联系；性质（4）、（5）为广义逆矩阵的计算提供了更多的方式，合理应用可以提高信息伪装的时效性。

Moore-Penrose 逆的这些性质为其应用于 DEM 信息伪装提供了便利。同时，由于高程矩阵往往较大，加号逆的计算方法会在很大程度上影响 DEM 信息伪装的效率，但没有统一的规范。目前最常用的广义逆矩阵计算方法有初等变换法、奇异值分解、满秩分解法、高斯消元法等。综合考虑各种因素，采用较为简单的满秩分解法来计算 DEM 高程矩阵的 Moore-Penrose 逆。

将非行或非列满秩的矩阵分解成一个行满秩矩阵和一个列满秩矩阵乘积的形式就是矩阵的满秩分解。任何矩阵的满秩分解总是存在的，几乎所有广义逆矩阵的直接求法中都要用到矩阵的满秩分解。

设 $\boldsymbol{A}\in C_r^{m\times n}(r>0)$，存在 $\boldsymbol{S}\in C_r^{m\times m}$ 和 $\boldsymbol{S}\in C_r^{n\times n}$，使得

$$\boldsymbol{SAT}=\begin{pmatrix}\boldsymbol{I}_r & \boldsymbol{O}\\ \boldsymbol{O} & \boldsymbol{O}\end{pmatrix} \tag{4.9}$$

式中矩阵 $\boldsymbol{S}$ 和 $\boldsymbol{T}$ 可根据初等变换来求得。对矩阵 $\begin{pmatrix}\boldsymbol{A} & \boldsymbol{I}_m\\ \boldsymbol{I}_n & \boldsymbol{O}\end{pmatrix}$ 的前 m 行仅施行行变换，对前 n 列仅施行列变换，就可以得到

$$\begin{pmatrix}\begin{pmatrix}\boldsymbol{I}_r & \boldsymbol{O}\\ \boldsymbol{O} & \boldsymbol{O}\end{pmatrix} & \boldsymbol{S}\\ \boldsymbol{T} & \boldsymbol{O}\end{pmatrix} \tag{4.10}$$

由此可以记录 $\boldsymbol{S}$ 和 $\boldsymbol{T}$，则有

$$\boldsymbol{A}=\boldsymbol{S}^{-1}\begin{pmatrix}\boldsymbol{I}_r & \boldsymbol{O}\\ \boldsymbol{O} & \boldsymbol{O}\end{pmatrix}\boldsymbol{T}^{-1}=\boldsymbol{S}^{-1}\begin{pmatrix}\boldsymbol{I}_r\\ \boldsymbol{O}\end{pmatrix}(\boldsymbol{I}_r \quad \boldsymbol{O})\boldsymbol{T}^{-1}=\boldsymbol{FG} \tag{4.11}$$

其中

$$\boldsymbol{F}=\boldsymbol{S}^{-1}\begin{pmatrix}\boldsymbol{I}_r\\ \boldsymbol{O}\end{pmatrix}\in C_r^{m\times r},\quad \boldsymbol{G}=(\boldsymbol{I}_r \quad \boldsymbol{O})\boldsymbol{T}^{-1}\in C_r^{r\times n} \tag{4.12}$$

即得到了矩阵的一个满秩分解。

对于行满秩矩阵 $\boldsymbol{G}$ 和列满秩矩阵 $\boldsymbol{F}$，可以知道 $\boldsymbol{GG}^{\mathrm{H}}$ 和 $\boldsymbol{F}^{\mathrm{H}}\boldsymbol{F}$ 都是 r 阶可逆矩阵。记

$$\boldsymbol{X}=\boldsymbol{G}^{\mathrm{H}}(\boldsymbol{GG}^{\mathrm{H}})^{-1}(\boldsymbol{F}^{\mathrm{H}}\boldsymbol{F})^{-1}\boldsymbol{F}^{\mathrm{H}} \tag{4.13}$$

很容易验证 $\boldsymbol{X}$ 满足 Penrose 的 4 个方程，则有 $\boldsymbol{X}=\boldsymbol{A}^{+}$。

对于大多数 DEM，高程矩阵反映的是实地高程信息，很少有规律可循，所以一般高程矩阵都是行满秩或列满秩的矩阵。这种情况下，其本身与单元矩阵的乘积就是它的一种满秩分解，大大简化了求加号逆的过程。特殊情况是，若高程矩阵是方阵，在验证其为满秩的情况下可直接采用非奇异矩阵求逆的方法进行求解。

根据上述方法，很容易实现基于矩阵论的 DEM 信息伪装。但是这种简单的没有密钥的伪装方法实际上仍是数据置乱的一种，只是其复杂度有限，难以保证 DEM 数据的安全，在实际中并不实用，多作为信息伪装的辅助手段或者预处理手段出现。

4.4 基于分形理论的 DEM 信息伪装技术

分形理论是近年来比较活跃的新理论、新学科。例如，海岸线作为曲线，其特征是形态极不规则、极不光滑，呈现蜿蜒复杂的变化状态。一般不能从形状和结构上区分这部分海岸与那部分海岸有什么本质的不同，这种几乎同样程度的不规则性和复杂性，说明海岸线在形貌上是自相似的，也就是局部形态和整体形态的相似。在没有建筑物或其他东西作为参照物时，在空中拍摄的 100km 长的海岸线与放大了的 10km 长海岸线的两张照片，看上去会十分相似。事实上，具有自相似性的形态广泛存在于自然界中，如连绵的山川、飘浮的云朵、岩石的断裂口、粒子的布朗运动、树冠、花菜、大脑皮层等，这些部分与整体以某种方式相似的形体称为分形。

分形几何是与欧几里得几何（简称欧氏几何）理论相对应的一门学科。欧氏几何研究的主要是规则几何形状，而分形几何研究的对象是自然界中存在着的各式各样的不能简单以所谓的点线面体来描述的不规则形状，而且这些不规则形状往往自身还带有某种“层次”结构。相对于欧氏几何几千年的历史积累，分形几何只有几十年的历史。20 世纪 70 年代，曼德勃罗（B. B. Mandelbrot）

在法兰西学院讲课时，第一次提出了分形和分维几何的设想。1975 年和 1977 年，他分别在法国和美国用法语和英语发表了《分形：形、机遇及维数》，标志着分形几何理论的正式形成。分形几何建立后，以其独特的魅力引起了许多学科的关注，被广泛应用于其他相关的各个领域。由于具有复杂精细的结构，同时又具有自身相似性，通过一定的改进处理，分形理论可以满足数字高程模型信息伪装的要求。1989 年，英国数学家法尔科内提出了较为全面的分形定义：

（1）分形集都具有任意小尺度下的比例细节，或者说它具有精细的结构。

（2）分形集不能用传统的几何语言来描述，它既不是满足某些条件的点的轨迹，也不是某些简单方程的解集。

（3）分形集具有某种自相似形式，可能是近似的自相似或者统计的自相似。

（4）一般情况下，分形集的“分形维数”严格大于它相应的拓扑维数。

（5）在大多数令人感兴趣的情形下，分形集由非常简单的方法定义，可能以变换的迭代产生。

▶ 4.4.1 几种常见的分形图形

已经被发现的分形图形很多，比较常用的主要有以下几种。

1. 康托尔三分集

德国数学家格奥尔格·康托尔于 1883 年首先提出了一种一维空间中的自相似结构：取一直线段（0,1），把它进行三等分，然后去掉中间一段，对留下的每一段又三等分并去掉其中间一段，如此不断地做下去，留下的所有线段就构成了康托尔三分集（见图 4.6）。显然，康托尔三分集构成了一个无穷层次的自相似结构，这种分形结构虽然简单，但是具有精细的组织结构和无穷的迭代过程，用传统的几何学术语难以准确地描述，既不满足某些简单点的轨迹，也不能用数学方程来表达。正是基于这种简单结构的思考，康托尔和其他数学家一起奠定了现代点集拓扑学的基础。

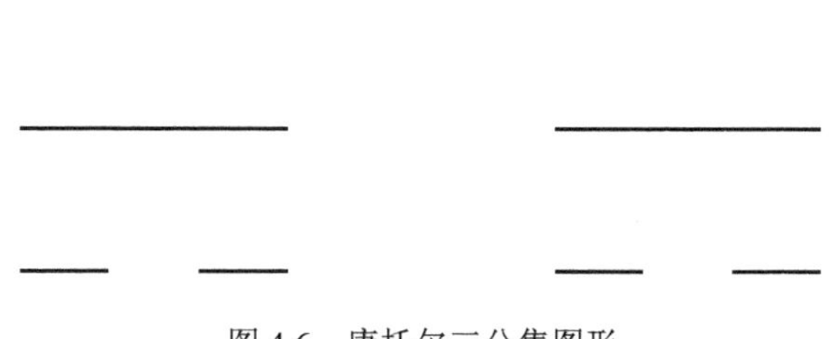

图 4.6　康托尔三分集图形

2. 席尔宾斯基分形

席尔宾斯基分形主要有席尔宾斯基垫片和席尔宾斯基地毯两种类型。因最早由波兰科学家席尔宾斯基（W. Sierpinski）提出而得名。

将一个等边三角形分割成 4 个大小相等的等边三角形并挖去中间的一个小三角形，将剩下的三个小三角形又各自分为 4 个小的等边三角形再挖去中间的一个，如图 4.7（a）所示。以此类推，最后得到一个无穷层次的自相似结构，称为席尔宾斯基垫片。

采取同样的方法，将一个正方形等分成 9 个小正方形后挖空最中间的一个小正方形，将剩下的 8 个小正方形又各自等分为 9 个小正方形再挖去最中间的一个，如图 4.7（b）所示。以此类推，最后得到一个无穷层次的自相似结构，称为席尔宾斯基地毯。

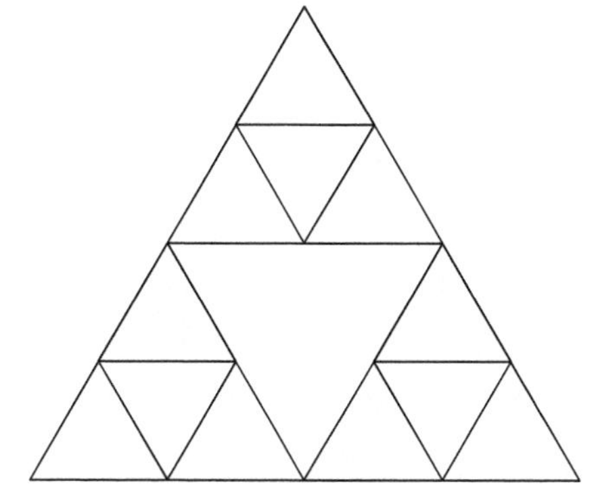

(a) 席尔宾斯基垫片

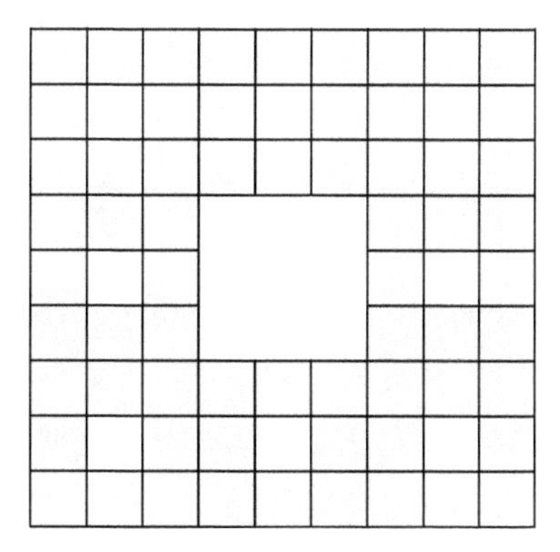

(b) 席尔宾斯基地毯

图 4.7　席尔宾斯基分形图

3. 科赫曲线

1904 年，著名的瑞典数学家科赫（Koch. H. Von）构造出了一种类似于雪花状的图形，称为科赫曲线或者雪花曲线。它的构造方法如下：取一个边长为 3 的等边三角形，在每一边中间 1/3 段的外部作一个边长为 1 的等边三角形，抹掉所作的每个三角形与原始三角形重合的底边；然后在新的图形中，在长度为 1 的各条边中间 1/3 段的外部作边长为 1/3 的等边三角形，去掉所作的每个三角形与原始图形重合的底边，如图 4.8 所示。以此类推，图形的周长可以无限增大，但其面积被限定在有限的范围内。

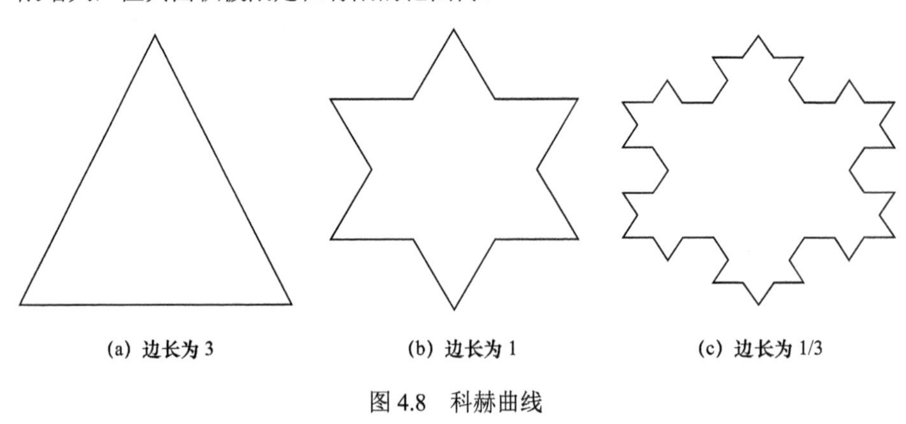

(a) 边长为 3　　(b) 边长为 1　　(c) 边长为 1/3

图 4.8　科赫曲线

▶ 4.4.2　基于席尔宾斯基垫片的 DEM 信息伪装方法

能够应用于 DEM 信息伪装的分形理论很多，本节以具有典型代表意义的席尔宾斯基垫片为例，阐述分形理论在 DEM 信息伪装中的应用。

1. 席尔宾斯基垫片的维数

在欧氏几何中，几乎所有几何体都有自己的维数：点是零维空间，线是一维空间，平面是二维空间，立方体是三维空间，如果加上时间还可以扩展到四维时空空间。与此类似，分形几何也具有维数特征。分形图形具有明显的层次感，分形维数就是用来描述分形层次的参数，它的存在是分形学术界早已有的共识，但一直没有统一的概念。一些数学家认为相对于欧氏几何的整数维，分形几何应当具有的是分数维。例如，康托尔三分集的初始维数是 1，第一次三分后每个线段的维数是 1/3，第二次三分后的维数是 1/9，以此类推。这种定义方法形象地描述了分形特征，但是维数采用分数不利于理解和计算。这里仍采用整数维，将分形维数定义为图形分形的次数。

在席尔宾斯基垫片中，设定垫片的初始维数是 1，则第一次分割后，形成的由 3 个小三角形组成的垫片维数为 2，以后每分割一次，垫片的分形维数加 1。由图 4.9 可以看出：席尔宾斯基垫片是一种非线性自相似结构的图形，是等边三角形由上而下的一种叠加。

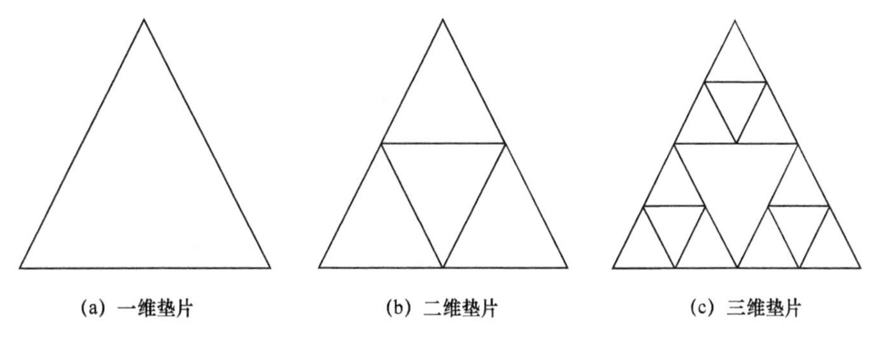

(a) 一维垫片　　(b) 二维垫片　　(c) 三维垫片

图 4.9　席尔宾斯基垫片的维数

2. 席尔宾斯基垫片的性质

由于席尔宾斯基垫片特殊的组织形式，使其具有很多独特的性质。根据 DEM 信息伪装的原则，可以发现席尔宾斯基垫片与之相关的性质主要有以下几条。

（1）任意两个小三角形不共边。在挖去中间的三角形后，席尔宾斯基垫片的各个小三角形拥有独立的 3 条边，任意一条三角边都只属于整个垫片中的一个小三角形。

以图 4.10 所示，垫片中只有 3 个小三角形（A, B, C），3 个小三角形之间的边并不相同，（a, b, c）三边都只属于三角形 A。

（2）垫片中的小三角形自旋转任意次数后，形状不发生改变。以重心为中心，旋转角度是 120° 的倍数时，等边三角形 3 条边的位置发生了改变，但当对各边未作标识时，其形状不发生任何改变，仍是顶角朝上。

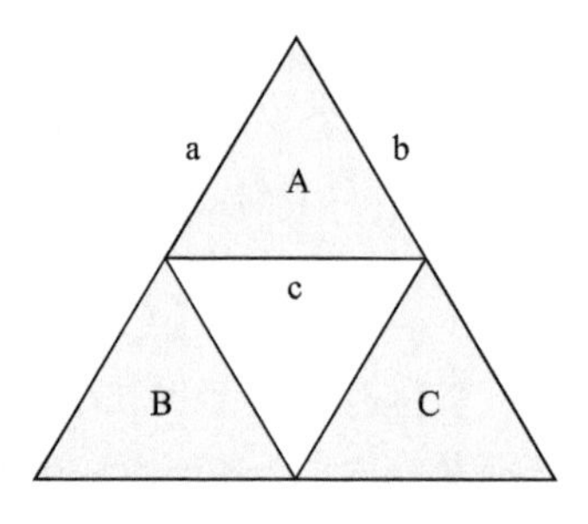

图 4.10　小三角形的边

（3）垫片的维数为 n 时，顶角向上的小三角形个数为 3^{n-1}，其总边数为 3^n。席尔宾斯基垫片的初始三角形只有 1 个，边数为 3，采用数学归纳法很容易得出该结果（见图 4.11）。

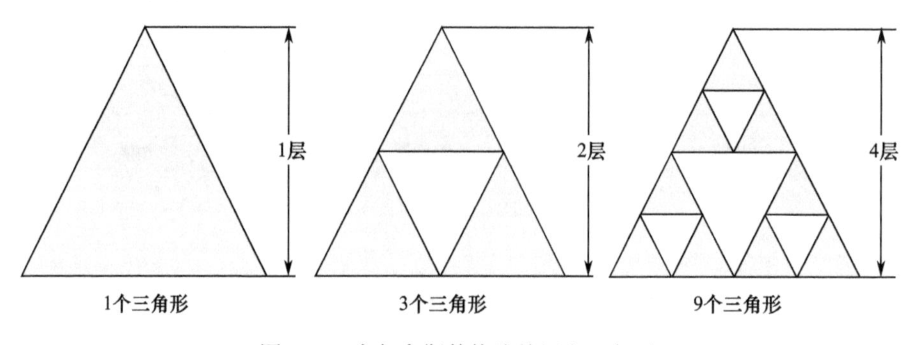

图 4.11　席尔宾斯基垫片的层和三角形

（4）每增加一维，垫片中三角形的层数（三角形并排的行数）翻倍，n 维垫片的三角形层数为 2^{n-1}。这是由于 $n(n>1)$维席尔宾斯基垫片可以看成由 3 个 $n-1$ 维的席尔宾斯基垫片堆积而成（见图 4.11）。

（5）垫片第 A 层所包含小三角形的个数可以由以下公式推算得出：

若 $2^{n_1-1}<A<2^{n_1}$，则 $A_1=A-2^{n_1-1}$；

若 $2^{n_2-1}<A_1<2^{n_2}$，则 $A_2=A_1-2^{n_2-1}$；

……

直到 $A_m=1$，得出第 A 层三角形的个数为 2^{m+1}。

3. 二维席尔宾斯基垫片在数据伪装中的应用

根据席尔宾斯基垫片自相似的特性，可以得知垫片中每一个三角形在旋转 3 次（每次旋转 120°）后恢复到原始状态。当旋转一次或两次时，图形的整体形状没有任何变化，但是三边的位置次序发生了改变，这就为其应用于数据伪装提供了便利条件，可以选用二进制数作为密钥。

以维数 $n=2$ 的席尔宾斯基垫片作为伪装模型，说明其在一般数据伪装中的应用。伪装结果如图 4.12 所示。

密钥：4（100）

原始信息：1　2　3　4　5　6　7　8　9

伪装信息：2　3　1　8　4　9　6　5　7

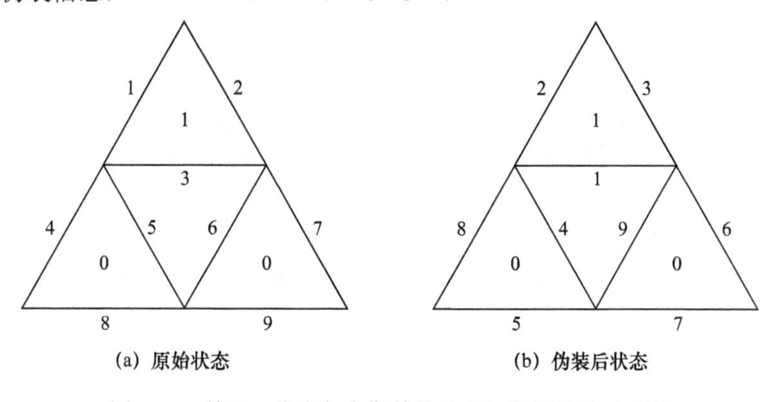

图 4.12　基于二维席尔宾斯基垫片进行数据伪装示意图

根据图 4.12，对整个伪装过程进行如下分析。

（1）将十进制密钥转换成二进制形式（示例中的密钥 4 表示成 100），将其中的 1 和 0 按照从左至右、自上而下的顺序依次填入垫片中顶角朝上的小三角形中，如图 4.12（a）所示，小三角形中的数值即是它所分配到的密钥。当密钥转换成的二进制数值 1 和 0 的个数多于垫片中小三角形的个数时，只需按顺序填满垫片即可；当二进制数值 1 和 0 的个数少于小三角形的个数时，密钥循环使用。

（2）将原始信息中的数据按照从左至右、自上而下的顺序分配给垫片中小三角形的边。原始信息不一定刚好可以完全占据垫片的每一条边，如果三角形边的条数大于原始信息的数据量时，剩余的边空余；如果一次不能分配完原始信息所有的数据时，垫片循环使用，直至数据分配完毕。需要特别说明的是，这里的分配原则不以垫片中的小三角形为单元，而是以垫片的层数为基础，以整个垫片的小三角边为单元分配数据，如图 4.12（a）所示。

（3）定义旋转规则，如设定密钥 0 表示垫片中的图形单元（小三角形）顺时针旋转一次，1 表示顺时针旋转两次。示例中，第一个三角形各边的数据是（1, 2, 3），经过顺时针旋转两次后的各边数据是（2, 3, 1）。

（4）依次类推，示例中另外两个三角形得到的密钥都为 0，所以伪装后三边数据分别为（8, 4, 5）和（9, 6, 7），如图 4.9（b）所示。然后合并得到伪装数据。

这样就完成了基于二维席尔宾斯基垫片进行数据伪装的全部过程。

4. *n* 维席尔宾斯基垫片在 DEM 信息伪装中的应用

根据数据组织形式，可以将高程矩阵中的高程数值作为原始信息的一个基本单位，同时将二维席尔宾斯基垫片拓展到 n 维进行 DEM 信息伪装。由席尔宾斯基垫片的性质可知，n 维垫片一次能够伪装的高程数值个数和小三角形边的总条数相同，都为 3^n 个；而垫片中顶角朝上的三角形有 3^{n-1} 个，因此需要的密钥总数为 3^{n-1}。

密钥采用随机输入的十进制数字，转化为二进制密钥时的长度也是任意的。如果用于伪装的三角形个数大于二进制位数，则二进制数值循环使用；如果用于伪装的三角形个数小于二进制位数，则下一次伪装时继续使用余下的二进制数，直至整个过程结束。

原始信息的处理方式与二维垫片伪装数据时相同：当高程数值的数据量小于 n 维垫片中三角形边的条数时，剩余的边空余；当数据量大于三角形边的条数时，垫片循环使用，进行多次伪装。垫片需要使用的次数 num 为

$$\text{num} = \left[\frac{N}{3^n}\right] + 1 \tag{4.14}$$

式中，N 表示高程矩阵中高程数值的个数，[ ]为取整符。

在进行数据伪装时，数据的分配以层数为基础，以小三角形的边为单元，采取从左至右、自上而下的方法，首先需要按照这种方式对 n 维席尔宾斯基垫片中的每一条三角边进行标识，以确定其与矩阵中高程数值的一一对应关系。

在 n 维席尔宾斯基垫片模型中，顶角朝上的三角形总层数为 2^{n-1} 个，如一维模型的层数为 1，二维模型的层数为 2，三维模型的层数为 4，以此类推。维数每加 1，垫片模型的层数增加 1 倍，新的模型相当于在原有模型的基础上，在下方拓展了两个相同的模型。

在对小三角形的边进行编号时，可通过垫片中小三角形的位置来确定。对于其中任意一个顶角朝上的三角形，假设位置在垫片中第 N 层的第 M 列，其三边的指代数据分别为 L_1、L_2、L_3，如图 4.13 所示，则根据席尔宾斯基垫片的性质可以得到：

$$\begin{cases} \boldsymbol{A}_{N,M} = (L_1, L_2, L_3) \\ L_1 = b_{S_{N-1}+2(M-1)} \\ L_2 = b_{S_{N-1}+2(M-1)+1} \\ L_3 = b_{S_{N-1}+2C_N+M} \end{cases} \tag{4.15}$$

式中，L 表示伪装过程中该三角形三边分配到的高程数值，b 表示原始 DEM 高程数组；S_{N-1} 表示前 $N-1$ 层的总边数，C_N 表示垫片中第 N 层的小三角形个数。

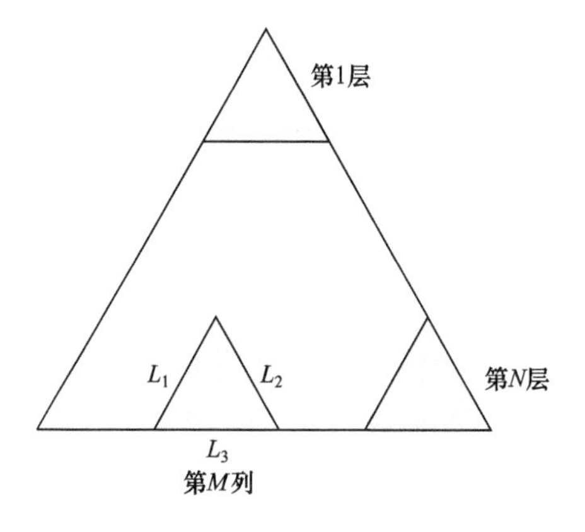

图 4.13　n 维席尔宾斯基垫片示意图

然后根据该三角形分配的密钥是 1 或是 0，以及设定的旋转规则处理该三角形，改变三角边上高程数值在高程数组中的位置，完成一次伪装过程。一共有 4 种可以选择的旋转规则，具体如表 4.2 所示。

表 4.2 可以选择的旋转规则

	顺 时 针		逆 时 针	
0	1 次	2 次	1 次	2 次
1	2 次	1 次	2 次	1 次
	规则 1	规则 2	规则 3	规则 4

按照从左到右、从上到下的顺序给垫片中的三角形分配高程数值，根据分配的密钥进行伪装。如此循环下去，当剩下高程数值的个数小于 3 时，会使最后进行伪装的三角形边上的数据不够（因为是针对每个三角形依次分配数据，所以这种情况最多出现一次）。为保证高程数组中不含有空白项，出现这种情况时，对该三角形不再做旋转处理。对于整个 DEM 数据而言，1～2 个高程数值不发生改变不会影响整个伪装效果。

按照此方法便可完成基于 n 维席尔宾斯基垫片进行 DEM 信息伪装的整个过程，如图 4.14 所示。

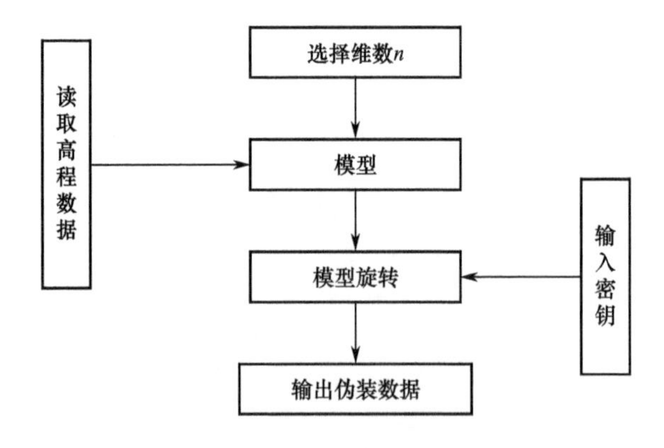

图 4.14 基于 n 维席尔宾斯基垫片的 DEM 信息伪装流程图

5. DEM 伪装数据的还原

基于席尔宾斯基垫片的 DEM 数据还原与信息伪装互为逆过程。根据席尔宾斯基垫片的性质，垫片中等边三角形在旋转 360°（连续旋转 3 次 120°）后恢复到原有状态（包括有标识的边也恢复到原有位置），结合基于席尔宾斯基垫片进行 DEM 信息伪装的原理，可以得出两种数据还原的方法：一种是根据分配的密钥、按照原来的旋转次数沿相反方向旋转即可；另一种是将垫片在伪装过程中旋转一次的三角形再旋转两次、旋转两次的三角形再旋转一次，之后数据即可还原。所以，只需将原先定义的旋转规则加以改变，就可在密钥不变的情况下从伪装数据中还原出与原始信息毫无差别的 DEM 数据。在进行 DEM 数据还原的过程中，高程数值和密钥的分配与伪装过程的处理方式相同。

6. 伪装效果比较与影响因素分析

1）伪装效果比较

根据上述原理，基于相关编程语言实现了 *n* 维席尔宾斯基垫片伪装与还原 DEM 数据的过程。选取数据大小为 654KB 的 DEM 作为原始数据进行实验（分形维数设定为 4，密钥设定为 12345678），按照等值线追踪的原理，将原始数据、伪装数据及还原数据转换成等高线形式进行比较，可以得到如图 4.15 所示的效果。

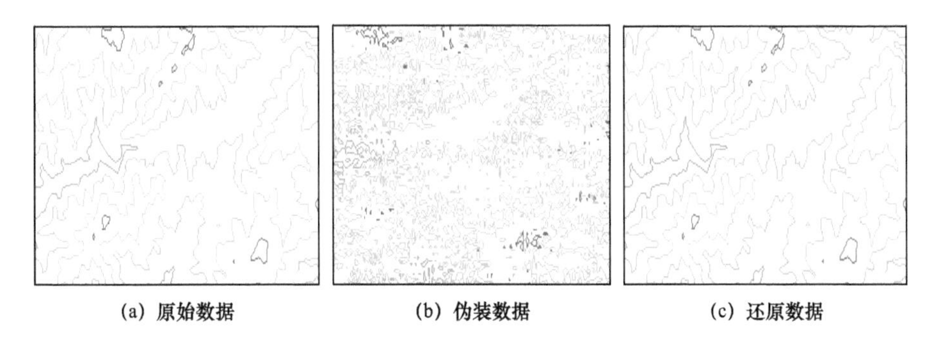

(a) 原始数据　　(b) 伪装数据　　(c) 还原数据

图 4.15　基于席尔宾斯基垫片的 DEM 信息伪装等高线效果图

单独对 3 幅数据的 500m 等高线图进行比较，得到如图 4.16 所示的效果。

由图 4.15 和图 4.16 可以得出，基于席尔宾斯基垫片进行 DEM 信息伪装取得了预期的效果：3 幅数据的组织结构相同，可以通过相同的方式打开；从等高线效果图上无法获取原始数据和伪装数据之间存在联系，说明两者间的差异较大，能够达到迷惑敌方的目的；同时，无论是整体数据还是 500m 等高线细节信息的还原，所得到的数据在直观上几乎看不出与原始数据有任何差别，保证了高程信息的完整性和可逆性。

(a) 原始数据　　(b) 伪装数据　　(c) 还原数据

图 4.16　基于席尔宾斯基垫片的 DEM 信息伪装 500m 等高线效果图

2）影响因素分析

（1）数据量对伪装效果的影响。

数据量对 DEM 信息伪装效果的影响主要体现在对伪装效率的影响上。选取同一区域不同分辨率的 DEM 数据，采用相同的密钥（12345678），在分形维数相同（4 维）的情况下，分别对 8 幅不同数据量的 DEM 基于席尔宾斯基垫片进行信息伪装和数据还原，得到的结果如表 4.3 所示。

表 4.3　数据量对席尔宾斯基垫片伪装 DEM 数据的影响

序号	原始数据量（KB）	伪装用时（ms）	伪装数据量（KB）	还原用时（ms）	还原数据量（KB）
1	104	16	104	16	104
2	418	47	418	47	418
3	938	94	938	93	938
4	1666	171	1666	172	1666
5	2606	266	2606	266	2606
6	5860	625	5860	594	5860
7	10415	1078	10415	1063	10415
8	23438	2547	23438	2531	23438

由表 4.3 可以得出：基于席尔宾斯基垫片进行 DEM 信息伪装和数据还原时，在采用相同的密钥和分形维数的情况下，DEM 信息伪装和还原用时随着数

据量的增加而增加；原始数据、伪装数据和还原数据的数据量基本不发生变化，这主要是因为整个过程里高程矩阵中数值的内容并没有变化，只是顺序进行了重新排列。伪装用时随数据量的变化如图 4.17 所示。

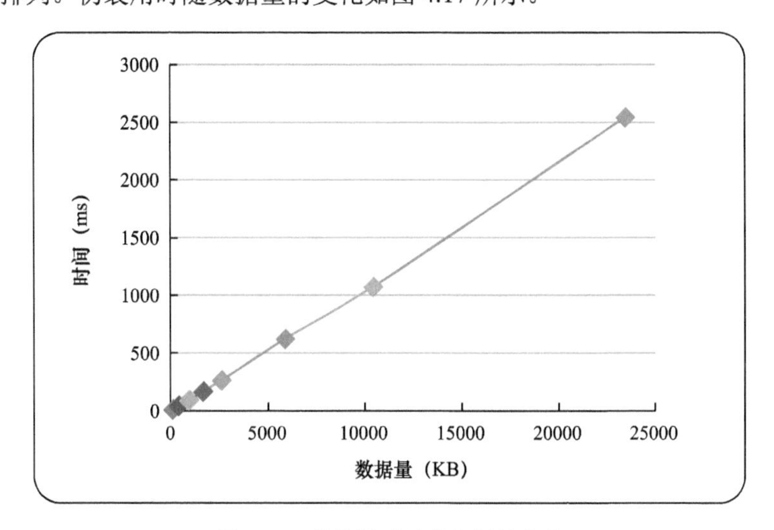

图 4.17　伪装用时随数据量的变化

（2）分形维数对伪装效果的影响。

分形维数作为席尔宾斯基垫片伪装 DEM 数据的一个重要参数，对伪装的效果和效率都会有所影响。选取大小为 654KB 的 DEM 数据，采用相同的密钥（12345678），在不同分形维数下分别进行信息伪装和数据还原，得到的结果如表 4.4 所示。

表 4.4　分形维数对席尔宾斯基垫片伪装 DEM 数据的影响

序　号	分 形 维 数	伪装用时（ms）	还原用时（ms）
1	1	31	31
2	2	32	31
3	3	45	47
4	4	62	63
5	5	156	140
6	6	375	391
7	7	1281	1266
8	8	4547	4563

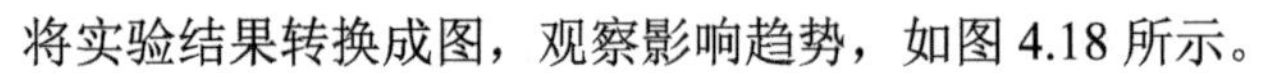

将实验结果转换成图，观察影响趋势，如图 4.18 所示。

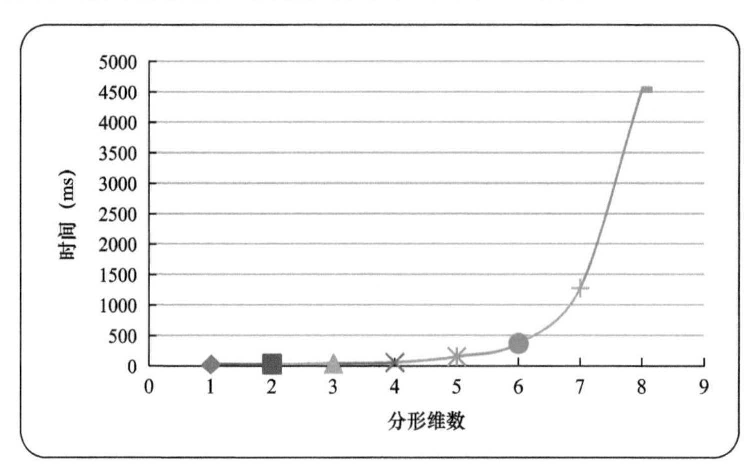

图 4.18　分形维数变化对伪装用时的影响

由表 4.4 和图 4.18 可以得出：在数据量相同、密钥长度相同的情况下，分形维数越大，伪装和还原 DEM 数据所需要的时间就越长，即效率越低；而且，维数越大，伪装用时增加的幅度越大。同时，根据席尔宾斯基垫片的性质可以知道，分形维数越大，DEM 数据的伪装效果越好，外部对其进行攻击的难度越大。按照等值线追踪的方法显示不同分形维数下得到的伪装数据等高线效果图，结果如图 4.19 所示。

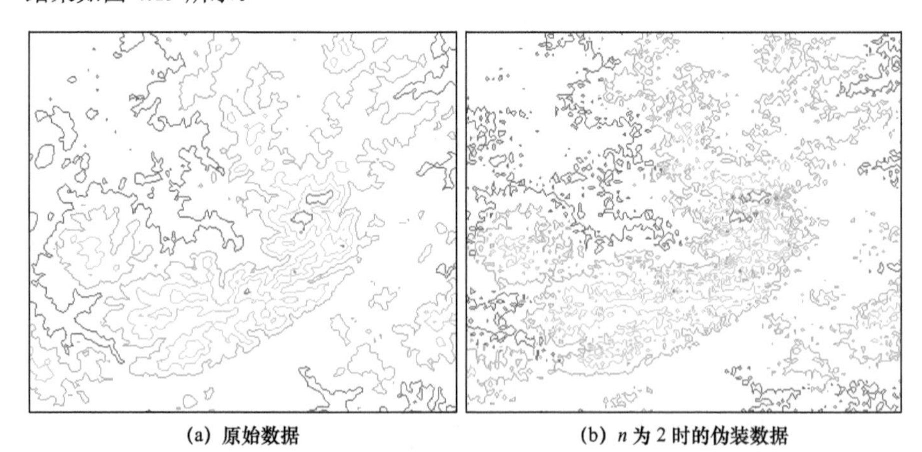

(a) 原始数据　　(b) n 为 2 时的伪装数据

图 4.19　不同分形维数下席尔宾斯基垫片伪装 DEM 的效果比较

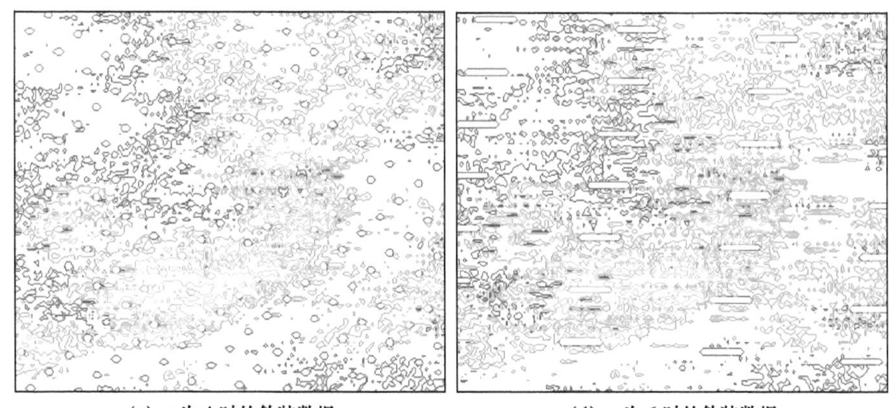

(c) n 为 4 时的伪装数据　　(d) n 为 6 时的伪装数据

图 4.19　不同分形维数下席尔宾斯基垫片伪装 DEM 的效果比较（续）

由图 4.19 可以得出：经过 2 维席尔宾斯基垫片伪装后的数据在某些形态特征上还能追寻到原始数据的痕迹；但是随着分形维数的增加，当维数为 4 或者 6 的时候，伪装数据与原始数据之间的关系越来越模糊，很难观察到两者间存在某种联系。说明分形维数越大，高程矩阵中数值顺序打乱的程度就越高，想要将其破解也就越难。不过，结合表 4.4 可以得出：在基于席尔宾斯基垫片进行 DEM 信息伪装时，分形维数并不是越大越好，过大的分形维数会使伪装的效率大打折扣；而且，当分形维数增加到一定程度时，伪装效果随之增强的能力也会变小。在具体操作中，分形维数应当根据实际情况加以选择，力求效果和效率的完美结合。

（3）密钥长度对伪装效果的影响。

密钥长度对席尔宾斯基垫片伪装和还原 DEM 数据的影响主要体现在效率上。采用不同长度的密钥，在同一分形维数（4 维）下对同一 DEM 数据（654KB）进行伪装和还原处理，得到的结果如表 4.5 所示。

将实验结果转换成图，观察影响趋势，如图 4.20 所示。

由表 4.5 和图 4.20 可以得出：在数据量相同、分形维数相同的情况下，DEM 数据伪装和还原过程所需要的处理时间随着密钥长度的增加几乎没有变化。这主要由于密钥长度的不同只是在密钥转换成二进制时有所不同，其他过程完全一致，在具备计算机的条件下，十进制转换成二进制的运算基本不耗用额外的时间。但是，根据数据加密和 DEM 信息伪装的原则，密钥的长度越长，破解的难度越大，所以在实际操作中应当尽可能选取足够长度的密钥。

表 4.5 密钥长度对席尔宾斯基垫片伪装 DEM 数据的影响

序　号	密　钥	密 钥 长 度	伪装用时（ms）	还原用时（ms）
1	4	1	62	62
2	12	2	63	62
3	123	3	62	63
4	1234	4	62	63
5	12345	5	62	63
6	123456	6	63	62
7	1234567	7	63	63
8	12345678	8	63	63

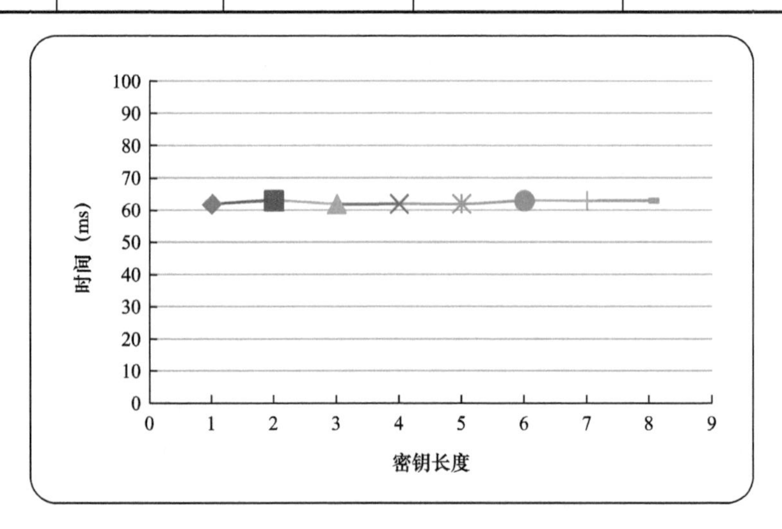

图 4.20 密钥长度变化对伪装用时的影响

3）差异性分析

等高线效果图的对比只能对基于席尔宾斯基垫片进行的 DEM 信息伪装进行定性分析，虽然可以直观地显示数据伪装与还原前后的效果，但是无法描述伪装前后 DEM 之间的具体差异。按照 3.4 节描述的原理，选取同一区域不同大小的数据，经过席尔宾斯基垫片伪装后对其结果（实验数据来自表 4.3 中的结果）进行差异性分析，得到的结果如表 4.6 所示。

表 4.6 基于席尔宾斯基垫片伪装 DEM 数据的差异性分析

序　号	原始数据量（KB）	伪装数据量（KB）	整体差异值	局部差异值
1	104	104	564.625	1697.31
2	418	418	647.696	1576.87
3	938	938	562.741	1552.27
4	1666	1666	117.379	1551.89
5	2606	2606	535.726	1697.31
6	5860	5860	571.722	1552.14
7	10415	10415	763.475	1551.97
8	23438	23438	323.730	1551.34

表 4.6 中的整体差异值表示原始数据和伪装数据在总体上的平均差异，局部差异值表示 DEM 数据在 6 个兴趣点上的差异。同样，席尔宾斯基垫片伪装 DEM 数据的差异性要受到数据大小、分形维数、密钥长度等因素的影响。一般而言，两者间的差异值越大，说明伪装数据和原始数据的差异越明显，伪装效果越好。

7. 安全性分析

根据席尔宾斯基垫片及 DEM 数据的特点，基于席尔宾斯基垫片进行 DEM 信息伪装的安全性主要体现在以下几点。

（1）采用密钥和维数的双重保密机制。密钥是随机选择的一组十进制数字，可以根据习惯自由组合，简单易记，不用记录在载体上，不容易被窃取。同时，分形维数也可以根据情况自由选择，不知道具体维数，即使知道密钥也不能直接破解；而且维数越大，破解的难度也就越大。

（2）大多数情况下密钥需要循环使用，分形维数不同，相同的明文可以加密成不同的密文，大大增加了明文攻击的难度。

（3）整个过程中没有使用任何数学算法，是一种非线性的方法，因此无法根据数学公式来进行破解。

（4）只有穷举法才有机会攻击成功，而理论上穷举法对所有的加密方法都有效。由于密钥选择的任意性，只要其位数在 8 字符（64 位）以上，穷举的密钥空间就有 2^{64} 次，在时间上已经不太可能。

▶ 4.4.3 基于席尔宾斯基地毯的 DEM 信息伪装方法

几乎所有分形理论都具有非线性自相似的结构，所以席尔宾斯基垫片在 DEM 信息伪装中的应用原理可以扩展到其他相关的分形图形中，如席尔宾斯基地毯在 DEM 信息伪装中的应用。组成席尔宾斯基地毯的基本单元为正方形，具有很多和等边三角形相似的性质，特别是正方形在旋转 90° 后形状不变，在连续旋转 4 次（即旋转 360° ）后包括有标识的 4 条边即恢复到原始状态。这就为其应用于 DEM 信息伪装提供了良好的条件。

1. 基本概念

席尔宾斯基地毯是将一个正方形等分为 9 个子正方形，去掉中心一个正方形，将剩余 8 个正方形各自等分为 9 个正方形并去掉中间一个，依次类推，最后形成一个具有无穷层次的自相似结构。

一般情况下，设定地毯初始维数为 1，之后每分割一次，地毯的维数加 1，图 4.21 表示的是 2 维地毯和 3 维地毯。

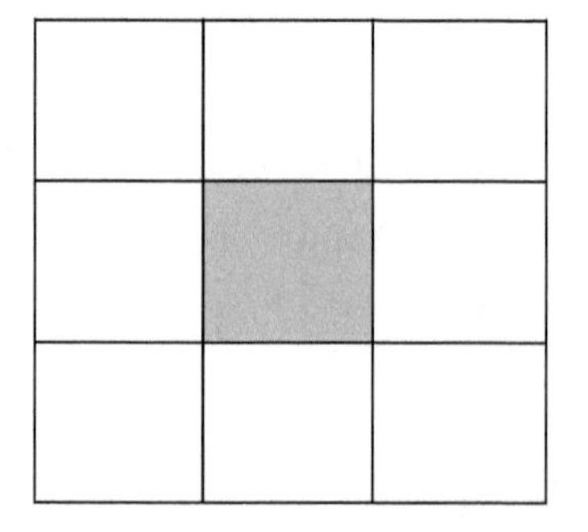
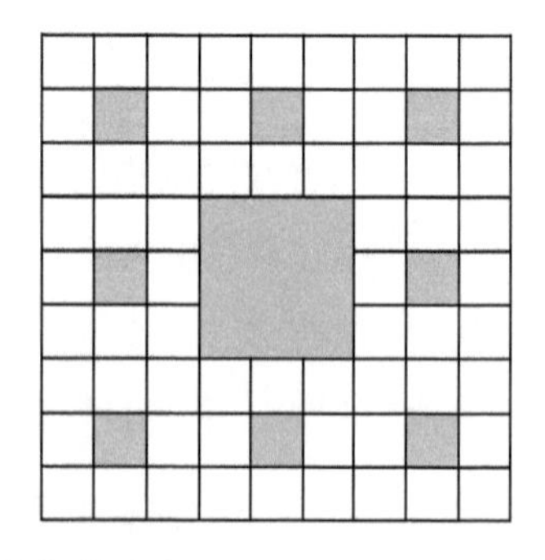

图 4.21 席尔宾斯基地毯

根据席尔宾斯基地毯图形的结构特点，可以得出其与矢量地理数据关键属性信息伪装相关的性质如下。

（1）席尔宾斯基地毯具有分块特性，对每一个维数的层次划分，可以将图形划分为 8 个区块。

（2）对于每一个九宫格单元，围绕中心正方形旋转 90°，形状不发生变化，只有所包含的小正方形边的位置发生变化。

（3）当分形维数为 n 时，图形有 3^{n-1} 行、3^{n-1} 列小正方形，共有 8^{n-1} 个小正方形。

（4）地毯每一行包含的小正方形个数，可由树状结构图表示，其规律可归纳为：每增加 1 维，行数增加为原来的 3 倍，对于第 N 行含有 M 个正方形，在下一个维度中对应了 3 行 $3\times(N-1)+1$、$3\times(N-1)+2$、$3\times(N-1)+3$，分别包含了 $3\times M$、$2\times M$、$3\times M$ 个小正方形。整个席尔宾斯基地毯以此规律随维数变化而变化。

2. 二维地毯进行数据伪装的方法

根据席尔宾斯基地毯的基本性质和矢量地理数据属性信息的特点，以 90° 为基准，将地毯中的小正方形旋转不同的次数，可以达到整体形状不变、边的位置发生变化的情况，从而满足信息伪装的要求，可以采用三进制密钥。

下面以二维的席尔宾斯基地毯为例，阐述整个伪装的过程（见图 4.22）。

密钥：6（20）

原始数据：1 2 3 4 5 6 7 8

伪装数据：3 5 8 2 7 1 4 6

具体过程如下。

（1）将原始数据按照从左至右、从上到下的顺序依次填入九宫格。

（2）将十进制密钥转换为三进制（将 6 转为 20），并将密钥填入九宫格的中心正方形内。

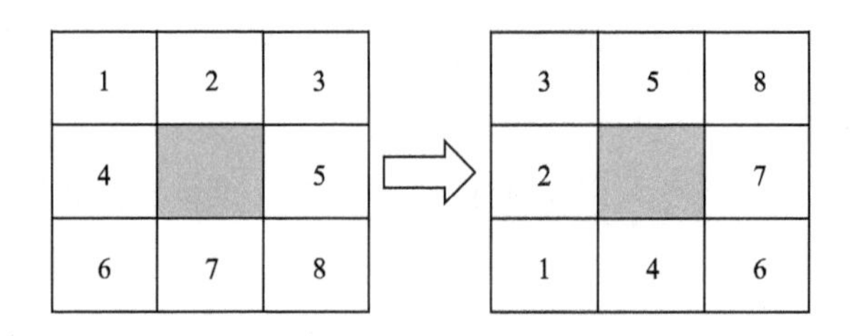

图 4.22　二维席尔宾斯基地毯伪装数值数据

（3）根据每个九宫格中间填入的密钥不同，对九宫格进行变换。例如：在伪装过程中，当密钥为 0 时，整个九宫格沿顺时针旋转 90°；当密钥为 1 时，沿顺时针旋转 180°；当密钥为 2 时，沿顺时针旋转 270°。

（4）在示例中，填入的密钥为 2，则将整个九宫格沿顺时针旋转 270°。完成伪装后，输出的数据为：3 5 8 2 7 1 4 6。

在还原数据时，只需要再将图形沿顺时针旋转 90° 就可以恢复为与原始数据一致的数据分布，然后输出原始数据。

3. 多维地毯伪装 DEM 数据的方法

将二维地毯伪装数据的过程扩展到 *N* 维地毯伪装 DEM 数据。

1）分配高程信息

根据席尔宾斯基地毯图形的特点，将高程数据按从低维至高维的顺序依次填充至图形中。首先，完成二维图形的数据填充，按从左到右、从上到下的顺序进行数据填充；然后，将二维席尔宾斯基地毯图形作为子单元区块对三维地毯图形进行数据填充，区块填充顺序为从左到右、从上到下；之后，将三维席尔宾斯基地毯图形作为子单元区块对四维地毯图形进行数据填充……依次迭代，完成对设置分形维数对应的席尔宾斯基地毯图形的数据填充任务。图 4.23 是对一个三维席尔宾斯基地毯图形进行填充的示意图，其中数字序号代表对应填充数据的次序。

1	2	3	9	10	11	17	18	19
4		5	12		13	20		21
6	7	8	14	15	16	22	23	24
25	26	27				33	34	35
28		29				36		37
30	31	32				38	39	40
41	42	43	49	50	51	57	58	59
44		45	52		53	60		61
46	47	48	54	55	56	62	63	64

图 4.23　三维席尔宾斯基地毯图形填充示意图

若数据仍有剩余，则将地毯图形循环使用。

2）生成密钥

将十进制密钥转换为三进制密钥字符串，循环填充至生成的席尔宾斯基地毯图形中，填充的顺序，为伪装算法的运行顺序即从高维至低维依次填充。当密钥全部填入而九宫格仍有剩余时，则将密钥循环使用。

3）定义旋转规则

在对多维席尔宾斯基地毯图形进行数据伪装时，按照从多维至二维的顺序依次进行伪装变换。首先对 n 维地毯图形进行变换，即将 n 维图形整体作为一个九宫格，将其中每一个 $n-1$ 维图形作为一个子单元区块，根据对应的密钥数字，对区块中包含的数据进行整体的位置变换。

之后，再对变换过后的 8 个 $n-1$ 维地毯图形继续进行划分，将其中的数据再划分为 8 个区块，进行伪装变换。按照此种方法，随着维数不断降低，对不同区块大小中的高程数据进行伪装变换，最终完成对地毯图形不同层次的高程数据进行多层次的伪装操作。

不同密钥对应的旋转次数，可以根据实际情况确定。

4）高程信息还原

数据还原和信息伪装互为逆过程。根据席尔宾斯基地毯的图形特点，只要依据在伪装操作时输入的对应密钥数字对伪装后的图形进行相反方向同等次数的旋转，就可恢复伪装前的图形，即将其中的高程数据恢复至伪装前的数据位置。

4. 涉及的关键问题

1）还原算法中密钥数字的确定

为了确保在数据还原过程中每一个位置填充的密钥数字与伪装过程中的保持一致，需要将密钥转换成一串三进制数字，并按照从后至前的顺序逐段进行读取调用。在此次算法设计过程中，采用的方法是先计算出所需密钥数字总长度，再将其转换为三进制的密钥串，扩充至指定长度，这样一来就可以将每个单元图形变换操作对应的密钥数字记录下来。

由席尔宾斯基地毯图形的性质可推算，对一个 N 维地毯图形完成伪装变换共需要 $(8^{n-1}-1)/7$ 个三进制密钥数字，密钥的数值，在将其转换成三进制数组后，可以将数组按顺序循环放入长度为 $(8^{n-1}-1)/7$ 的数组中。这样一来，在进行伪装变换时，就能保证密钥与变换一一对应，防止出现密钥混乱的现象。

2）算法设计中对子单元区块的数据变换

在基于席尔宾斯基地毯设计的高程数据信息伪装算法过程中，进行数据伪装和还原操作时，需要对多维席尔宾斯基图形对应的子单元区块进行整体的数据变换操作。由于在变换过程中，区块内包含的数据的变换距离都相同（等于区块包含数据量的整数倍），通过遍历区块每一个数据，就可以完成对整个区块的数据的伪装变换。具体对某一个区块进行变换的流程如图 4.24 所示，其中 L_i 代表此区块起始数据对应的坐标，通过 n 的递增完成对区块每个数据的遍历，$8^{n-1}\times T$ 是对此区块进行位置变换的间隔（T 为正整数，对应变换中区块移动的距离），当完成整个区块的数据变换后，就跳至下一个区块中进行伪装变换。

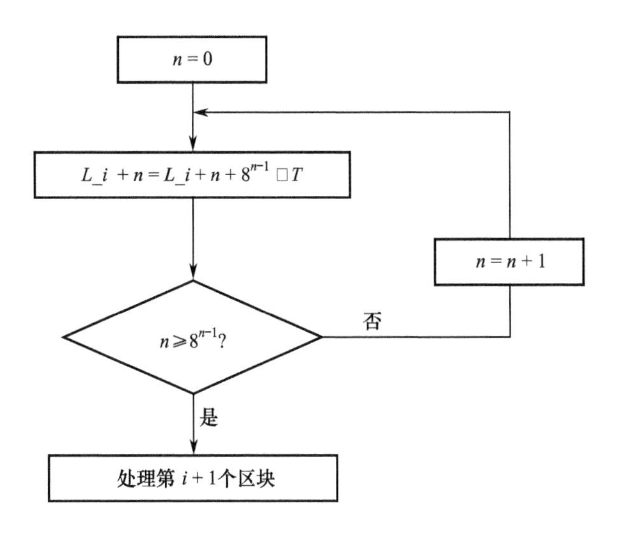

图 4.24　区块变换流程图

5. 伪装效果比较与影响因素分析

为验证方法的有效性和精度，以高程为关键属性，选取不同大小的 DEM 数据（其所包含的数据大小分别为 103KB、417KB、937KB、1.62MB、2.54MB、5.72MB）进行算法运行的验证。

1）伪装效果比较

以 103KB 的关键属性数据为例，通过分别对原始数据、伪装数据及还原数据进行等值线生成展示高程数据的变化，实验采用的分形维数为 2、密钥为 12345，进行伪装及还原的效果如图 4.25 所示。

(a) 原始数据

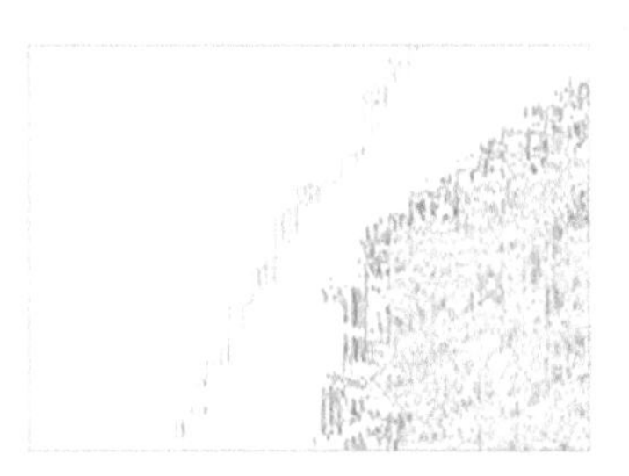

(b) 伪装数据

图 4.25　伪装效果比较

(c) 还原数据

图 4.25　伪装效果比较（续）

通过实验结果可以发现，经过信息伪装操作可以对原始数据进行保护，但在维数比较小的情况下，对地形的整体趋势伪装效果不明显，从伪装数据中仍能看出地形区域的整体地形特点。

2）影响因素分析

在完成基于席尔宾斯基地毯图形的关键属性数据信息伪装算法实验后，对可能影响算法运行的因子进行实验分析。

（1）分形维数对算法运行的影响实验。

分形维数对算法的影响主要体现在生成的席尔宾斯基地毯所能包含的数据量大小及需要循环的地毯图形个数。在实验中，采用了 937KB 的关键属性数据，分别利用 2～6 维的席尔宾斯基地毯进行关键属性信息伪装及还原操作，使用的密钥都控制为 1234567，具体的实验结果如表 4.7 所示。

表 4.7　分形维数对算法运行的影响

序　号	维　数	伪装时间（s）	还原时间（s）
1	2	72.216	76.309
2	3	21.626	21.456
3	4	9.196	9.192
4	5	8.169	8.261
5	6	8.696	8.763

为了更直观地表现分形维数对算法的影响程度，将其转换为图，如图 4.26 所示。

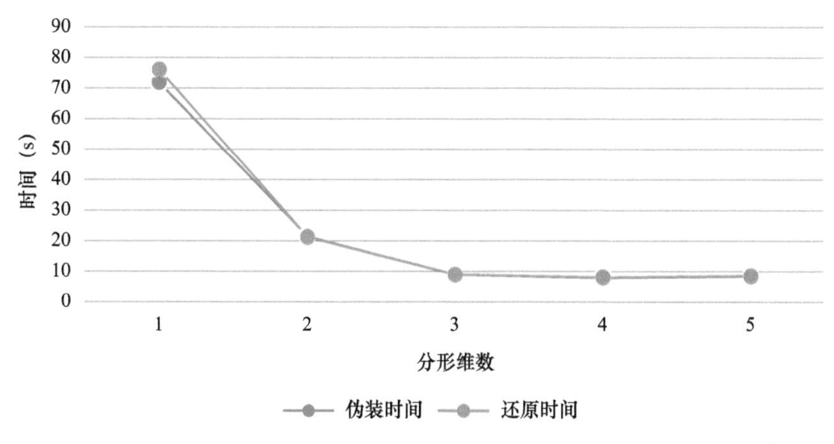

图 4.26 分形维数对伪装效率的影响

对实验结果进行分析可以得出，较低的分形维数会严重影响席尔宾斯基地毯伪装关键属性数据的效率，而当分形维数达到一定维数后，算法伪装效率基本稳定，分形维数变化的影响作用降低。

造成这一结果的原因主要是分形维数过小将导致多次循环调用席尔宾斯基地毯进行伪装，虽然低维数的地毯进行伪装的时间较短，但经过多次循环会导致整个算法运行时间的加长。当分形维数到达一定数值后，对应的地毯图形所能包含的数据量较大，循环次数减少，使算法运行时间基本稳定在某个范围内。

（2）关键属性数据大小对算法运行的影响实验。

通过采用相同的分形维数（4 维）、密钥（123456）对同一区域不同大小的关键属性数据进行信息伪装处理的时间长短比较，可以分析得出数据大小对算法运行的影响，具体的实验数据如表 4.8 所示。

表 4.8 关键属性数据大小对算法运行的影响

序　号	数据大小（KB）	伪装时间（s）	还原时间（s）	运行效率（s/KB）
1	103	0.14	0.121	0.00136
2	417	1.848	1.857	0.00443
3	937	9.28	9.266	0.00990
4	1659	29.107	29.147	0.01754
5	2601	71.234	71.629	0.02739
6	5857	361.734	360.08	0.06176

将实验数据用图的形式进行展示，如图 4.27 所示。

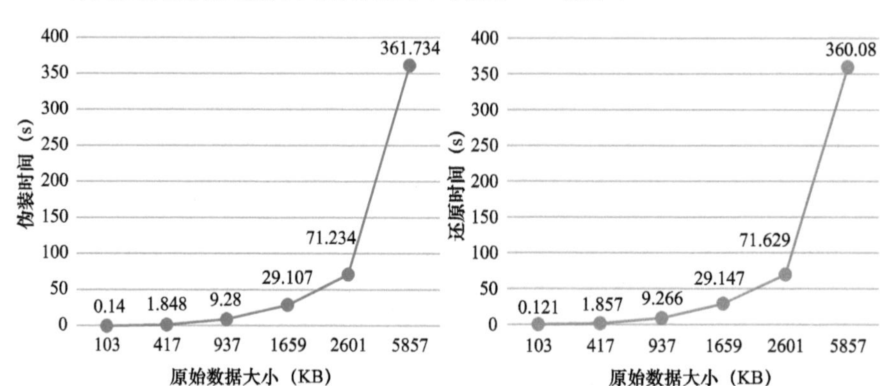

图 4.27　数据大小对伪装效率的影响

实验结果显示，原始数据量对席尔宾斯基地毯伪装数据的影响规律为：随着关键属性文件中包含的数据增多，算法的执行时间也增长，并且算法运行的效率（通过平均处理每千字节数据所用的时间进行表示）也随之降低。其原因主要是，分形维数对应的地毯图形不变，单个地毯所能处理的数据量是一定的，关键属性数据量的增大，会导致地毯图形循环次数增加，以及数据列表、密钥列表的数据容器增大，从而导致整个算法的运行效率降低。

（3）密钥长度对算法运行的影响实验。

为研究密钥长度对席尔宾斯基地毯伪装关键属性数据算法的影响，实验中选取 953KB 的关键属性数据，用不同长度（转化至三进制）的密钥进行同一维数（4 维）下的信息伪装计算，通过算法运行的时间变化分析密钥长度对算法的影响特点，具体的实验结果如表 4.9 所示。

表 4.9　密钥长度对算法运行的影响

序　号	密　钥	密 钥 长 度	伪装时间（s）	还原时间（s）
1	2	1	9.409	9.187
2	12	3	9.237	9.296
3	123	5	9.173	9.157
4	789	7	9.634	9.378
5	6789	9	9.362	9.335
6	67896	11	9.237	9.187

将实验数据用图表形式进行展示，如图 4.28 所示。

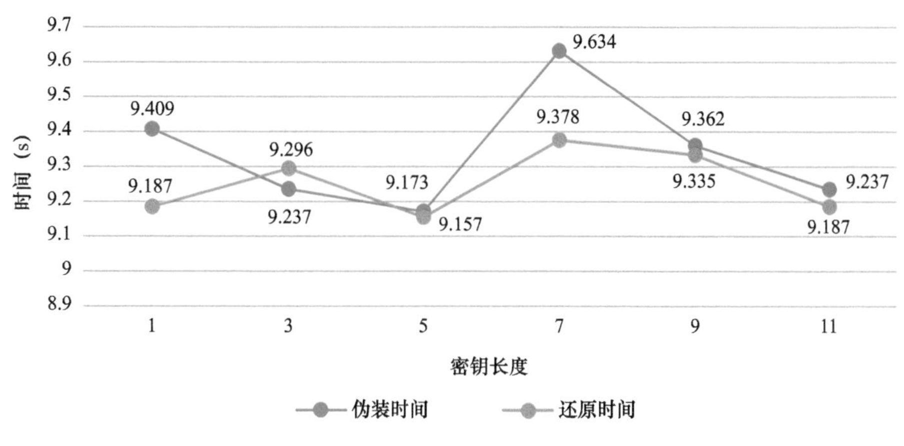

图 4.28　密钥长度对伪装效率的影响

通过实验结果可以看出，随着密钥长度的变化，算法运行时间基本稳定，波动范围较小，说明密钥长度对算法运行的影响程度较小。其原因是密钥长度的变化，只是影响算法转化为三进制的初始密钥长度，但是因为数据量及分形维数没有变化，所以整个算法运行所需要的密钥总数没有发生变化，因此密钥长度的变化对伪装算法运行的时间不产生影响，只对密钥转换产生一定影响，由于密钥转换所需时间较短，故整个算法受密钥长度的影响程度较小。因此，在实际伪装过程中可以尽量采取较长的密钥以提高算法的安全性，并且对算法运行的时间影响很小。

6. 安全性分析

通过整个实验过程可以看出，基于席尔宾斯基分形地毯对 DEM 数据进行伪装的算法和基于席尔宾斯基垫片相近，主要具备以下优势。

（1）算法原理简单，容易实现。算法的基本原理不涉及特别复杂的运算，主要基丁分形图案的白相似特点进行伪装，更便于实际中通过编程实现。

（2）算法运行效果较好，安全性较高。通过实验证明，通过伪装算法可以为 DEM 数据提供良好的保护，伪装后的数据不易被非法还原，整个算法具备良好的隐蔽性与可靠性。

同时，实验中也暴露出基于席尔宾斯基地毯进行伪装算法的一些不足，如下所述。

（1）伪装效果不够完善，易被直观发现。伪装后的数据没有兼顾 DEM 数据区域的整体结构、基本地貌，整个伪装数据显示的结果不理想，地形的连续性被破坏，容易被发现，导致算法的隐蔽性降低。

（2）算法的安全性需要进一步提高。算法的原理比较简单，在方便实现的同时，也会导致算法被识破后容易被攻破。如果对方掌握了分形维数及对应的地形主要特点，便可以通过迭代运算对算法进行破解，恢复出原始数据。

4.5 基于结构的 DEM 信息伪装总体分析

基于结构的 DEM 信息伪装是进行 DEM 信息伪装的重要方法，其特点是不以单一的高程数值为伪装对象。基于矩阵论的伪装方法以整个高程矩阵为伪装对象，而基于分形理论的伪装方法由于受到数据大小、分形图形、分形维数等多个因素的影响，处理对象可以是整个高程矩阵，也可以是高程矩阵中的某一部分。综合考虑两种方法，基于结构进行 DEM 信息伪装的主要优势可以归纳为以下几个方面。

（1）算法简单，不涉及复杂的数学原理，容易实现。矩阵论在 DEM 信息伪装中的应用只涉及了一般的高等代数知识，简单易懂，而且目前已经有专门的软件支持此类计算；分形理论是自然界中一种常见的现象，它的非线性自相似结构使其在应用于 DEM 信息伪装时基本不涉及数学理论，大大降低了实现难度。

（2）效果理想，大多能满足 DEM 信息伪装的基本要求。不论是哪种方法，基于结构进行的 DEM 信息伪装所得出的成果基本上能满足信息伪装的基本要求：伪装数据和原始数据差异明显，还原数据精度损失较小。

（3）简便、快捷，大大节约了时间成本。由于算法简单，涉及的数学原理也很少，在一定程度上提高了 DEM 信息伪装的速度，使得整个伪装过程高效便捷。

基于结构的 DEM 信息伪装技术优势明显，但是同时，此类方法也存在着以下不足。

（1）部分算法安全性不强，容易破解。例如，基于矩阵论进行 DEM 信息伪装时，没有使用密钥，如果非法用户知道采用的伪装方式，就很容易根据已有信息还原出真实想保护的 DEM 数据。

（2）算法迷惑性还有待加强。虽然实现了 DEM 数据的伪装，隐藏了真实有用的高程信息，但是伪装后的 DEM 数据有时会显得杂乱无章，不像是某一块真实地形的空间模型，容易引起怀疑，迷惑性较差。

参 考 文 献

[1] 章毓晋．图像工程（上册）：图像处理[M]. 4 版．北京：清华大学出版社，2018.
[2] 张忠清．灰度图像置乱及评价方法[D]．沈阳：辽宁大学，2013.
[3] 徐仲，张凯院，陆全，等．矩阵论简明教程（第二版）[M]．北京：科学出版社，2005.
[4] 周立仁．矩阵加权 Moore-Penrose 逆的通式[J]．青海师范大学学报（自然科学版），2010（2）：1-5.
[5] Mandelbrot B B. Fractah Form, Chance and Dimension[M]. San Francisco-Freeman, 1975.
[6] 吴运兵．分形理论在计算机图形设计中的研究与应用[D]．西安：西安科技大学，2004.
[7] 殷俊，殷启正．分形几何中的美——分形理论哲学探索之一[J]．洛阳大学学报，2005，20（4）：27-30.
[8] 陈令羽，宋国民，李黎亮．席尔宾斯基垫片在格网 DEM 信息伪装中的应用[J]．测绘科学，2013，38（2）：69-71.
[9] 刘文涛，孙文生．分形数据加密算法[J]．信息通信技术，2008，5（10）：44-48.
[10] S. Goldwasser. The search for provably secure cryptosystems[J]. C. Pomerance, editor. Cryptology and Computational Number Theory, volume 42 of Proceedings of Symposia

in Applied Mathematics, American Mathematics Society, 1990: 89-113.
[11] 陈令羽，姜松言，宋国民．基于席尔宾斯基地毯的矢量地理数据关键属性信息伪装[J]．信息工程大学学报，2022，23（1）：103-107.
[12] 吴雪荣，李安波，吴赛松，等．基于席尔宾斯基垫片的 GIS 矢量数据置乱方法[J]．测绘科学，2015，40（9）：102-106+124.
[13] 刘艳．席尔宾斯基网络分析与同步[D]．天津：河北工业大学，2011.
[14] 杨永波，李栋．基于 Logistic 映射与矩阵像素置乱加密算法研究[J]．现代电子技术，2022，45（16）：139-144.
[15] 王兰，肖迪，王飞，等．基于置乱块压缩感知的图像鲁棒加密算法[J]．密码学报，2022，9（2）：267-283.
[16] 王晓辉．基于矩阵变换的图像加密方法[J]．微型电脑应用，2021，37（9）：1-3+7.
[17] 李用江．数字图像置乱算法的研究[D]．西安：西安电子科技大学，2011.
[18] 杨璐，郭文锋．基于可逆矩阵的多级混沌图像加密算法设计[J]．计算机仿真，2023，40（7）：239-243+513.

5

基于内容的 DEM 信息伪装方法

5.1 基于密码学的 DEM 信息伪装技术

基于内容的 DEM 信息伪装算法，主要针对 DEM 高程矩阵中的每一个数值进行处理，通过改变各个位置上的高程大小，达到 DEM 信息伪装的目的。与基于结构的伪装方式相比，基于高程数值的信息伪装采取的是一种化整为零的措施，其本质可以简化为对单个数值的伪装处理。由于数据量一般较大，在进行信息伪装前可以首先进行 DEM 数据压缩。基于高程数值进行 DEM 信息伪装可以应用的算法很多，结合各种情况，本章主要考虑密码学原理和配对函数在其中的应用。

密码技术是信息安全的核心技术之一，它可以将明文变换成难以理解的密文，然后通过公开信道传送给接收者，密钥是重新获取真实信息的重要凭证。密码学是主要以研究秘密通信为目的，即对所要传送的信息采取一种秘密保护措施，以防止第三者对信息进行窃取的一门学科。密码通信的历史极为久远，其起源可以追溯到几千年前，密码技术虽然不是起源于战争，但其发展成果首先被用于战争。交战双方都为了保护自己的通信安全，窃取对方情报而研究各种方法。这正是密码学主要包含的两部分内容：一是为保护自己的通信安全进行加密算法的设计和研究；二是为窃取对方情报而进行密码分析，即密码破译技术。因而，密码学是这一矛盾的统一体。任何一种密码体制都包括 5 个要素：需要采用某种方法来掩盖其要传送的信息或字符串称为明文，采用某种方法将明文变为另一种不能被非授权者所理解的信息或字符串的过程称为加密变换，经加密过程将明文变成的信息或字符串称为密文，用于具体加密编码的参数称为密钥，将密文还原为明文的过程称为解密变换，如图 5.1 所示。

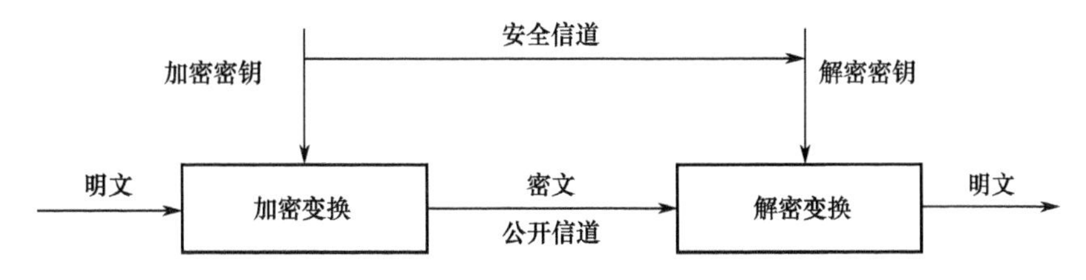

图 5.1 密码学通信模型

大多数单独的密码学技术产生的密文是一堆乱码，容易引起注意，一旦被监视信道的攻击者截获，就可以利用各种方法进行破译。在打击盗版犯罪、保护信息安全的进程中，密码学起到了举足轻重的作用，但是现有单纯的密码技术存在着两大潜在的不足：首先是目标过于明显，重要信息被明确提示给了敌方，容易引起攻击；其次是随着计算机运算速度的提高和新的密码分析方法的提出，很多以前被认为是安全的加密方法也将不再安全。攻击者可以找出加密方法并破译密文，即使破译失败也可以将加密信息破坏，使合法接收者不能正常阅读信息。而信息伪装技术以其特有的优势有效地解决了密码技术的这些缺陷，受到人们越来越广泛的关注。

这里研究的密码学在 DEM 信息伪装中的应用更趋向于信息隐藏技术，而不仅仅是传统意义上的数据加密。密码技术主要研究如何将秘密信息变换成不可识别的一堆乱码在公开信道中传输，大多安全性能良好；而信息隐藏主要研究如何将秘密信息隐藏在公开的信息中，通过公开信息的传输达到传送秘密信息的目的，具有一定的迷惑性和隐蔽性，不容易引起攻击者或非法拦截者的注意。为了保护 DEM 信息的安全，需要寻找两者间的结合点。

基于密码学的 DEM 信息伪装技术，就是改进现有的加密算法，在保证 DEM 数据精度的同时，通过一定的技术手段转化加密后的密文，使其不再呈现为一群毫无意义的乱码，而是一组可以用来表示真实高程信息的数值，以达到 DEM 信息伪装的效果和要求。密码学原理经过长时间的发展，已经形成了一套完整的体系，无论在算法结构还是安全性上都有很好的保证。但是，要应用于 DEM 信息伪装，还需要结合高程数值本身的特点，对照信息伪装的原则，进行一定的算法改良。密码学原理中的加密算法往往会将数据加密成一种杂乱无章的、不可理解的数据，而 DEM 信息伪装需要的是与原始结构相同的高程数值。为满足这一条件，在运用密码学进行 DEM 信息伪装时，经常需要对出现的一些特殊情况进行特别处理。

▶ 5.1.1 经典密码学在 DEM 信息伪装中的应用

1. 经典密码学基础

这里所指的经典密码学主要是那些成名已久、大多创建于 20 世纪下半叶以前且不涉及复杂运算的密码技术。不涉及复杂运算，主要是因为这些密码技术一般只需要通过简单的数据代换来完成整个加密过程，无法与现在需要应用大规模计算机运算才能完成的加密技术相提并论，因此安全性能相对较低。研究经典密码学在 DEM 信息伪装中的应用，主要是为现代密码学原理在 DEM 信息伪装中的应用提供基础。几个世纪以来，出现了很多种加密算法，结合高程数值的特点，主要介绍以下几种比较著名的算法。

1）移位变换

这是一种简单古老的密码学算法，核心思想是数字或字母通过一系列特定规则的移动来完成整个加密过程。在应用于 DEM 信息伪装时，可以将高程数值中 0～9 这十个数字定义在环 Z_{10} 上。伪装时，各个数字按照规定的位移次数（密钥）前进或后移相应位数，再组合成新的高程数值；还原数据时，只需要按原定密钥做相反处理即可。移位密码的密钥空间较小，利用穷举法就很容易破解。

2）替代密码

一种使用了几百年的密码体制，按照之前约定的规则进行数据加密。在进行加密时，会事先形成一个数据替代表，指定数据间的一一对应关系，加密过程就是查表替换的过程。替代密码的过程相当于数字表上的置换与逆置换，甚至不需要使用密钥就可以完成。

3）仿射变换

一种特殊的代换密码形式，通过利用仿射函数来完成整个数据的加/解密过程。例如，在进行高程数值加密时采用的仿射函数可以为

$$e(x) = (ax + b) \bmod 10 \tag{5.1}$$

显而易见，当系数 $a = 1$ 时，这种仿射函数就可以表示移位变换。

为了保证需要时能对密文进行正确的解密，要求用于 DEM 信息伪装所选的仿射函数必须是单射的，即明文和密文之间是一一对应的关系，则对于任意 $y \in Z_{10}$，同余方程

$$ax + b \equiv y \bmod 10 \tag{5.2}$$

有唯一解。根据仿射函数的原理可以断言，式（5.2）有唯一解的充分必要条件是 $\gcd(a, 10) = 1$（a 与 10 的最大公约数为 1，即 a 与 10 互质）。

4）维吉尼亚密码

如果在密码算法中，一旦密钥被选定，每个明文单元最终只能加密变换成唯一的密文单元，那么这种密码体制就为单表代换密码。相对应地，维吉尼亚密码是一种多表代换密码，其每次使用的密码不唯一，密钥是一组数字串，称为密码字。在进行高程数值伪装时，可以一次性处理相应密码字长度的数据。相对于单表代换密码体制，多表代换密码体制更为安全。

5）希尔密码

希尔密码也是一种密钥不唯一的多表代换体制，主要利用了我们熟知的线性变换思想。其密钥通常是一个 $m \times m$ 的矩阵。例如，假定明文单元 $x = (x_1, x_2)$，对应的密文单元为 $y = (y_1, y_2)$，在具体的加密过程中，假定密钥矩阵为$\begin{pmatrix} 3 & 6 \\ 7 & 9 \end{pmatrix}$，则有线性变换组合

$$(y_1, y_2) = (x_1, x_2)\begin{pmatrix} 3 & 6 \\ 7 & 9 \end{pmatrix} \tag{5.3}$$

加密时，密文可以由明文经过线性变换 $y = xK$ 得出；解密时，可由密钥的逆矩阵经线性变换 $x = yK^{-1}$ 得到。

6）置换密码

替代密码中所有的明文单元都要被新的密文单元代替，而置换密码中所有

的内容都不发生改变，改变的只是各个单元原先的排列顺序。只需要对高程数值中各个位置上的数字重新进行排列组合，就可以完成数据的信息伪装。

7）流密码

前面几种密码算法中明文单元使用的是相同的密钥 K 来加密的，这种密码体制可以统称为分组密码。与之对应的，流密码是通过密码流来进行数据加/解密的。加密中每一次使用的密钥只是密码流中的某一个。其表达式为

$$y = y_1 y_2 \cdots = e_{k_1}(x_1) e_{k_2}(x_2) \cdots \tag{5.4}$$

经典密码学算法虽然思想相对简单，安全性能不高，但是经过长时间的发展，在特定的领域仍然有广泛的应用。同时，经典密码学也是现代密码学算法的基础。

2．经典密码学在 DEM 信息伪装中的特殊情况处理

高程数值一般由符号（正/负号）、小数点、数字三部分组成。在利用经典密码学进行 DEM 信息伪装时，可以将高程数值看作一组由单个数字和符号组成的字符串，然后根据不同的加/解密算法进行运算。经典密码学伪装 DEM 的本质就是利用经典密码学原理处理组成高程数值的字符串，使之成为与先前不同但是仍可以用来表示高程的另一组字符串。

如果高程数值仅仅是由数字 0～9 组成的整数，利用经典密码学算法可以很简单地得出信息伪装的结果。但是实际地形是连绵起伏的，高程数值作为真实海拔的指代必然会存在小数形式；而且，根据基准海平面的确立，实地海拔数据也是有正有负。这就为经典密码学直接应用于 DEM 信息伪装增加了难度，需要根据每一种算法的特点，结合高程数值的特征进行灵活处理。针对常见的几种特殊情况提出以下处理方式。

1）负号的处理

高程数值表示的是实地海拔高度，经常会遇到低于海平面的情况，出现负值，特别是表示海底地貌的 DEM 数据，基本上每个高程数值都为负值。在有真实含义的数值表示法中，负号只能出现在数值的首位。如果利用经典密码学

进行 DEM 的信息伪装，不可避免地会出现负号代换或位移到数值的其他位置，就不能再组合成可以表示高程的数值。同时还可能出现符号信息记录出错，导致数据无法还原的情况。而且，只有负值才需要将负号表示出来，正海拔的正号通常直接省略。因此，在进行信息伪装前要首先判断高程数值与零比较的结果：如果大于零，说明该数值为正，从其第一位开始处理；如果小于零，说明该数值中存在负号，跳过其首位，从第二位数字开始处理。进行数据还原前也应首先进行相同的判断。

2）小数点的处理

DEM 数据的精度越高，高程数值的有效位数也就越多。在 DEM 数据中，几乎所有的高程数值都是浮点型数据，会存在不是数值的小数点，不能直接运用于信息伪装中的数学运算。但小数点位置的移动可以使高程数值有一个数量级的变化，特别是在应用经典密码学进行 DEM 信息伪装时，高程数值的位数一般不会发生改变，不移动小数点的位置，所得到的伪装数据与原始数据的差异就不会太大。尤其是在高程数值位数较少时，这种情况就更加影响数据伪装的效果。同时，伪装数据仍需要在特定条件下还原，随意移动小数点的位置又很可能因为无法记录相关信息而造成还原处理无法进行。在进行 DEM 信息伪装时，必须兼顾以上两种情况。

采取一种随机处理的方式解决高程数值中的小数点问题：随机指定一个基准数值和高程数值的一个非小数点位，伪装时比较两者的大小来决定小数点的移动。例如，在进行伪装运算时，以 3 为基准数值，指定小数点前一位数字经处理后等于 3 时小数点向前移动一位，不等于 3 时小数点向后移动一位。利用密钥 2 进行移位变换加密 321.4，在所有数值加密完成后，判断得出小数点前一位数字 1 在加密后变为指定数值 3，小数点应当向前移动一位，加密结果为 54.36。数据解密完全是加密的逆过程，不同的是需要在进行运算处理前首先判断小数点后的第一位数字是否与基准值相同，然后再进行解密运算。

3）首位为零的处理

高程数值在拆分成字符串进行单个字符的加密处理后，数值首位上的值得到的结果很可能为零。这样，在将加密后的字符串转换成数值时，首位上的零就会丢失。假如对此不做任何标识，数据还原时就会因不能判断高程数值真正的位数而无法得到正确的结果。若是直接跳过数值的首位不做任何处理，加密后的数据与原始数据在最高位上的数值相同，两者间的差异就较小，影响数据伪装的效果。

为了兼顾这两种情况，可以在加密前将高程数值的首位与末位（数值中不为零的最后一位）对调，然后跳过调换后的首位不做计算，解密时再做逆处理。这样就解决了首位可能为零的问题，还增强了数据的保密性。不过，在实际应用中也可能会遇到首、末位上的数值相同的情况，该方法就丧失了意义。但对于由多个高程数值组成的 DEM 而言，个别高程数值在加密运算时的保密性不会影响到其整体效果。

通过对这些特殊情况的处理，不仅能更有效地达到 DEM 信息伪装的目的，还可以加强数据伪装的无规律性，提高攻击者破解的难度。例如，通过对小数点的处理，使加密后的高程数值更具随机性，弥补了经典密码学密钥空间较小的缺陷，极大提高了算法的安全性，有利于其在 DEM 信息伪装中的推广应用。

3．伪装效果比较与影响因素分析

1）伪装效果比较

经典密码学算法很多，以移位变换和仿射变换为例进行 DEM 信息伪装与数据还原实验。

实验 1：移位变换

采用密钥 6 进行基于移位变换的 DEM 信息伪装，分别得到伪装后的 DEM 数据和还原后的 DEM 数据，将原始数据、伪装数据、还原数据用三维格网的形式显示并进行比较，得到结果如图 5.2 所示。

实验 2：仿射变换

采用密钥 74 进行基于仿射变换的 DEM 信息伪装，分别得到伪装后的 DEM 数据和还原后的 DEM 数据，将原始数据、伪装数据、还原数据用等值线追踪的方法获取等高线，并用二维方式进行显示和比较，得到结果如图 5.3 所示。

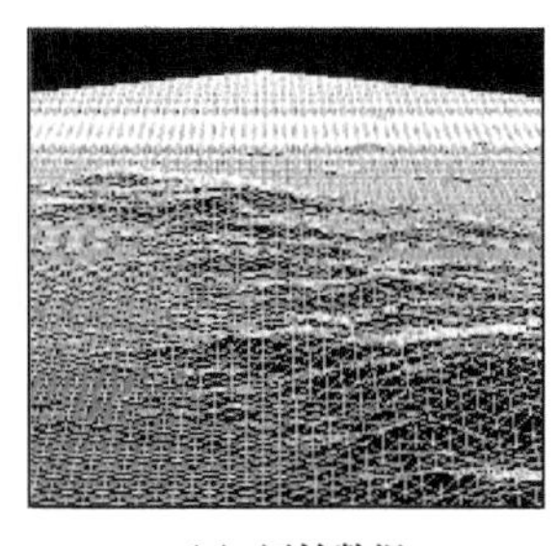
(a) 原始数据

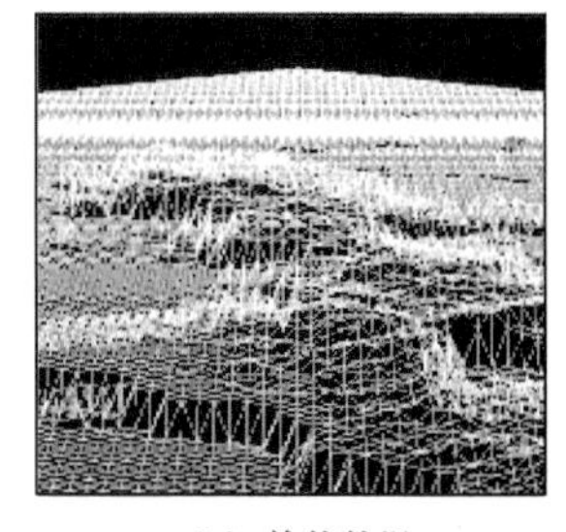
(b) 伪装数据

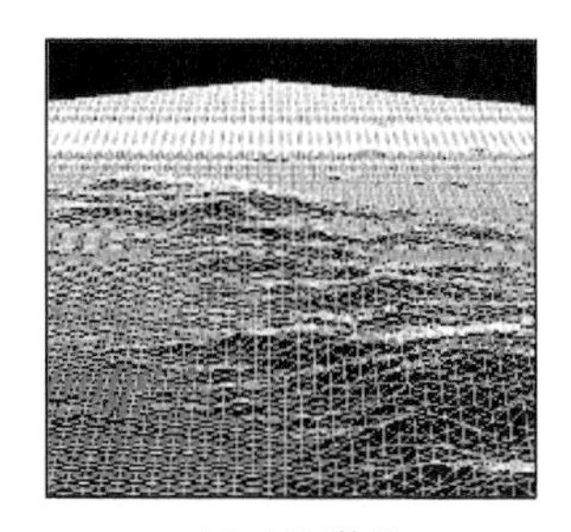
(c) 还原数据

图 5.2　基于移位变换的 DEM 信息伪装三维格网效果图

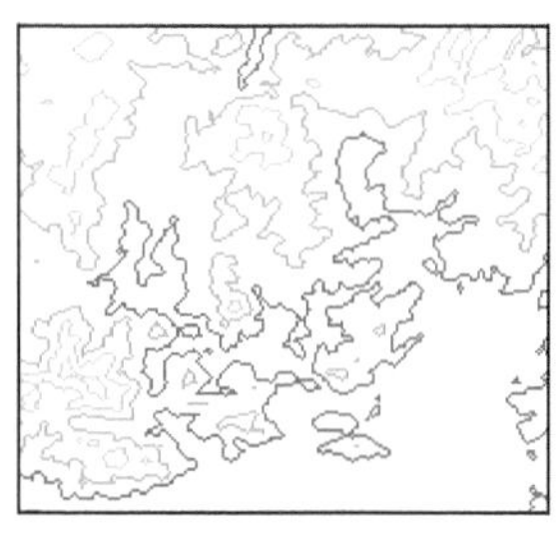
(a) 原始数据

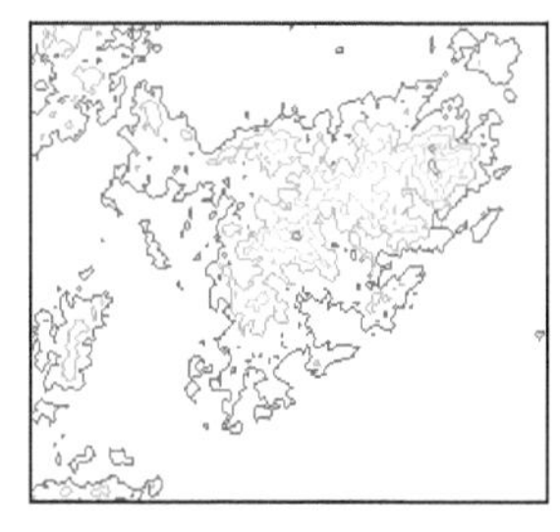
(b) 伪装数据

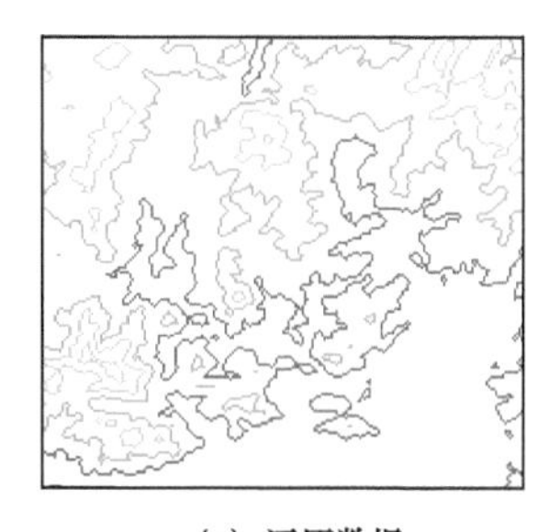
(c) 还原数据

图 5.3　基于仿射变换的 DEM 信息伪装等高线效果图

由实验 1、2 可以得出，基于移位变换和仿射变换这两种方法进行 DEM 信息伪装都取得了较好的效果：信息伪装时不仅保持了原有的 DEM 数据格式，而且从直观上可以明显观察到伪装数据和原始数据具有很大的不同，完全满足数据伪装的基本要求；数据还原时可以准确无误地得到正确的 DEM 数据，说明设计的算法稳定有效。

2）差异性与影响因素分析

按照 3.4 节描述的原理对实验中的数据进行差异性分析，得到结果如表 5.1 所示。

表 5.1　基于经典密码学伪装 DEM 数据的差异性分析

序　号	方　法	原始数据量（KB）	伪装数据量（KB）	整体差异值	局部差异值
1	移位变换	654	654	351.917	527.419
2	仿射变换	654	654	351.539	509.371

经典密码学作为密码学的基础，进行 DEM 信息伪装时是对单个高程数值处理的累加，数据量是影响伪装效率的关键因素。选取同一区域不同大小的 DEM 数据，分别以密钥 5 进行移位变换，以密钥 74 进行仿射变换，得到的结果如表 5.2 所示。

表 5.2　数据量对经典密码学伪装 DEM 数据的影响

序号	原始数据量（KB）	移 位 变 换		仿 射 变 换	
		伪装用时（ms）	伪装数据量（KB）	伪装用时（ms）	伪装数据量（KB）
1	104	407	104	265	104
2	418	1625	418	1016	418
3	938	3657	938	2297	938
4	1666	6515	1666	4094	1666
5	2606	10219	2606	6407	2606
6	5860	22922	5860	14390	5860
7	10415	40735	10415	25532	10415
8	23438	91656	23438	57672	23438

由表 5.2 可以得到：利用经典密码学伪装 DEM 数据时，数据量越大，伪装用时越多，数据量与信息伪装效率基本上成反比。另外，采用同一数据量进行实验时仿射变换比移位变换的伪装用时要少，说明该实验条件下仿射变换的效率更高，如图 5.4 所示。

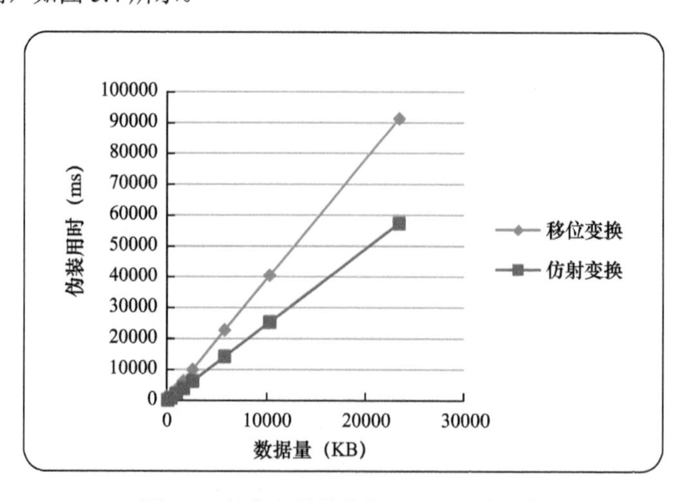

图 5.4　经典密码学伪装 DEM 用时对比

▶ 5.1.2 对称密码学在 DEM 信息伪装中的应用

密码学体制发展至今，主要可以分为三类：无密钥算法、对称密钥算法和非对称密钥算法。无密钥算法又称不可逆加密算法，加密的过程不需要密钥，经过加密的数据也大多无法解密，只有输入同样的数据经过相同的不可逆运算才能得到一致的加密数据。因此，这种加密算法主要用于数字签名和消息认证。由于数据不能够还原，无密钥算法不能直接应用于 DEM 信息伪装。对称密钥算法又称传统密码算法或单密钥体制，即发送方和接收方利用相同的密钥进行数据的加密和解密，或者即使加密、解密使用的密钥不完全一样，相互间也会存在一定的关系，符合人们一般的思维习惯，该算法成为密码学原理应用于 DEM 信息伪装最为常用的方法。非对称密钥算法也称公开密钥算法，用于加密和解密的密钥完全不同，而且解密密钥不能根据加密密钥计算出来。

1. 常见的对称密码学方法

常见的对称加密算法包括 DES、3DES、AES，国密算法 SM1、SM4 和 SM7 等，这里主要介绍 DES 和 AES 加密算法原理。

1）DES 算法

数据加密标准（Data Encryption Standard，DES）是 IBM 研制出的一种加密算法，1977 年被美国国家标准局列为非机要部门的数据加密标准，是第一代公开的、完全说明实现细节的现代化商业密码，对整个密码学的发展起到了至关重要的作用，它要求发送者和接收者在进行安全通信之前协商一个密钥，然后分组对消息进行加密传输。

作为一种分组密码，DES 的安全性以密钥安全性为基础，选用的是 64 比特密钥（其中 8 位为奇偶校验位）。进行数据加密前，首先对 64 比特的数据块进行 16 轮编码，然后将 64 比特一组的明文作为算法的输入，经过一定的代换置换后，得出的 64 比特密文即为算法的输出，如图 5.5 所示。DES 算法的加密过程分为加密处理和子密钥生成两个部分。

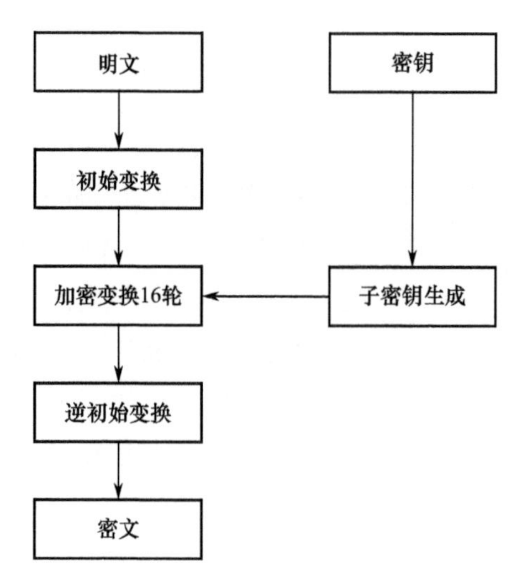

图 5.5 DES 算法流程图

（1）加密处理。

① 初始变换。DES 本质上是一种代换置换网络。在进行加密处理前，需要先将待加密的 64 比特明文串按照已有的初始变换表 IP（见表 5.3）进行变换，打乱原始明文的顺序。

表 5.3 初始变换表 IP

IP	58	50	42	34	26	18	10	2
	60	52	44	36	28	20	12	4
	62	54	46	38	30	22	14	6
	64	56	48	40	32	24	16	8
	57	49	41	33	25	17	9	1
	59	51	43	35	27	19	11	3
	61	53	45	37	29	21	13	5
	63	55	47	39	31	23	15	7

表 5.3 中的元素是指通过变换后明文串中新的比特位置，例如，当前输出的第 1 比特为原始输入的第 58 比特位置上的内容。

② 加密处理。将经过初始变换的 64 位明文分为左、右各 32 位，记为 L_0 和 R_0。假定经过 n 轮处理后的左、右 32 位分别为 L_n 和 R_n。针对 DES 加密过程，有

$$\begin{cases} L_n = R_{n-1} \\ R_n = L_{n-1} \oplus F(R_{n-1}, K_n) \end{cases} \tag{5.5}$$

式中，K_n 是第 n 轮输入的子密钥，L_{n-1}、R_{n-1} 分别是第 $n-1$ 轮的输出。F 函数的主要功能是处理 R_{n-1} 和子密钥，其输入和输出的结果都是 32 比特，主要原理如下：输入 R_{n-1}（32 比特），经过固定的扩展矩阵 $\boldsymbol{E}$（表 5.4）后，膨胀为 48 比特，其中有 16 比特出现过两次。

表 5.4　扩展矩阵 $\boldsymbol{E}$

E	32	1	2	3	4	5
	4	5	6	7	8	9
	8	9	10	11	12	13
	12	13	14	15	16	17
	16	17	18	19	20	21
	20	21	22	23	24	25
	24	25	26	27	28	29
	28	29	30	31	32	31

将膨胀后的 48 比特与该轮的子密钥进行计算：

$$E(R_{n-1}) \oplus K_n \tag{5.6}$$

然后，将结果分成每组 6 比特的 8 组，按照顺序依次经过各自的 S 盒，使每组的 6 比特映射为 4 比特，再合并成 32 比特，最后再经过变换矩阵 $\boldsymbol{P}$（表 5.5）就可得出 F 函数的结果。

表 5.5　变换矩阵 $\boldsymbol{P}$

P	16	7	20	21
	29	12	28	17
	1	15	23	26
	5	18	31	10
	2	8	24	14
	32	27	3	9
	19	13	30	6
	22	11	4	25

③ 逆初始变换。按照上述方法进行 16 轮变换后，将最后的输出结果合并成 64 比特的数据，根据指定的最后换位表 IP-1（见表 5.6）进行换位，得到 64 比特的密文，即为最后的加密结果。

表 5.6 最后换位表 IP-1

IP-1	40	8	48	16	56	24	64	32
	39	7	47	15	55	23	63	31
	38	6	46	14	54	22	62	30
	37	5	45	13	53	21	61	29
	36	4	44	12	52	20	60	28
	35	3	43	11	51	19	59	27
	34	2	42	10	50	18	58	26
	33	1	41	9	49	17	57	25

（2）子密钥生成。

DES 算法的子密钥长度为 48 比特，初始密钥是可以表示为 64 比特的字符串。通过压缩换位表 PC-1（见表 5.7）将 64 比特的密钥变为 56 比特密钥和 8 比特奇偶校验码。

表 5.7 压缩换位表 PC-1

PC-1	57	49	41	33	25	17	9
	1	58	50	42	34	26	18
	10	2	59	51	43	35	27
	19	11	3	60	52	44	36
	63	55	47	39	31	23	15
	7	62	54	46	38	30	22
	14	6	61	53	45	37	29
	21	13	5	28	20	12	4

将压缩换位后的 56 比特密钥分成两个部分：上部分 28 比特的 C_0 和下部分 28 比特的 D_0。对 C_0 和 D_0 依次进行循环左移操作、生成 C_1 和 D_1，将 C_1 和 D_1 合成 56 比特，再通过压缩换位表 PC-2（见表 5.8）输出 48 比特的子密钥 K_1，最后将 C_1 和 D_1 进行循环左移和 PC-2 压缩换位，得到子密钥 K_2。以此类

推，可以得到 16 个子密钥。其依次左移的位数如表 5.9 所示。

表 5.8 压缩换位表 PC-2

PC-2					
14	17	11	24	1	5
3	28	15	6	21	10
23	19	12	4	26	8
16	7	27	20	13	2
41	52	31	37	47	55
30	40	51	45	33	48
44	49	39	56	34	53
46	42	50	36	29	32

表 5.9 子密钥生成过程移位表

迭代顺序	1	2	3	4	5	6	7	8	9	10	11	12	13	14	15	16
移 位 数	1	1	2	2	2	2	2	2	1	2	2	2	2	2	2	1

（3）解密过程。

DES 算法的数据解密与加密互为逆过程。整个解密过程与加密过程基本上相同，可按照解密处理和子密钥生成两个步骤进行，不同的只是在进行解密时将生成的 16 个子密钥按照与加密时相反的次序加入解密处理中，处理完毕后即可得出 64 比特的原始明文数据。

2）AES 算法

AES 算法全称为 Advanced Encryption Standard，又称 Rijndael 加密法，是美国联邦政府采用的一种区块加密标准。这个标准用来替代原先的 DES，已经被多方分析且广泛使用。该加密标准由美国国家标准与技术研究院（NIST）于 2001 年 11 月 26 日发布，并在 2002 年 5 月 26 日成为有效的标准，目前成为对称密钥加密中最流行的算法之一。

AES 为分组密码，明密文分组长度都是 128 位（16 字节 × 8 位/字节），密钥的长度可以使用 128 位、192 位或 256 位。具体算法流程如图 5.6 所示。

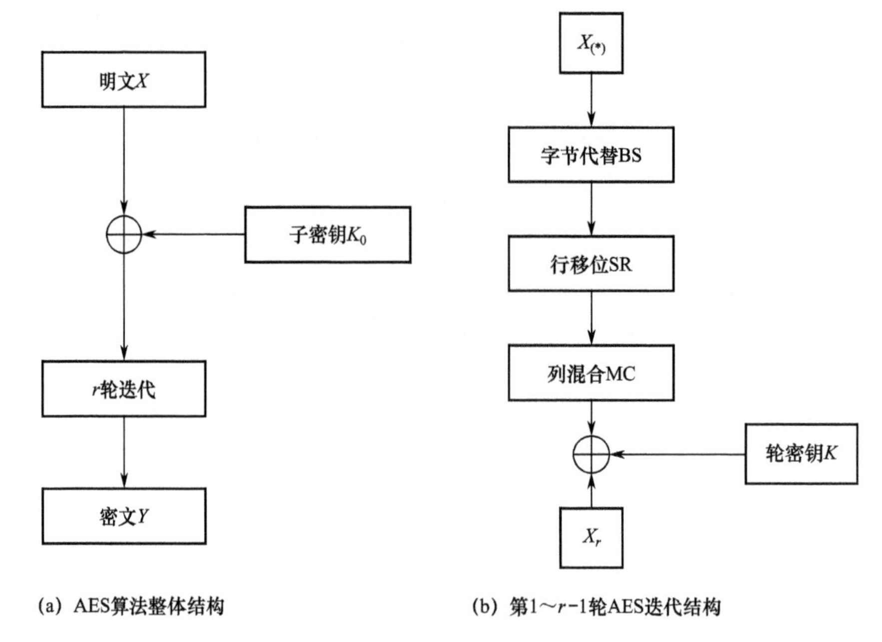

图 5.6　AES 算法流程图

图 5.6（a）给出了算法的整体结构，输入明文与子密钥异或，然后经过 r 轮迭代，最终生成密文 Y。其中，第 1～r–1 轮迭代结构如图 5.6（b）所示，第 r 轮与前面各轮稍微有点不同，缺少了混合层。

AES 的输入/输出可看作 8 字节的一维数组。对加密来说，其输入是一个明文分组和一个密钥，输出是一个密文分组；对解密而言，其输入是一个密文分组和一个密钥，而输出是一个明文分组。AES 的轮变换及其每一步均作用在中间结果上，我们将该中间结果称为状态。状态可以形象地表示为一个矩形的字节数组，该数组共有 4 行。状态中的列数记为 N_b，它等于分组长度除以 32。将明文分组记为

$$P_0P_1P_2P_3\cdots P_{4\cdot N_b-1}$$

其中，P_0 表示首字节，$P_{4\cdot N_b-1}$ 表示明文分组的最后一字节。

类似地，将密文分组记为

$$C_0C_1C_2C_3\cdots C_{4\cdot N_b-1}$$

将状态记为

$$a_{i,j} \quad 0 \leqslant i < 4, 0 \leqslant j < N_b$$

这里，$a_{i,j}$ 表示位于第 i 行第 j 列的字节。输入字节依次映射到状态字节 $a_{0,0}a_{1,0}a_{2,0}a_{3,0}a_{0,1}a_{1,1}a_{2,1}a_{3,1}\cdots$ 上。

当加密时，输入是一个明文分组，映射是

$$a_{i,j} = P_{i+4j} \quad 0 \leqslant i < 4, 0 \leqslant j < N_b \tag{5.7}$$

当解密时，输入是一个密文分组，映射是

$$a_{i,j} = C_{i+4j} \quad 0 \leqslant i < 4, 0 \leqslant j < N_b \tag{5.8}$$

在加密结束时，密文分组以相同的顺序从状态字节中取出：

$$C_i = a_{i \bmod 4, i/4} \quad 0 \leqslant i < 4N_b \tag{5.9}$$

在解密结束时，明文分组按以下顺序从状态中得到：

$$P_i = a_{i \bmod 4, i/4} \quad 0 \leqslant i < 4N_b \tag{5.10}$$

类似地，密钥被映射到二维密码密钥上。密码密钥可以形象地表示为一个与状态类似的矩形数组，该数组也有 4 行。密码密钥的列数记为 N_k，它等于密钥长度除以 32。密钥的各字节被依次映射到密码密钥的各字节 $k_{0,0}k_{1,0}k_{2,0}k_{3,0}k_{0,1}k_{1,1}k_{2,1}k_{3,1}k_{0,2}\cdots$ 上。如果将密钥记为

$$z_0 z_1 z_2 z_3 \cdots z_{4 \cdot N_k - 1}$$

那么

$$k_{i,j} = z_{i+4j} \quad 0 \leqslant i < 4, 0 \leqslant j < N_k \tag{5.11}$$

2．DES 在 DEM 信息伪装中的应用

DES 是最为经典的对称密码学方法之一，是目前最为成熟的加密系统，能以硬件或软件的方式非常有效地实现。DES 算法在 POS、ATM、磁卡及智能卡（IC 卡）、加油卡、ETC 等设备中被广泛应用，以此来实现关键数据的保

密，如信用卡持卡人的 PIN 的加密传输、IC 卡与 POS 间的双向认证、金融交易数据包的 MAC 校验等，均用到 DES 算法。

以 DES 方法为例，介绍对称密码学在 DEM 信息伪装中的应用，主要包括以下几个步骤。

1）高程数值的预处理

作为一种分组密码，DES 在进行加密时每次的明文字符串长度只能是 64 比特，即 8 个字符的大小。DEM 中的高程数值一般为浮点型数据，不可能完全满足这个条件，因此在进行数据伪装前，首先应对 DEM 数据进行处理，将每一次加密的高程数值转换为由 8 位字符组成的内容。

DEM 表示的是实际地貌，每个高程数值与现实世界都是一一对应的关系。在地球表面，最低点与最高点分别是太平洋的马里亚纳海沟和珠穆朗玛峰，其海拔大约为−11034m 和 8848.86m，地球范围内所有 DEM 中高程数据的值都应该在这个区间内。为了将伪装对象转换成 8 个字符，针对每一个高程数值 A，做如下处理：

$$A_0=[A\cdot 10^{|8-d_A|}] \tag{5.12}$$

式中，A_0 表示预处理后的高程数值，d_A 表示高程数值 A 整数部分的位数，[ ] 为取整符号。

通过这样的处理，可将高程数值转化成符合 DES 加密处理要求的 8 位字符，舍去了 8 位字符以后的小数点部分。数据预处理在一定程度上降低了 DEM 的精度，但是由于高程的取值范围所限，处理后的数值至少保留了原高程数值两位小数的精度，在陆地上则至少可保留 4 位小数的精度，即精确到了厘米级或者更高，完全可以满足日常需要对 DEM 数据精度的要求。

同时，为了保证伪装后的高程数值可以正确还原，记录整数部分的位数 d_A，使其在伪装数据中有所体现。

2）DES 加密高程数值

将预处理后表示成 8 位字符的高程数值作为 DES 算法的输入，选用任意

8 位字符作为密钥。DES 数据加密是一种二进制的加密方法，在进行加密处理前，先将高程数值转化为 64 比特的二进制明文，同时按照子密钥生成的方法，根据初始密钥生成 16 个子密钥，再根据加密变换、加密处理的流程完成一个高程数值的加密过程。经过 DES 算法加密处理后输出的密文只是一群乱码，没有任何实际意义，需要进行进一步伪装处理才能用来表示高程。

3）结合 ASCII 码转换密文字符为高程数值

ASCII 码是一种基于拉丁字母的计算机编码系统，规定了所有字符的二进制数。常用的 ASCII 码体系由 256 个字符组成。在应用中，针对一些不常见的字符，ASCII 码可以扩展至−256～256。实际上，任何计算机可识别显示的字符都可用[−256, 256]内的 ASCII 码值表示，这就为将乱码密文转换为有实际意义的高程数值提供了基础。假若 DEM 表示的是陆上数据，高程数值中正数的概率要远大于负数的概率，可以将所有的 ASCII 码加 200（可根据实际情况设定），把取值范围限定在[−56, 456]。最后进行归一化，将其扩展到实地高程范围，即

$$H = \frac{D_{\mathrm{ASCII}} + 200}{512} \times 8848 \tag{5.13}$$

式中，H 表示最终得到的高程数值，D_{ASCII} 表示密文字符的 ASCII 码值。同时，将记录的原始高程数值的整数部分位数 d_A 转化为 ASCII 码值后也做相同处理。

这样，一个高程数值在经过信息伪装后就变成了 9 个可用于表示高程的数值，前 8 个数值由密文的 8 个字符转化而来，最后 1 个数值由原始数据的整数位数转化而来。在重新组织 DEM 数据的过程中，将原始格网的网格数在经度和纬度上各扩展 3 倍，使格网点增加到原来的 9 倍，按照3×3 的小单元存放伪装后的高程数值。该处理方式不仅解决了剩余数据的存储问题，还进一步提高了 DEM 数据伪装的强度。基于 DES 的 DEM 信息伪装流程如图 5.7 所示。

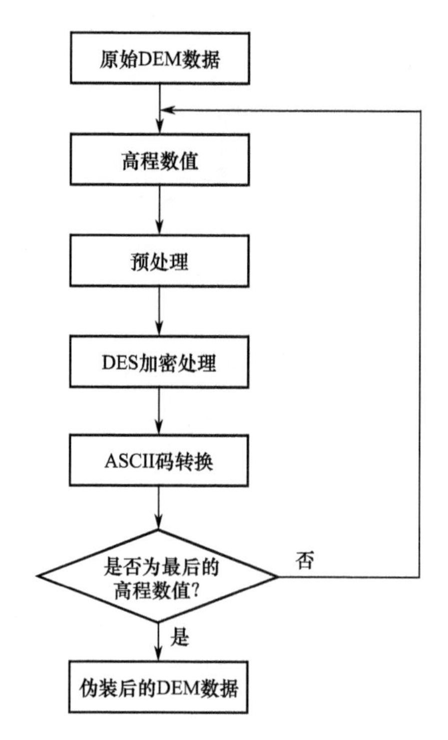

图 5.7　基于 DES 的 DEM 信息伪装流程图

4）DEM 伪装数据的还原

基于 DES 和 ASCII 码进行的 DEM 数据还原与信息伪装互为逆过程。在进行数据还原时，首先将高程矩阵中的数值按照 3×3 的小单元进行分组，每组包含 9 个高程数值，将每个数值按照下式转化为 ASCII 码值：

$$D_{\mathrm{ASCII}}=\frac{H\times512}{8848}-200 \tag{5.14}$$

式中，H 和 D_{ASCII} 的含义与式（5.13）中相同，两者互为逆运算。

将这些 ASCII 码值转换成字符，一组高程数值可以得到 9 个字符，其中前 8 个字符组合后是原始数据经 DES 处理后的密文，按照 DES 原理进行解密，得到预处理后的高程数值 A_0；同时，按照式（5.14）处理第 9 个字符，获得原始高程数值的整数部分位数 d_A。根据 A_0 和 d_A 可以反推出原始高程数值 A：

$$A = A_0 / 10^{|8-d_A|} \tag{5.15}$$

将伪装数据中所有的高程数值做相同处理后，把得到的高程数值按照原始 DEM 的数据格式进行组织，即可得到还原数据。

3. 伪装效果比较与影响因素分析

1）伪装效果比较

结合 DES 算法和 ASCII 码在 DEM 信息伪装中的应用，考虑高程数值的结构特点，实现基于 DES 和 ASCII 码进行的 DEM 信息伪装和数据还原。选取大小为 654KB 的 DEM 数据进行实验，对原始数据、伪装数据、还原数据进行等值线追踪，将形成的等高线图进行比较，得到的结果如图 5.8 所示。

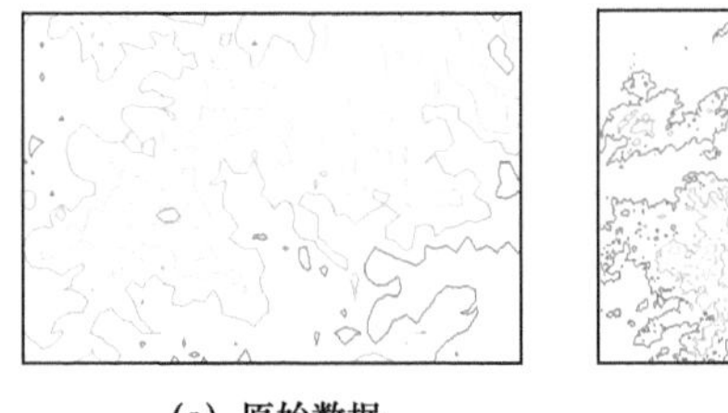

(a) 原始数据

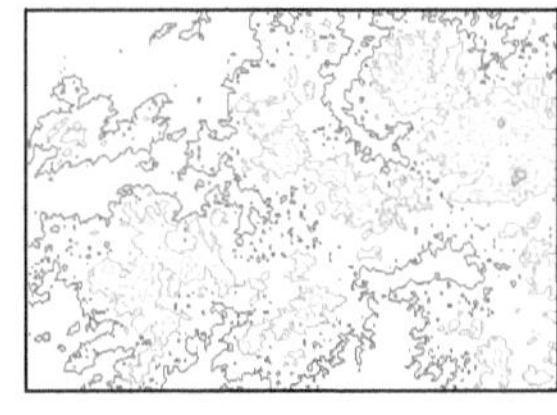

(b) 伪装数据

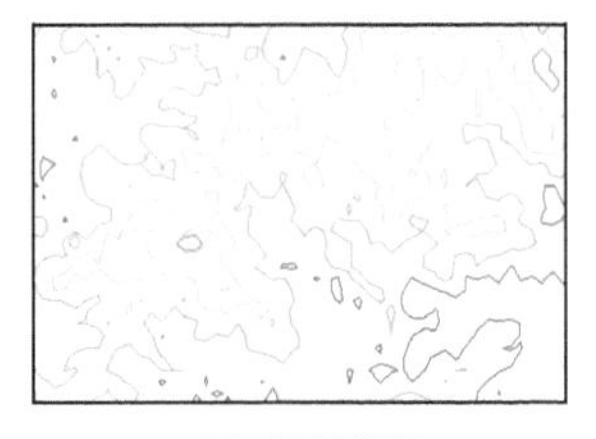

(c) 还原数据

图 5.8　基于 DES 的 DEM 信息伪装等高线效果图

由实验可以看出，DES 算法结合 ASCII 码运用于 DEM 信息伪装时取得了良好的效果：伪装数据与原始数据结构相同，同一区域的等高线图表现出很大的不同，可以满足 DEM 信息伪装的基本要求；数据还原时，虽然高程数值的预处理损失了部分精度，但是不影响数据的正常使用，还原数据与原始数据的等高线图基本相同，说明设计的算法稳定有效；同时，DES 的安全性和采取的伪装处理手段保证了 DEM 信息伪装的安全性。不过，与前几种信息伪装算法相比，基于 DES 的 DEM 信息伪装在处理同样大小的 DEM 时所消耗的时间有所增加。

2）影响因素分析

基于 DES 算法进行的 DEM 信息伪装使用的都是 64 比特长度的密钥，所以密钥长度不会对伪装效率造成影响。实验中，DES 算法加/解密单个字符串的过程可以在短时间内完成，但是 DEM 数据中含有多个高程数值，数据量的大小势必对伪装效率造成影响。利用实验模块对同一区域不同大小的 DEM 数据使用相同的密钥（12345678）分别进行信息伪装和还原实验，记录伪装用时和还原用时等各种数据的大小，得到的结果如表 5.10 所示。

表 5.10　数据量对 DES 伪装 DEM 数据的影响

序号	原始数据量（KB）	伪装用时（ms）	伪装数据量（KB）	还原用时（ms）	还原数据量（KB）
1	104	1079	934	1084	104
2	418	4313	3755	4416	418
3	938	9704	8438	9832	938
4	1666	17188	14991	15984	1666
5	2606	26906	23450	25016	2606
6	5860	60422	52735	56218	5860
7	10415	107421	93727	99938	10415
8	23438	242391	210938	225468	23438

将实验结果转换成图显示，如图 5.9 所示。

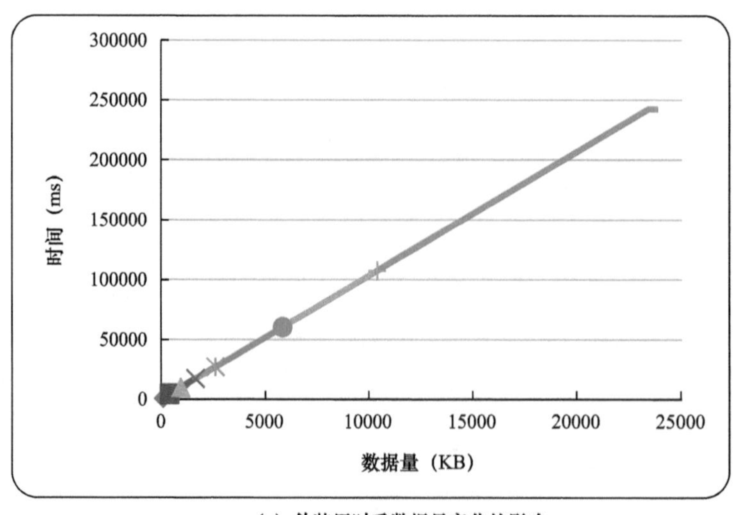

(a) 伪装用时受数据量变化的影响

图 5.9　数据量对 DES 伪装效果的影响

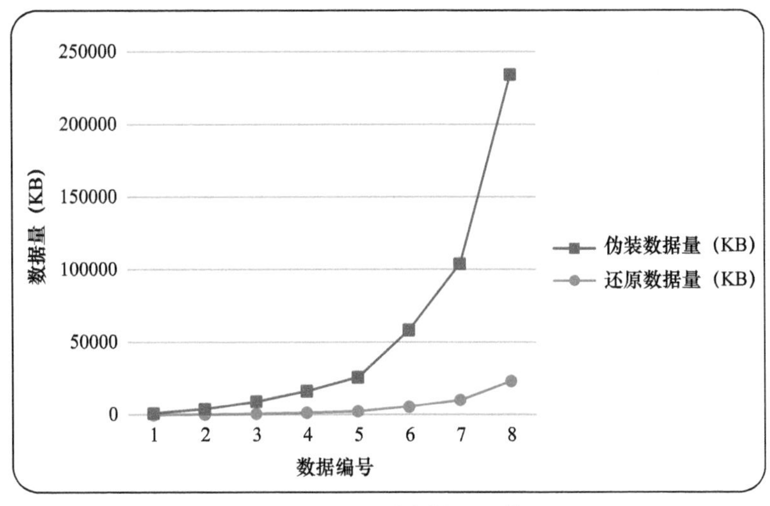

(b) 不同种类数据量的差异

图 5.9　数据量对 DES 伪装效果的影响（续）

由表 5.10 和图 5.9 可以得出，数据量是影响 DEM 信息伪装的一个重要因素，与处理用时基本上成线性正比的关系。同时可以发现：伪装数据量比原始数据量、还原数据量均大得多，这是因为伪装数据中高程数值个数是原始数据的 9 倍，但是因为数据精度有损失，数据量小于原始数据的 9 倍。处理过程耗费的时间与数据量大小并不成正比，一方面，是由于每次实验的机器环境不尽相同；另一方面，信息伪装时需要首先进行数据预处理，会耗费一定的时间，而数据还原时的 9 个高程数值也只运用了一次 DES 运算。

3）差异性分析

对经过 DES 伪装的不同 DEM 数据（实验数据来自表 5.10 得到的结果）进行差异性分析，可以得到表 5.11 所示结果。

表 5.11 中的整体差异值表示原始数据和伪装数据之间的平均差异，局部差异值表示 DEM 数据在 6 个兴趣点上的差异。同时，伪装数据和原始数据的差异性要受到数据量大小等因素的影响，是判别伪装效果好坏的一个重要指标。

表 5.11　基于 DES 伪装 DEM 数据的差异性分析

序　号	原始数据量（KB）	伪装数据量（KB）	整体差异值	局部差异值
1	104	934	1596.25	1379.16
2	418	3755	1036.58	1358.36
3	938	8438	986.562	1255.72
4	1666	14991	2032.65	1558.96
5	2606	23450	1986.59	1586.74
6	5860	52735	1863.85	1682.48
7	10415	93727	998.25	1235.89
8	23438	210938	1368.16	1594.34

4）安全性分析

基于 DES 和 ASCII 码进行 DEM 信息伪装的安全性主要体现在两个方面：DES 算法本身的安全性和伪装处理的强度。

DES 算法作为一种成熟的加密算法，在最初进行鉴定时，美国国家保密局和计算机科学技术学会就组织专家研究了它的安全性问题，讨论了一切破译 DES 密码体制的可能途径。假设使用对一切密码体制都有效的穷举密钥搜索法攻击 DES，DES 的密钥为 56 比特（64 位中有 8 位为奇偶校验码），则其密钥空间规模为 2^{56}（约为 7×10^{16}），使用每秒计算 100 万个密钥的大型计算机，大约需要 106 天才能得出正确的密钥。当然，随着计算机技术的不断发展，特别是大型计算机的计算速度不断提高，一切密码体制的安全性都将受到强烈的冲击。但是，DES 加密后的伪装处理，结合 ASCII 码将一个高程数值转化成了 9 个，得到的伪装数据更具迷惑性，不易被发现，也给常规的 DES 算法分析制造了麻烦，增加了破译的难度。

实际上，许多现代密码都是以 DES 为模式基础的，但很少有密码能够像 DES 那样经受得住密码破译的考验。DES 的主要问题是其密钥长度很短，完全不适合当今的形势。有可能使密钥长度很短的 DES 更安全，但这不是随意就能做到的。一种做法是尝试应用 DES 两次，称为双重加密。在这种方案中，使用一个密钥为消息加密一次，然后使用另一个密钥再次加密（密文到修改过的密文）。一种非常精明的攻击最后证明这种双重加密并不比单重加密更好。实际上，在使用某种类型密码的情况下，多重加密可能并不比单重加密好（一种称为封闭式密码的类别）。应避免使用封闭式密码，因为它们更容易遭到攻击。

尽管双重加密不是非常有效，但有证明发现三重加密则有效得多。例如，56 位 DES 在三重加密后，产生 112 位长度，相信这种长度对于任何应用程序来说都已经足够了。三重加密的 DES，或者简称三重 DES（通常写成 3DES）是一种流行的现代对称块算法。

传统上使用的单重 DES 加密技术，由于其密钥长度为 56 位，无法确保信息的安全性。也正是由于 DES 的脆弱性，绝大部分银行和金融服务公司开始寻求新的加密技术。对已使用 DES 算法软件和硬件的公司，尽管还有使用 DES 的其他选择，但到目前为止，三重 DES 加密技术是最实用的解决方案。

三重 DES 加密技术是 DES 的新版本，在 DES 基础上进行了很大的改进，用两种不同的密钥，三次使用 DES 加密算法，使得新的 DES 密钥更加安全可靠。密钥的第一个 56 位数据位组首先加密，然后用密钥的第二个 56 位数据位组加密，使密钥的复杂度和长度增加一倍，最后再对第一个 56 位数据块加密，再一次增加了密钥的复杂性，但没有增加密钥长度。这样形成的密钥利用穷举搜索法很难破解，因为它只允许 2^{112} 次的一次性尝试，而不是标准 DES 的 2^{256} 次。三重 DES 加密技术基本克服了 DES 密钥长度不足的最大缺陷，成功地使 DES 密钥长度加倍，达到了 112 位的军用级标准，没有任何攻击方式能破解三重 DES 加密技术，这样就使它提供了足够的安全性。

5.1.3 非对称密码学在 DEM 信息伪装中的应用

非对称密码是一种公钥加密技术，用于加密和解密的密钥不同，而且解密密钥不能根据加密密钥直接计算出来。其中，有一个密钥可以是公开的，用于发送方对数据进行加密，称为公开密钥（简称公钥）；另一个密钥是不能公开的，用于接收方对接收到的信息进行解密，称为私人密钥（简称私钥）。公钥不需要保密，只要选择的公钥能够保证获得安全稳定的私钥，就可以广泛应用。公钥密码算法在密码的管理、分发等方面有明显的优势，正逐渐成为现代密码学的核心，被广泛应用于数字签名和消息鉴别等领域。

1．常见的非对称密码学方法

1）RSA 算法

RSA 算法是一种使用广泛的公钥加密算法，1977 年由麻省理工学院的罗纳德·李维斯特（Ron Rivest）、阿迪·萨莫尔（Adi Shamir）和伦纳德·阿德曼（Leonard Adleman）一起提出，RSA 是由三人姓氏的开头字母拼在一起组成的。RSA 算法的基础是大数分解和素数检测。为提高保密强度，RSA 的密钥长度一般要大于 500 位。它的安全性主要基于大整数分解的难度，而这也是目前数学上的著名难题。RSA 算法的原理如下。

（1）选择两个足够大且不同的素数 p 和 q 。

（2）计算 $n = pq$ ，以及 $\phi(n) = (p-1)(q-1)$ 。

（3）选择合适的加密密钥 e，e 与 $\phi(n)$ 互素，且 $1 < e < \phi(n)$ 。e 值是影响 RSA 算法速度快慢的关键因素之一。

（4）根据 e 值寻找私钥 d，有

$$d \equiv e^{-1} \bmod[(p-1)(q-1)]$$

式中，mod 为模运算符，即求余计算。

（5）假设有明文 x 和密文 y ，则有

$$y = x^e \bmod n$$

$$x = y^d \bmod n$$

在整个过程中，模数 n 和公钥 e 是可以公开的，用于信息加密；大素数 p、q 及私钥 d 应当保管好，用于信息解密。信息使用者可以自己生成公钥和私钥后，在公开通道将公钥传输给信息加密方，信息加密方将有效信息加密后传输回来，信息接收者可根据私钥自行解密，避免了密钥传输的麻烦，如图 5.10 所示。

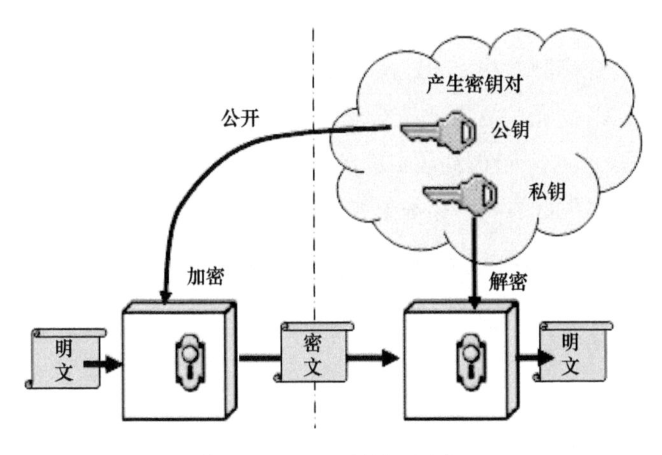

图 5.10 RSA 算法示意图

2）ECC 算法

RSA 算法的优势是算法原理简单、易于构造，但需要足够长的密钥长度来保证数据的安全性。现在移动终端的数目在逐渐增多，越来越多的运算是在移动终端上进行的，而移动终端的计算能力有限，但超级计算机的计算能力在不断增强。

ECC 全称为 Ellipse Curve Ctyptography，是一种基于椭圆曲线数学的公开密钥加密算法，最初由 Koblitz 和 Miller 两人于 1985 年提出，其数学基础是利用椭圆曲线上的有理点构成 Abel 加法群上椭圆离散对数的计算困难性。

与传统的基于大质数分解难题的加密算法不同，该加密方式基于“离散对数”这种数学难题。ECC 的主要优势是可以使用更小的密钥并提供相当高等级的安全性。ECC 164 位的密钥产生一个安全级，相当于 RSA 1024 位密钥提供的保密强度，而且计算量较小，处理速度更快，存储空间和传输带宽占用较少。目前我国居民二代身份证正在使用 256 位的椭圆曲线密码，虚拟货币比特币也选择 ECC 作为加密算法。

ECC 也是使用正向运算简单、反向运算很难的单向函数，但是和 RSA 的原理不同，RSA 使用的时模函数为单向函数，而 ECC 是建立在基于椭圆曲线的离散对数问题上的密码体制。给定椭圆曲线上的一个点 G，并选取一个整数

k，求解 $K=kG$ 很容易（注意，根据 kG 求解出来的 K 也是椭圆曲线上的一个点）；反过来，在椭圆曲线上给定两个点 K 和 G，若使 $K=kG$，求整数 k 则是一个难题。ECC 就是建立在此数学难题之上的，这一数学难题称为椭圆曲线离散对数问题。其中，椭圆曲线上的点 K 为公钥（注意，公钥 K 不是一个整数，而是一个椭圆曲线点），整数 k 则为私钥（实际上是一个大整数）。

2．RSA 算法在 DEM 信息伪装中的应用

RSA 加密算法除了用于少量数据加密之外，最主要的应用是数字签名，是通过密码运算生成一组符号及代码，用于鉴定签名人的身份及对电子数据内容的认可，它还能验证出文件的原文在传输过程中有无变动，确保传输电子文件的完整性、真实性和不可抵赖性。

以 RSA 算法为例，介绍非对称密码学方法在 DEM 信息伪装中的应用，具体包括以下内容。

1）高程数值的预处理

RSA 算法可以直接将数值加密并进行转换，但是过程中用到了模计算（如果 A 模 N，则结果是 A 除以 N 的余数，在 0 到 $N-1$ 之间），所以 RSA 算法的处理对象一般是正整数，在进行信息伪装前应首先对高程数值进行预处理。预处理的方法与 DES 伪装 DEM 数据前处理的方法类似，不同的是 RSA 算法一次可以加密比 8 位字符更长的内容。针对每一个正值的高程数值 A，做如下处理：

$$A_0=[A\cdot 10^{|m-d_A|}],\quad m\geqslant 4 \tag{5.16}$$

式中，A_0 表示预处理后的高程数值；m 是预处理后高程数值保留的位数，因为高程数值的整数部分最多为 4 位，所以为了不丢失信息，m 的取值最小为 4；d_A 表示高程数值 A 整数部分的位数；[ ]为取整符号。通过预处理的高程数值转化成 m 位的正整数，然后应用 RSA 算法对其进行加密处理。

2）RSA 伪装 DEM 数据的特殊情况处理

高程数值具有真实的含义，所以应用 RSA 算法进行 DEM 信息伪装时，要根据 DEM 数据的特点和 RSA 算法的规律灵活处理可能出现的各种问题，尤其是对以下几种情况的处理。

（1）预处理时 *m* 值的选择。

通过预处理可以将高程数值转换成整数，*m* 值的取舍决定 RSA 处理高程数值时明文的长度。理论上讲，*m* 值越小，明文的长度就越小，RSA 信息伪装 DEM 的速度也就越快；但是，*m* 的取值还决定了 DEM 数据伪装后的精度，*m* 值越大，说明预处理后高程数值保留小数点后的位数越多，精度也就越高。*m* 的最小值可以根据 DEM 数据最大高程的位数决定。一般而言，由于陆上正海拔的最大取值为 4 位数，所以 *m* 的最小取值为 4。同时，*m* 的取值也并非越大越好，高程数值在精确到厘米级（个别到毫米级）以后的位数基本上是毫无意义的，*m* 值取到 6 或者 7 时就可以完全满足用户对 DEM 数据精度的要求。当然，有特殊要求的情况除外。

（2）伪装数据中小数点的处理。

RSA 算法伪装后得出的高程数值也是整数，而实际的高程值不可能完全都是整数，需要将伪装后的结果归化到真实的高程范围内。可以通过加入小数点的方法解决这个问题：在 RSA 加密完成后，将得到的结果保持与原始高程数值相同位数的整数部分。这样就可以在保证高程数值有一定精度的同时，能够取值在正常范围内的概率为 90%以上（当高程数值整数位数为 4 时，加密后的结果位于 1000～10000，有一定的概率大于陆上最大高程的取值 8848）。

假设高程数值为 65.32，预处理后变成 6532，经过 RSA 算法加密后得出的结果为 9550，保留相同的整数位数加上小数点即为 95.5；进行数据还原时先得到 955，再利用 RSA 解密就无法正确得到原始数据 65.32。所以，为了保证伪装后的 DEM 数据能够准确还原，应确保其最后一位小数不为零。当高程数值不在海平面附近时，可以通过在伪装数据小数点最后一位再加上一位的方法解决这个问题，加上的小数取值和其整数部分最高位上的数值相同（只有该数值可以保证不会为零）。在进行解密时，数值转换成整数后再去掉最后一位即可。

（3）密钥的生成。

密钥的生成是 RSA 算法的一个难点，大素数 p 和 q 的选择是关键。当 RSA 应用于 DEM 信息伪装时，生成密钥面对的情况更为复杂。为了提高 DEM 信息伪装的效率，可以利用密钥生成器事先生成一组符合要求的密钥对，在需要时直接选择，省去伪装时再去判断生成密钥的烦琐过程。另外，密钥模数 n 的选择和预处理时 m 的取值还有一定的关系：RSA 加密会用到模计算的相关原理，其处理对象应当小于模数 n。因此，当 m 值确定后，通过两个素数相乘得出的模数 n 要大于最大高程值预处理后的数值。基于 RSA 的 DEM 信息伪装流程图如图 5.11 所示。

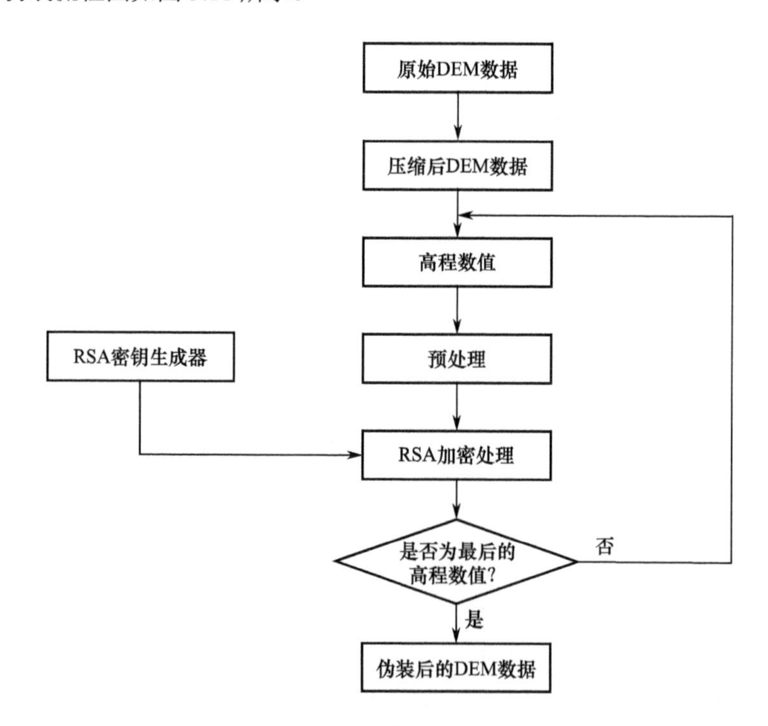

图 5.11　基于 RSA 的 DEM 信息伪装流程图

（4）大数的指数计算处理。

预处理后高程数值的位数会增多，如果密钥的位数也比较多（长度越长，密钥越安全），进行指数计算时就会出现溢出的情况。采用重复平方乘法可以大大降低指数运算的负担，原理如下。

在模数 n 的空间范围内计算 $a^k \bmod n$，首先计算二进制形式 $k=\sum_{i=0}^{t} k_i 2^t$：

令 $b \leftarrow 1$，若 $k=0$，则返回（b）；

令 $A \leftarrow a$，若 $k_0=1$，令 $b \leftarrow a$。

对 i 从 1 到 t，操作如下：

令 $A \leftarrow A^2 \bmod n$，若 $k_i=1$，令 $b \leftarrow A \cdot b \bmod n$，返回（$b$）。

例如，计算 $5^{596} \bmod 1234 = 1013$ 的分解步骤，可以用表 5.12 表示。

表 5.12　重复平方乘法的计算步骤

i	0	1	2	3	4	5	6	7	8	9
k_i	0	0	1	0	1	0	1	0	0	1
A	5	25	625	681	1011	369	421	779	947	925
b	1	1	625	625	67	67	1059	1059	1059	1013

3）DEM 伪装数据的还原

还原经过 RSA 伪装的 DEM 数据时，首先将高程数值做预处理转换成整数形式，舍去整数的最后一位（仅为了保证伪装数据的完整性，没有包含原始数据的任何信息）。然后按照 RSA 算法的解密方法，利用模数 n 和私钥 d 进行数据的还原处理。由于经过了数据预处理，最终得到的 DEM 数据会损失一部分精度，但不影响一般用户的使用。

3. 伪装效果比较与影响因素分析

1）伪装效果比较

结合上述 RSA 算法在 DEM 信息伪装中的应用方法，考虑高程数值的结构特点，实现基于 RSA 算法的 DEM 信息伪装和数据还原。该实验只是为了验证 RSA 在 DEM 信息伪装中应用的可能性，所以采用的密钥对是事先生成的小参数密钥。

将预处理 m 值设定为 4，选取公钥（11413，3533）和私钥（11413，

6597）进行基于 RSA 算法的 DEM 信息伪装与数据还原，分别得到伪装后的 DEM 数据及还原后的 DEM 数据，将原始数据、伪装数据、还原数据用三维格网形式进行比较，得到的结果如图 5.12 所示。

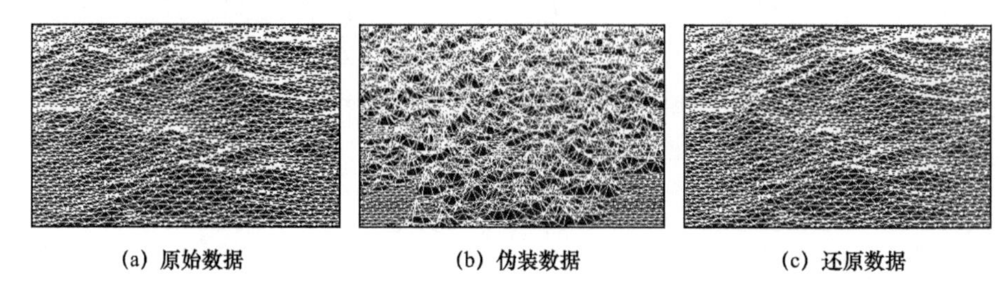

(a) 原始数据　(b) 伪装数据　(c) 还原数据

图 5.12　基于 RSA 的 DEM 信息伪装三维格网效果图

由实验可以看出，RSA 算法伪装 DEM 数据取得了较好的效果：伪装数据与原始数据结构相同，同一区域的格网效果图表现出很大的不同，可以满足 DEM 信息伪装的基本要求；数据还原时，虽然由于数据预处理损失了高程数值的部分精度，但是基本上不影响数据的正常使用，还原数据与原始数据的格网效果图基本无异。不过，从实验中也可以看出，伪装后的 DEM 数据在三维格网显示效果上表现得较为凌乱，说明在一定程度上 RSA 伪装 DEM 数据的局部细节还需要做进一步处理。

2）影响因素分析

（1）数据量对伪装效果的影响。

为了定量分析数据量对 RSA 算法应用于 DEM 信息伪装时的影响，选取由同一地区生成的不同分辨率的 DEM 数据，采用人为选择的密钥参数 n = 6012707，公钥 e = 3674911，私钥 d = 422191（只为说明数据量对实验效果的影响，实际操作中密钥的长度在 500 位以上才能保证算法的安全性）；同时，采用 $m = 6$ 进行实验，得到的结果如表 5.13 所示。

将实验结果转换成图表显示，如图 5.13 所示。

由表 5.13 和图 5.13 可以得出：RSA 算法应用于 DEM 信息伪装时，伪装的效率随着数据量的增大而降低，数据量越大，伪装和还原用时越多，而整个过程中数据量的大小并未发生太大的变化（由于数据预处理时的取舍，使得伪装数据相对原始数据有稍微的变化）。同时，相对 DES 较为安全的 64 比特密钥加密模式，RSA 在选取小参数密钥进行伪装实验时所消耗的时间较多，说明其整体的伪装效率要比 DES 算法低很多。实际上，安全的 RSA 算法要比同级别的 DES 算法耗时多上几十倍，甚至更多。

表 5.13 数据量对 RSA 伪装 DEM 数据的影响

序号	原始数据量（KB）	伪装用时（ms）	伪装数据量（KB）	还原用时（ms）	还原数据量（KB）
1	104	391	104	418	104
2	418	1469	417	1603	418
3	938	3328	938	3655	938
4	1666	5828	1664	6288	1665
5	2606	9141	2606	10347	2606
6	5860	20422	5860	22844	5860
7	10415	36312	10415	38922	10415
8	23438	82250	23437	91516	23437

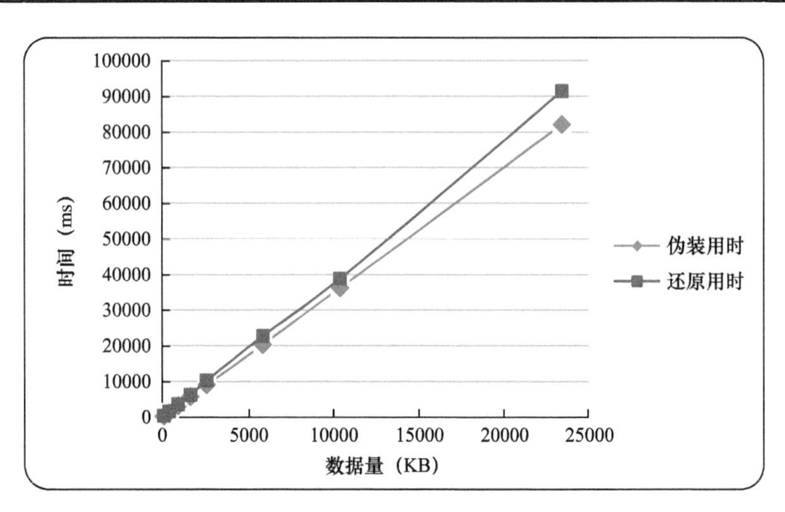

图 5.13 数据量对 RSA 算法伪装效果的影响

（2）预处理 m 值对伪装效果的影响。

预处理时 m 的取值大小，决定了参与 RSA 运算整数的长度，在一定程度上可能会对伪装效果造成一些影响。选取同样大小的 DEM 数据（654KB），采用人为选择的密钥参数 $n = 6012707$，公钥 $e = 3674911$，私钥 $d = 422191$ 对其进行不同 m 值选取的信息伪装，得到的结果如表 5.14 所示。

表 5.14 预处理 m 值对 RSA 伪装 DEM 数据的影响

序号	m	伪装用时（ms）	伪装数据量（KB）	还原用时（ms）	还原数据量（KB）
1	4	2343	653	2599	654
2	5	2360	653	2684	654
3	6	2395	654	2712	653
4	7	2440	654	2786	654
5	8	2532	653	2863	653
6	9	2587	654	3012	654

将实验结果转换成图表显示，如图 5.14 所示。

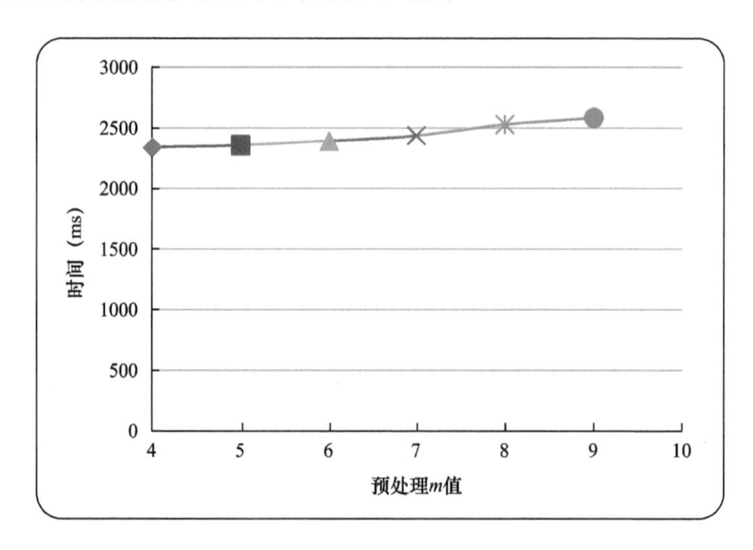

图 5.14 伪装用时受预处理 m 值变化的影响

分析表 5.14 和图 5.14，可以得到以下结论：采用 RSA 算法伪装 DEM 数据时，预处理中 m 的取值越大，伪装数据所需要的时间越多，伪装效率就越低。但在采用人为选择的小参数密钥对进行 RSA 伪装 DEM 数据时，这种影响并不是特别明显。如果使用足够长度的密钥，不仅预处理后整数的位数增多，而且指数运算的次数也会大幅度增加，这种影响将更加显著。

（3）密钥长度对伪装效果的影响。

密钥长度决定 RSA 算法伪装 DEM 数据时指数运算的次数，势必影响数据伪装的效果。但在现行条件下，利用安全的 512 位或 1024 位密钥进行 DEM 信息伪装所消耗的时间会很长，为更快捷地说明其对伪装效果的影响，选用同样大小的 DEM 数据（654KB），固定预处理 m 值（$m = 4$），以人为选择的不同长度的小参数密钥对进行实验，得到的结果如表 5.15 所示。

表 5.15　密钥长度对 RSA 伪装 DEM 数据的影响

序　号	模数 n	公钥 e	私钥 d	伪装用时（ms）
1	11413	3533	6597	1526
2	6012707	3674911	422191	2344
3	13871467	1419857	6757983	4689

虽然小参数密钥对不能保证 DEM 信息伪装的安全性，但此实验并不影响发现密钥长度与伪装效率之间的关系：生成密钥对时选择的素数 p 和 q 越大，形成的模数 n 的长度就越大，在数据大小和预处理 m 值等其他条件相同的情况下伪装处理所需要的时间就越长，即密钥长度与伪装效率成负相关。

3）差异性分析

对经过 RSA 伪装的不同 DEM 数据（实验数据来自表 5.13 中的结果）进行差异性分析，得到的结果如表 5.16 所示。

表 5.16　基于 RSA 伪装 DEM 数据的差异性分析

序　号	原始数据量（KB）	伪装数据量（KB）	整体差异值	局部差异值
1	104	104	1312.46	1950.19
2	418	417	1340.80	1950.19
3	938	938	1336.38	1950.19
4	1666	1664	1125.48	1950.19
5	2606	2606	1156.05	1950.19
6	5860	5860	1273.85	1950.19
7	10415	10415	1168.91	1950.19
8	23438	23437	1237.36	1950.19

表 5.16 中的整体差异值表示 RSA 算法伪装 DEM 前后原始数据和伪装数据整体上的平均差异，局部差异值表示 DEM 数据在 6 个兴趣点上的差异。该表中局部差异值相同的原因是 8 幅 DEM 数据来自同一地区，只是分辨率不同，所以原始 DEM 中影响局部差异值的样本数据（DEM 四个角的高程值和最大、最小高程值）相同，经 RSA 变换后这些数据在伪装 DEM 中仍旧相同，导致局部差异分析时计算得出的结果相同。类似地，RSA 伪装 DEM 数据的差异性同时受到数据量、预处理 m 值、密钥长度等因素的影响，DEM 数据间的差异值是判别伪装数据效果好坏的一个重要指标。

4）安全性分析

利用 RSA 进行 DEM 信息伪装的安全性主要基于算法本身的安全性。目前，密码界普遍认为 RSA 算法的安全性等同于大数分解的难度。假设存在一种无须分解大数的算法，那它肯定可以修改成大数分解算法。分解模数是最明显的 RSA 攻击方法，应尽量选择大一些的模数 n，才能确保其安全性。一般至少要求的长度是 512 比特，如果用 MIPS 年表示每秒钟执行 100 万条指令的计算机一年的计算量，则不同比特的整数因子分解时间如表 5.17 所示。

表 5.17　不同程度密钥的计算时间

密钥长度（比特）	整数因子分解时间（MIPS 年）
512	3×10^{4}
768	2×10^{8}
1024	3×10^{11}
2048	3×10^{20}

但是模数 n 的选择是 RSA 算法的难点之一，实际应用时还要根据具体情况而定：为了确保伪装数据的安全性，要尽量选择大的素数 p 和 q，但由于在密钥生成和伪装过程中要涉及大量的指数运算，过大的模数又会增加计算机的运算负担，造成算法速度减慢。因此，复杂的密钥生成技术会使 RSA 算法的应用受到一定的限制。

5.2 基于配对函数的 DEM 信息伪装技术

公钥密码有很多优点，但应用于 DEM 信息伪装时的安全性主要是基于某些数学上难以解决的问题，导致计算速度要比对称密码算法慢很多。因此目前主流的加密算法仍是基于单一密钥体制实现的，而且经过不断地发展，出现了很多新颖的对称加密算法，配对函数就是其中一种。

5.2.1 基于配对函数的数值加密

定义 如果二元函数 $p_g(x, y)$ 与一元函数 $K(x)$、$L(x)$之间满足下列条件：对于一切 x, y，均有 $Kp_g(x, y) = x$，$Lp_g(x, y) = y$，则称 p_g、K、L 为配对函数组。其中，p_g 称为配对合函数，K 称为配对左函数，L 称为配对右函数。

配对函数是一种特别适用于数值型数据加/解密的数学方法，加密单个数值的方法如下：

定义一组配对函数组

$$\begin{cases} p_{g_a}(x, y) = x + T_a(x + y) \\ K_a(x) = x - T_a R_a(x) \\ L_a(x) = R_a(x) - K_a(x) \end{cases} \tag{5.17}$$

一元函数 $T_a x$ 指 $x + [S_a \cdot x(x-1)/2]$，$T_a x$ 的值称作第 x 个 T_a 数，其中 $S_a = a + 1$；一元函数 $R_a x$ 指的是 x 以下（包括 x）非零 T_a 的个数。例如，有

$$T_0 1 = 1 + (1 \times 1 \times 0/2) = 1$$
$$T_0 2 = 2 + (1 \times 2 \times 1/2) = 3$$
$$T_0 3 = 3 + (1 \times 3 \times 2/2) = 6$$
$$T_0 4 = 4 + (1 \times 4 \times 3/2) = 10$$

可以得到 7 以下 R_0 的个数为 3，即 $R_0(7)=3$。

加密消息 M 时，首先将其按一定长度分组，随机选取密钥 K，对每两个

分组按如下方式进行处理。

（1）设 $M = a_1a_2a_3\cdots a_n$，其分组为 $a_1a_2a_3$，$a_4a_5a_6$，$a_7a_8a_9$，…，令 $x = a_1a_2a_3$，$y = a_4a_5a_6$。

（2）加密：

$$p_{g_K}(x, y) = T_k(x+y) + x = b_1b_2\cdots b_n \tag{5.18}$$

（3）解密：

$$\begin{cases} K_k(b_1b_2\cdots b_n) = b_1b_2\cdots b_n - T_K R_K(b_1b_2\cdots b_n) = a_1a_2a_3 \\ L_k(b_1b_2\cdots b_n) = R_k(b_1b_2\cdots b_n) - K_k(b_1b_2\cdots b_n) = a_4a_5a_6 \end{cases} \tag{5.19}$$

▶ 5.2.2 配对函数在 DEM 信息伪装中的应用

类似 DES 和 RSA 应用于 DEM 信息伪装，由于高程数值一般不为整数，用配对函数伪装 DEM 数据之前，需要对其进行预处理。预处理的目的是将高程数值转化成方便数据分组的整数形式，方法可以参考 RSA 伪装 DEM 数据时的处理方式。需要注意的是，预处理 m 的取值应当是配对函数分组长度的整数倍。例如，要将高程数值分成长度为 3 的两组时，预处理后的高程数值长度是 6，则预处理时 m 的取值应为 6。

下面以 $m = 6$ 为例，说明配对函数处理高程数值的过程。假设高程数值在预处理后变为 6 位整数 A，则将其分成长度为 3 的两组数据：$A_1 = [A/1000]$ 和 $A_2 = A \bmod 1000$。记录原始数据的整数位数 d_A，选择密钥 K。经过配对函数处理，有

$$B_0 = p_{g_A}(A_1, A_2) = T_k(A_1 + A_2) + A_1 \tag{5.20}$$

B_0 是经过配对函数处理后的结果。为了保证伪装结果满足表示高程的要求，同时保证其转化为浮点数据时不丢失信息，做如下处理：

$$\begin{cases} B_1 = B_0 / 10^{L-d_A} \\ B_2 = B_1 \bmod 10 \\ B_3 = B_1 - B_2 + L \\ B_4 = (B_3 \times 10^{L-d_A+1} + B_2) / 10^{L-d_A+2} \end{cases} \tag{5.21}$$

式中，L 表示 B_0 的数据长度，B_4 是高程数值最后的伪装结果。通过这样处理得到的数据可以保证包含所有伪装信息且可以用来表示高程，其整数位的个位数记录的是经配对函数处理后的整数长度。对 DEM 中的每一个高程数值做相同的处理，就可以得到经配对函数伪装过的 DEM 数据。

进行 DEM 数据还原时，针对伪装数据中的每一个高程数值，根据数据中包含的整数长度 L 可以判断出该数据的哪些部分是对配对函数解密有意义的内容。有

$$\begin{cases} L = B \bmod 10 \\ C_1 = B \times 10^{L-d_B+1} \\ C_2 = C_1 \bmod 10 \\ C_3 = (B - L + C_2) \times 10^{L-d_B} \end{cases} \tag{5.22}$$

C_3 即为原始高程数值经配对函数处理之后的结果，利用配对函数关系式求得解密数据：

$$\begin{cases} K_k(C_3) = C_3 - T_K R_K(C_3) = D_1 \\ L_k(C_3) = R_k(C_3) - K_k(C_3) = D_2 \end{cases} \tag{5.23}$$

则最终的还原数据为

$$\begin{cases} D = D_1 \times 1000 + D_2 \\ D_0 = D/10^{L_D - d_A} \end{cases} \tag{5.24}$$

式中，L_D 为数据 D 的长度，D_0 是最后的还原数据。对伪装数据中的所有高程数值做相同处理，即可还原得到原始数据。当 m 取其他值时处理方式类似，但是预处理过程中导致高程数值损失的精度在还原时无法恢复。

▶ 5.2.3 伪装效果比较与影响因素分析

1）伪装效果比较

根据上述原理，实现基于配对函数进行的 DEM 信息伪装和数据还原。以 12 为密钥，选取 654KB 大小的 DEM 数据进行实验，将原始数据、伪装数据、还原数据用三维格网方式进行比较，得到的结果如图 5.15 所示。

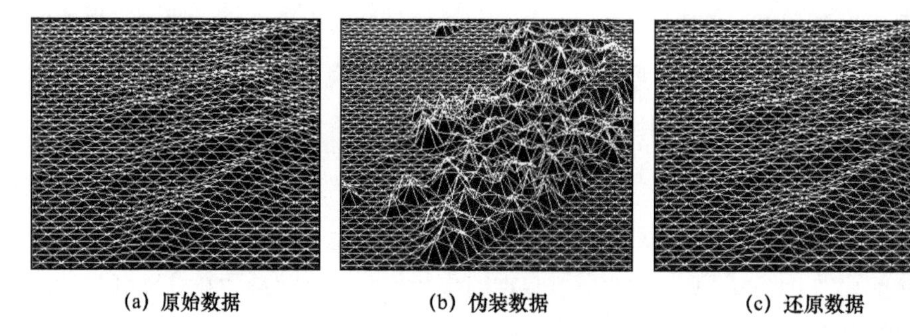

(a) 原始数据　　(b) 伪装数据　　(c) 还原数据

图 5.15　基于配对函数的 DEM 信息伪装三维格网效果图

可以看出，经过配对函数处理的伪装数据和原始数据在其他参数相同的情况下表现的三维显示效果有很大的不同。同时，与其他基于高程数值的信息伪装算法一样，原始数据中不同位置的高程数值相同时，伪装数据在这些位置的高程数值仍旧相同，但是大小已经发生了变化。例如，图 5.15 中显示的平坦部分，原始数据和伪装数据在直观上看不出任何区别，但其海拔高度并不一样。另外，实验还显示还原数据和原始数据基本一致，说明该算法达到了预期目的。

2）影响因素分析

（1）数据量对伪装效果的影响。

与其他算法一样，DEM 数据量大小是影响伪装效率的一个重要因素。在预处理 m 值和密钥相同的情况下（$m = 6$，$K = 12$），伪装和还原不同大小的 DEM 数据，得到的结果如表 5.18 所示。

表 5.18　数据量对配对函数伪装 DEM 数据的影响

序号	原始数据量（KB）	伪装用时（ms）	伪装数据量（KB）	还原用时（ms）	还原数据量（KB）
1	104	47	208	375	103
2	418	203	835	1516	417
3	938	407	1876	3046	938
4	1666	703	3332	6047	1665
5	2606	1109	5212	9515	2604
6	5860	2437	11719	21328	5860
7	10415	4313	20829	37954	10414
8	23438	9922	46876	85313	23437

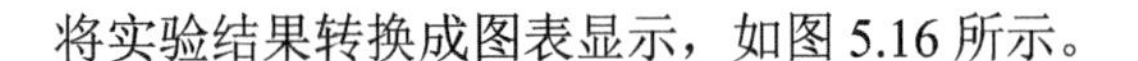
将实验结果转换成图表显示，如图 5.16 所示。

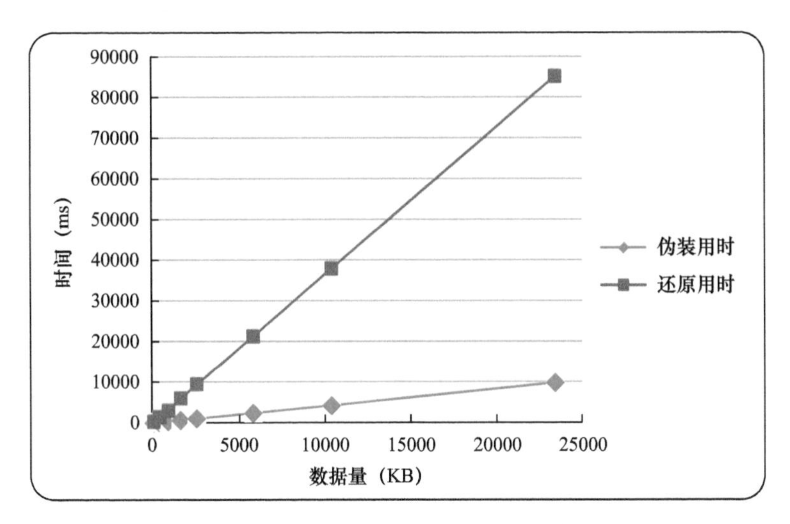

图 5.16　数据量对配对函数伪装效果的影响

由表 5.18 和图 5.16 可以看出：DEM 的数据量越大，伪装的效率越低，数据量和伪装用时基本上成正比关系。同时可以发现，伪装数据和还原用时要比原始数据和伪装用时大很多。伪装数据基本上是原始数据的两倍，这是因为实验中原始数据高程存储采用的是浮点型，在经配对函数处理时因为要保证所含信息的完整性，伪装函数采用双精度的浮点型存储高程数值，造成了数据量的增加。同时，由于配对函数数值解密的过程要远复杂于数值加密的过程，所以造成数据还原用时是伪装用时的 10 倍左右。

（2）密钥长度对伪装效果的影响。

配对函数采用的密钥参与到 DEM 信息伪装的具体运算中，所以会对伪装效率造成一定的影响。选用不同的密钥对 654KB 大小的 DEM 数据进行信息伪装和数据还原，得到的结果如表 5.19 所示。

将实验结果转换成图表显示，如图 5.17 所示。

由表 5.19 和图 5.17 可以看出：密钥长度的增加致使 DEM 信息伪装和数据还原的用时都有所增加。但是密钥由 4 变成 12345678 时，长度变成了原来的 8 倍，伪装用时只是增加了 54ms。相较于 DEM 数据量增大造成的伪装用时大幅度增加，密钥长度对配对函数伪装 DEM 数据效率的影响要小很多。

表 5.19 密钥长度对配对函数伪装 DEM 数据的影响

序号	密钥	密钥长度	伪装用时（ms）	伪装数据（KB）	还原用时（ms）	还原数据（KB）
1	4	1	280	1308	2889	654
2	12	2	281	1308	2891	654
3	123	3	297	1308	2980	654
4	1234	4	308	1308	3142	654
5	12345	5	312	1308	3256	654
6	123456	6	313	1308	3563	654
7	1234567	7	321	1308	3685	654
8	12345678	8	334	1308	3702	654

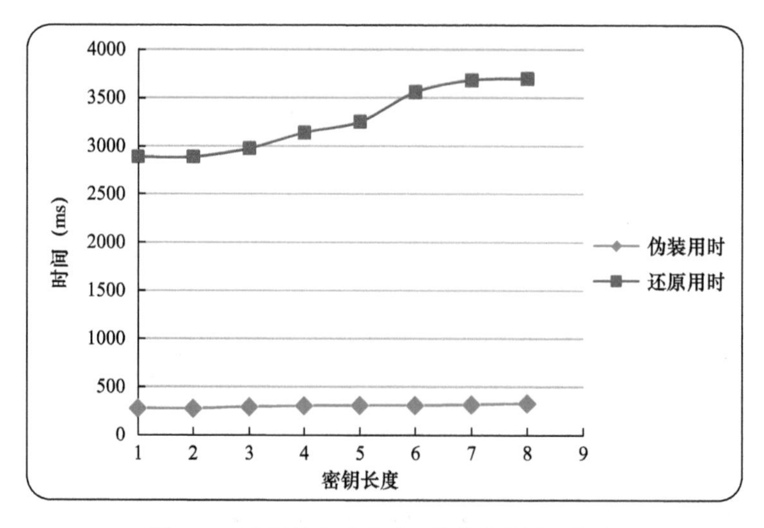

图 5.17 密钥长度对配对函数伪装效果的影响

（3）其他因素对伪装效果的影响。

除了密钥长度和数据量大小外，DEM 数据预处理时选用的 m 值也会对伪装效果造成一定的影响，其影响的能力和上述几种需要预处理高程数值的算法基本相同。同时，由于实验在伪装时将高程数值的存储精度提高，造成伪装数据比原始数据偏大的结果，因此伪装数据选择的精度值也会对信息伪装的整体效果产生一定的影响。

3）差异性分析

对经过配对函数进行信息伪装的不同大小的 DEM 数据（实验数据来自表 5.18 中的结果）进行差异性分析，得到的结果如表 5.20 所示。

表 5.20 基于配对函数伪装 DEM 数据的差异性分析

序　号	原始数据量（KB）	伪装数据量（KB）	整体差异值	局部差异值
1	104	208	1062.82	1554.95
2	418	835	1769.85	1554.95
3	938	1876	1035.99	1554.95
4	1666	3332	1992.24	1554.95
5	2606	5212	1022.72	1554.95
6	5860	11719	1856.67	1554.95
7	10415	20829	986.845	1554.95
8	23438	46876	1236.46	1554.95

表 5.20 中的整体差异值表示配对函数伪装 DEM 前后原始数据和伪装数据整体上的平均差异，局部差异值表示 DEM 数据在 6 个兴趣点上的差异，其值相同的原因是 8 幅 DEM 数据来自同一地区，只是分辨率不同，所以原始 DEM 中影响局部差异值的样本数据（DEM 四个角的坐标和最大、最小高程值）相同，经配对函数变换后这 6 种数据在伪装数据中仍旧相同，因此局部差异值相同。同样，配对函数伪装 DEM 数据的差异性受到数据大小、预处理 m 值、密钥长度等因素的影响，决定了伪装效果的好坏。

5.3 基于内容的 DEM 信息伪装总体分析

基于密码学和配对函数是两种重要的基于内容进行 DEM 信息伪装的方法。它们将整个高程矩阵化整为零，以单个高程数值为处理对象，通过改变每个格网位置上的值来完成信息伪装过程。基于高程数值进行的 DEM 信息伪装技术具有以下优势。

（1）伪装效果良好。无论是哪种伪装方式，最终效果都能达到 DEM 信息伪装的基本要求，可以满足用户的需要。

（2）伪装算法安全性强，不易被攻击。相较于基于结构的伪装方式，基于高程数值进行的信息伪装技术安全性更强。特别是采用密码学理论和特殊情况处理相结合的双重保密机制，使算法的安全性在密码学理论的基础上又有所提高。

（3）DEM 伪装数据的精度可以控制。基于高程数值进行信息伪装前，一般需要进行数据预处理，将原始的高程数值转化成更加适用于伪装算法的形式。预处理过程中丢失的精度无法还原，但是可以通过参数设置伪装出不同精度的 DEM 数据。

同时，基于高程数值进行 DEM 信息伪装的主要不足体现在以下两个方面。

（1）算法伪装效率较低。由于需要对所有高程数值依次进行处理，造成算法整体的伪装速度较慢，特别是 RSA 算法采用足够长的安全密钥时，用时会是其他算法用时几个数量级的倍数。这种情况经 DEM 数据压缩后会有一定的缓解。

（2）算法迷惑性有待加强。这是大多数 DEM 信息伪装算法共有的缺点，由于没有考虑原始数据的地形特征，造成伪装后的 DEM 数据无法形成明显的地形线，表示的地貌特征不明显。

参 考 文 献

[1] Alfred J. Menezes，等. 应用密码学手册[M]. 胡磊，王鹏，等译. 北京：电子工业出版社，2005.

[2] Douglas R. Stinson. 密码学原理与实践[M]. 冯登国，等译. 3 版. 北京：电子工业出版社，2009.

[3] 陈令羽，宋国民，王宝军，等. 经典密码学在数字高程模型加解密中的应用[J]. 地

理空间信息，2011，9（5）：99-101.
[4] 彭川，魏其娇. 论分组密码中的数据加密算法 DES[J]. 西南民族学院学报（自然科学版），2002，28（2）：58-62.
[5] Merkle RC. One-way hash functions and DES. Advances Cryptology[J]. CRYPTO'89, Lecture Notes in Computer Science, 1989: 435.
[6] Kandala Sree Rama Murthy, V M Manikandan. A Reversible Data Hiding through Encryption Scheme for Medical Image Transmission Using AES Encryption with Key Scrambling[J]. JAIT, 2022, 13(5).
[7] Kalaichelvi V, Vimala Devi P, Meenakshi P, et al. Design of digital image encryption based on elliptic curve cryptography (ECC) algorithm and Radix-64 conversion[J]. Journal of Intelligent & Fuzzy Systems, 2022, 43(5).
[8] 董晓丽. 分组密码 AES 和 SMS4 的安全性分析[D]. 西安：西安电子科技大学，2011.
[9] 陈令羽，宋国民，徐齐，等. DES 在数字高程模型信息伪装中的应用研究[J]. 合肥工业大学学报（自然科学版），2012，35（2）：189-192.
[10] 刘博文. AES-RSA 混合加密算法的研究及其在军队后勤管理系统中的应用[D]. 杭州：浙江大学，2022.
[11] 巩林明. 新型公钥加密方案及应用研究[D]. 西安：陕西师范大学，2016.
[12] 薛来军. 基于改进的 ECC 的网络信息安全加密方法[J]. 太原师范学院学报（自然科学版），2022，21（2）：48-50+89.
[13] Sethia Divyashikha, Sahu Raj. Efficient ECC-Based CP-ABE Scheme With Constant-Sized Key and Scalable User Revocation[J]. International Journal of Information Security and Privacy (IJISP), 2022, 16(1).
[14] 朱保平. 基于配对函数的对称加密算法[J]. 南京理工大学学报，2003，7（6）：696-699.
[15] 巩林明，李顺东，王道顺，等. 明文编码随机化加密方案[J]. 软件学报，2017，28（2）：372-383.
[16] Lingyu Chen, Guomin Song. Study of RSA Used in DEM Information Disguising[C]. CPGIS2013, Kaifeng, 2013.06.

[17] 郑东，赵庆兰，张应辉. 密码学综述[J]. 西安邮电大学学报，2013，18（6）：1-10.
[18] 沈昌祥，张焕国，冯登国，等. 信息安全综述[J]. 中国科学（E 辑：信息科学），2007（2）：129-150.
[19] 刘景伟. 分组密码中关键问题的研究[D]. 西安：西安电子科技大学，2004.
[20] 肖国镇，白恩健，刘晓娟. AES 密码分析的若干新进展[J]. 电子学报，2003（10）：1549-1554.
[21] 王立胜，王磊，顾训穰. 数据加密标准 DES 分析及其攻击研究[J]. 计算机工程，2003（13）：130-132.
[22] 李昌刚，韩正之，张浩然. 图像加密技术综述[J]. 计算机研究与发展，2002（10）：1317-1324.
[23] 冯登国. 国内外密码学研究现状及发展趋势[J]. 通信学报，2002（5）：18-26.
[24] 徐秋亮，李大兴. 椭圆曲线密码体制[J]. 计算机研究与发展，1999（11）：1280-1288.

6
规则格网 DEM 数据重点区域的信息伪装

6.1 规则格网 DEM 数据的重点区域

规则格网 DEM 的数据结构简单，存储方便，是目前使用最广泛的一种数字高程模型。与不规则三角网 DEM 相比较，规则格网 DEM 高程数据间具有更强的相关性，信息伪装时必须充分考虑这种关系，伪装难度更大，需要进行的处理更复杂。同时，大多数地区规则格网 DEM 的低分辨率数据可以通过信息共享免费获取，不需要进行全部伪装，只能进行局部伪装。规则格网 DEM 的局部伪装不仅能减少数据的处理量，还能更好地保护重要高程信息的安全，分为重点面状区域伪装和重要线状特征伪装两种类型。规则格网 DEM 的重点面状区域伪装，是将 DEM 数据中具有保护价值的局部区域作为重要信息进行处理的方法与技术，是一种典型的局部伪装。

▶ 6.1.1 重点区域的基本概念

DEM 数据的生产具有成套的标准和流程，描述规定空间范围内的地形起伏，国家基础地理信息中心按照区域划分提供 1∶100 万、1∶25 万、1∶5 万及部分地区的 1∶1 万 DEM 数据。在实际应用中，可能只需要涉及其中的某个子区域。为满足不同的需求，确定 DEM 数据中具有独立地形特征的重点区域，具有重要的现实意义。例如，在进行 DEM 信息保护时，仅处理整块数据中需要保密的重要部分，忽略已经公开的其他数据，更具有实践价值。

根据数据生产流程，规则格网 DEM 一般按照固定大小的空间区域进行划分，具有确定的空间范围。地理空间数据共享机制下，很少有大块的地形空白地区，具有保护价值重点区域的高程信息往往包含于其他 DEM 数据中，不需要对整块地形进行信息伪装。特别是重点区域附近的高程信息已被明确共享时，如果将整个地区的数据作为重要信息进行保护，攻击者很容易根据已有信息分析得出数据的真伪，影响信息伪装的效果。实际上，只需重点关注数据的重要信息，保护最有价值的部分内容。大多数情况下，DEM 信息伪装的重要信息要小于原始数据的整体内容，仅需要将有价值的部分进行重点保护，即进行局部伪装。

规则格网 DEM 数据的重点区域是指数据中具有重要保护价值的部分面状区域，主要具有以下基本特征。

（1）能够较为独立地表示一类地形特征。重点区域大多呈面状分布，与周围区域紧密邻接，但同时又具有较强的独立性，而且内部地形特征明显，能够进行一般的地形分析。

（2）范围具有适中性。空间范围的选择是重点区域伪装的一个重要问题：将空间范围过大的部分区域作为重点区域，攻击者很容易通过已有信息甄别出数据经过特殊处理；将范围过小的部分区域作为重点区域，则不能完全保护有价值的高程信息，易造成信息泄露。在具体应用中，需要根据实际情况选择重点区域最为合理的空间范围。

（3）包含重要的地形信息或军事目标。重要区域的地形起伏一般与周围区域差别明显，具有很强的个性化特征，能够满足某些特殊应用的要求；或者该区域中包含军事基地、武器训练中心等重要的军事目标，属于重点保护的内容。该区域包含重要信息、具有特定应用价值，是重点区域需要进行信息伪装的主要原因。

6.1.2 重点区域伪装的基本流程

进行规则格网 DEM 重点区域的信息伪装，实质上是在确定原始数据重点区域的基础上通过信息伪装算法，对其进行特殊保护的过程，伪装流程如图 6.1 所示，主要包括重点区域选取、伪装算法设计、伪装后重点区域的 DEM 数据与周邻区域之间的衔接三个主要内容。

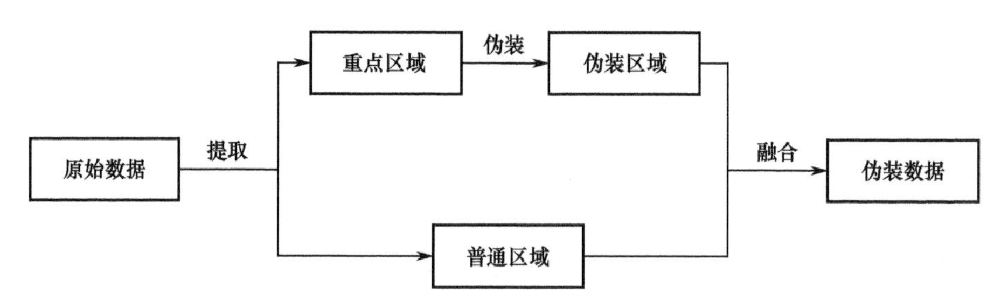

图 6.1　规则格网 DEM 重点区域信息伪装流程

1. 重点区域选取

重点区域伪装作为最常见的局部伪装方式，区域选取是首先需要解决的问题。重点区域可以是整块数据中的一部分，也可以是不相连的若干局部。区域选取主要有两种方式：一种是指定式的局部，即已经明确知道重点区域所在的位置，这是最为常见的选取方法。一般情况下，DEM 数据中需要重点保护的区域已经明确，例如，军事训练基地、港口、武器发射基地及机场等具有特殊应用价值或重要目标所在的区域，明显具有信息伪装的价值。依据重要目标的位置和空间分布形态，可以选定待保护的重点区域；另一种是未知式局部，没有特别说明，不能直接确定整块数据中哪块区域具有保护价值。这种情况下可以通过一定的判断准则进行重点区域选取，判断准则的确定主要以实际需求为依据，最常用的判定规则是根据 DEM 地形信息载负量进行的。

DEM 地形信息是数字地形建模和分析研究中一个非常重要的科学概念，是关于地面形态与起伏状态的知识。目前，对 DEM 地形信息的理解主要有以下几个方面：①基于概率统计方法的信息熵解释，认为 DEM 地形信息是研究区域内不同高程出现的不确定性程度，信息熵的计算大多只考虑数据中包含的语法信息；②基于误差理论的 DEM 数据质量解释，主要是从 DEM 数据采样和建模精度角度解析 DEM 地形信息特征；③基于地形复杂度的 DEM 地形信息解释，采用基本地形参数或基本地形参数组合统计特征描述地形信息，将地形信息载负量和特定的地形因子结合起来比较；④将 DEM 提取出的等高线载负量用于表示地形信息的容量；⑤基于点重要度（特别是特征点）确定局部信息的容量，通过分析重要点位的信息综合计算地形信息载负量。这几种方法计算得出的地形信息容量具有很大的差别，根据不同的地形信息量化方法进行比较分析，可以得出不同的重点区域。地形信息的量化方法对 DEM 数据重点区域的提取具有重要影响。同时在具体应用中，还需要考虑重要目标对重点区域判定的影响，进行重要度加权计算。

2. 伪装算法设计

伪装算法设计是规则格网 DEM 重点区域信息伪装的关键，本质上是设计原始数据中的重要信息到伪装数据的变换方法。进行重点区域局部伪装的算法设计主要分为两大类：一类是仅根据重点区域内部的地形特征进行处理。将重要信息所在的信息空间作为一个单独的个体考虑，通过空间域或频率域的方法进行信息伪装。这种方法具有较强的独立性，容易忽略个体与整体之间的关系；另一类是结合整体的重点区域信息伪装。在进行局部伪装的同时顾及整个 DEM 数据的地形特征，使需要伪装的重要信息具有更大的处理空间。这种方法既要求重点区域的地形特征发生较大的改变，同时又需要保证其他区域的地形特征维持原有样貌，难度相对较大，但是算法性能一般要优于仅考虑区域内部的信息伪装。同时，设计的算法应该满足信息伪装的技术要求，特别是要满足数据安全性、差异性、迷惑性及可逆性等基本要求。

3. 伪装后重点区域的 DEM 数据与周邻区域之间的衔接

伪装后重点区域的 DEM 数据与周邻区域之间的合理衔接是增强伪装数据迷惑性的一个关键问题，也是判断信息伪装算法效果的重要指标之一。特别是仅考虑重点区域进行信息伪装时，由于和原始数据完全割裂，伪装数据的边缘格网点和周围格网点具有很大的差别，衔接不合理很容易看出数据经过特殊处理，影响保护效果（见图 6.2）。伪装数据与周邻数据的衔接处理需要具备两个基本要求：一个是衔接处理后数据之间的过渡要尽可能平滑自然，伪装后的重点区域和原始数据可以有机融合，完全混为一体，简单的分析技术不能发现两者具有明显不同；另一个是处理后的伪装数据在进行还原时能够完整恢复，衔接处理是一个可逆的过程，不会造成信息的损耗。这个要求一般难以满足，需要一些技巧性的数据处理方法。

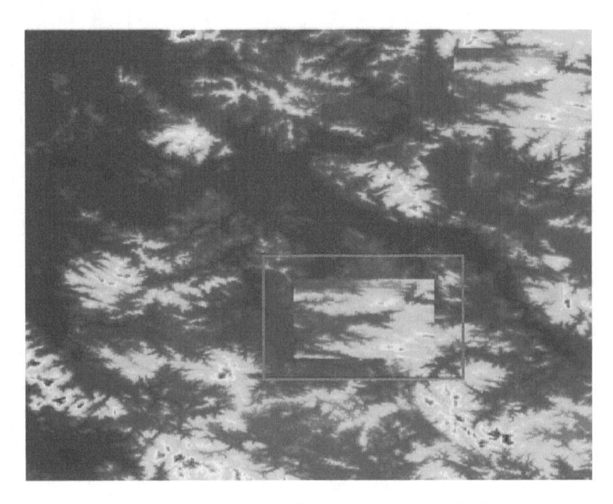

图 6.2　伪装后的 DEM 数据与周邻区域衔接不合理

伪装后的重点区域和周邻数据的衔接效果可以通过分析衔接部位组成带状区域内的空间相关性指数进行描述。如果伪装数据边缘区域内的高程数据和周邻区域一定范围内的高程数据具有明显的空间相关性，则说明衔接效果良好，能够满足迷惑性的要求；反之，说明数据的伪装效果达不到预期目标。

进行重点区域的信息伪装不仅更符合实际需要，还可以大大降低数据处理量，提高信息伪装算法的计算性能，节约时间成本，是一种合理的选择。重点区域选取、伪装算法设计及伪装数据和周邻区域之间的合理衔接是进行规则格网 DEM 重点区域信息伪装的三个基本问题，处理恰当与否直接影响信息伪装的效果。在实际操作中，这些问题相互间可以融合化简，但几乎所有伪装方法都会涉及这三个内容。

6.2　点面结合的重点区域确定方法

确定重点区域最直接的方法是将数据分成若干子区域后进行信息量比较，信息载负量大的即为重点区域。但在实际应用中，人为的子区域划分主观性和随意性很强，而且大多数信息量计算方法仅考虑数据的语法信息，容易造成地形语义的割裂，达不到预期效果。以具有重要意义的数据特征点为中心，扩展为相应的子区域，通过比较面区域的信息载负量，可以提供一种满足现实要求的 DEM 重点区域确定方法。

为更加直观地比较实验效果，选择重点区域明显的 DEM 作为实验数据。该数据范围在（114°E，23°N）～（115.5°E，24°N），格网行列数为 501 × 334，分辨率为 320.7m，高程区间为（17.39～1300m）。实验区域地形特征分布如图 6.3 所示。

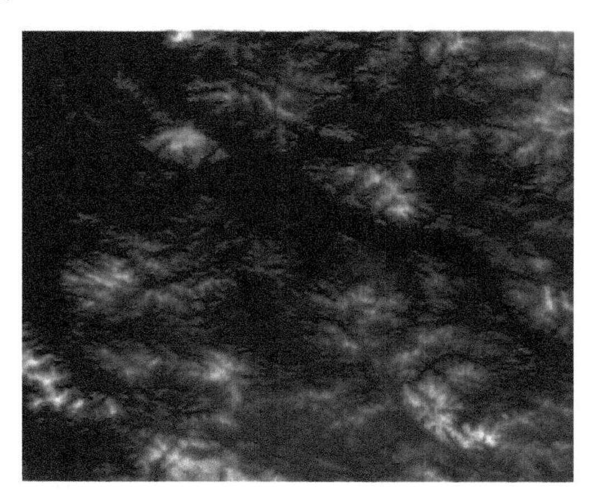

图 6.3 实验区域地形特征分布

6.2.1 DEM 数据中重要点位的确定

确定 DEM 数据中的重要点位是进行重点区域划分的基础，其关键是确定 DEM 数据的点重要度。常用的方法主要有通过计算点到平均平面的距离、高程点处的曲率、点相似性及坡度等参数得到。这些算法反映了点在一定范围内的重要程度，但局限性较强，缺乏整体考量。根据数据的组成特点，DEM 格网点的重要程度应由局部重要度和全局重要度两部分组成：局部重要度反映格网点在一定空间范围内的重要程度，由 3×3 空间内的局部变化确定；全局重要度反映其在整体地形特征中起到的作用，根据点的地形特征类型决定。

1. 点的局部重要度

点的局部重要度根据格网点的局部特征确定，反映点对小空间地形的贡献程度，采用重要点法（Very Important Point，VIP）计算，通过 8 邻域高程格网点确定其局部重要程度。如图 6.4 所示，根据各点的高程值，在三维空间内分别计算点位 P 到线段 AH、BG、CF、DE 的距离。

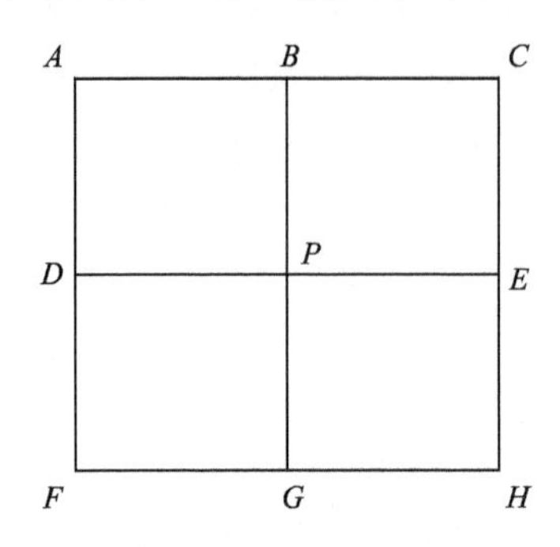

图 6.4　VIP 法计算重要度

以点 P 到空间直线 AH 的距离计算为例，根据海伦公式，有

$$d_{P-AH}=2\sqrt{p(p-d_{PA})(p-d_{PH})(p-d_{AH})}/d_{AH}$$
$$p=(d_{PA}+d_{PH}+d_{AH})/2$$

式中，d_{PA}、d_{PH}、d_{AH} 根据点 A、P、H 的空间坐标确定。依次求得点 P 到其他三条线段的距离，取其平均值作为该点的局部重要度：

$$\mathrm{VI}_{\mathrm{local}}=(d_{P-AH}+d_{P-BG}+d_{P-CF}+d_{P-DE})/4$$

2. 点的全局重要度

点的全局重要度反映格网点对整个 DEM 空间地形构造的作用。首先以数据的地形特征为基础，确定空间范围内所有格网点的地形特征类型；然后根据特征类型，计算点的全局重要度。不同的地形特征点，重要程度不同，数据中含有的数量越少，该类型的地形特征点越重要。

确定点的全局重要度，采用局部确定特征类型、全局考量重要系数的方法进行。地形特征点主要可以分为山顶点、凹陷点、山脊点、山谷点、鞍部点、普通点等类型。局部确定地形特征类型，是指在一个局部区域内，用 x 方向和

y 方向上关于高程 z 的二阶导数的正负组合关系来判断地形点类型。具体的确定方法如表 6.1 所示。

表 6.1 地形特征点类型的确定方法

名 称	定 义	邻域高程关系
山顶点	局部范围内高程的极大值，在各方向上都为凸起	$\frac{\partial^2 z}{\partial x^2}<0, \frac{\partial^2 z}{\partial y^2}<0$
凹陷点	局部范围内高程的极小值，在各方向上都为凹陷	$\frac{\partial^2 z}{\partial x^2}>0, \frac{\partial^2 z}{\partial y^2}>0$
山脊点	两个正交方向上，一个为凸起，另一个没有明显凹凸变化	$\frac{\partial^2 z}{\partial x^2}=0, \frac{\partial^2 z}{\partial y^2}<0$ 或 $\frac{\partial^2 z}{\partial x^2}<0, \frac{\partial^2 z}{\partial y^2}=0$
山谷点	两个正交方向上，一个为凹陷，另一个没有明显凹凸变化	$\frac{\partial^2 z}{\partial x^2}=0, \frac{\partial^2 z}{\partial y^2}>0$ 或 $\frac{\partial^2 z}{\partial x^2}>0, \frac{\partial^2 z}{\partial y^2}=0$
鞍部点	两个正交方向上，一个为凸起，另一个表现为凹陷	$\frac{\partial^2 z}{\partial x^2}>0, \frac{\partial^2 z}{\partial y^2}<0$ 或 $\frac{\partial^2 z}{\partial x^2}<0, \frac{\partial^2 z}{\partial y^2}>0$
普通点	各个方向上均没有明显的凹凸变化	$\frac{\partial^2 z}{\partial x^2}=0, \frac{\partial^2 z}{\partial y^2}=0$

通过表 6.1 中的方法，得到 DEM 数据中除边缘点（边缘点无法形成完整邻域）外所有格网点的地形特征类型，据此全局考量重要系数。数量越少，特征越重要，则每一类型特征点的全局重要度系数为

$$\mathrm{VI}_{\mathrm{global}} = P_i / \sum_{i=1}^{6} P_i \quad i = 1, 2, \cdots, 6$$

$$P_i = \left(\sum_{i=1}^{6} S_i \right) / S_i$$

式中，S_i 表示某一类地形特征点的数量。根据实验区域计算出的结果如表 6.2 所示。

表 6.2 的结果符合实际情况：在地形表达中，普通点的数量一般要远多于其他特征点，其重要度也低于其他特征点。该结果说明格网点的全局重要度计算方法准确可靠。

表 6.2 实验区域的地形特征点情况统计

类　型	数　量	比　重	重要系数
山顶点	24630	0.1487	0.1472
凹陷点	22856	0.1380	0.1586
山脊点	21693	0.1309	0.1671
山谷点	28777	0.1737	0.1260
鞍部点	10740	0.0648	0.3375
普通点	56972	0.3439	0.0636

3. 点的重要度

根据以上结果，DEM 数据中各点的重要度即为

$$VI=VI_{global}\cdot VI_{local}$$

VI 指数可以综合表示 DEM 数据中不同点的重要程度，实验数据的计算结果分布如图 6.5 所示。

图 6.5 格网点重要度计算结果分布

6.2.2 面的划分及重要区域的确定

1. 基于重要点进行面区域划分

重要区域应包含一定数量的重要格网点，VI 指数描述了 DEM 中各个位

置格网点在地形表达中的重要程度。根据点的重要度，得出 DEM 数据中可能的重点区域集，具体步骤如下。

（1）根据点的重要度进行排序，得到格网点位重要度序列，同时设定区域划分的数量 M。

（2）以重要度序列中最重要的点为中心，以阈值 N 为大小进行扩展，形成 $N \times N$ 的子区域。若该点距离 DEM 数据边缘的距离小于 N 个格网点，则该方向仅扩展到数据边缘。

（3）检索上述子区域以外的最重要点位，并以此为中心重新构建子区域。

（4）重复步骤（2）、（3），直至形成 M 个子区域。

区域划分的数量 M 应大于需要确定的重要区域的数量。按照划分方法，形成的子区域之间会有重叠的部分，可以确保划分出来的面区域能最大限度地表示某一重点区域。

2. 面区域计算尺度的确定

重点区域应当具有独立表示地形地貌特征的能力。面区域的计算尺度指的是重点区域空间范围的大小，科学认识面区域的计算尺度是基于 DEM 进行重点区域划分的前提，其关键是阈值 N 的选择。目前没有统一的标准作为计算地形起伏度最适宜的计算尺度，一般认为，地形起伏度适宜的计算尺度与采用的 DEM 数据有关，分辨率越小，地形起伏度适宜计算尺度越大。针对同一分辨率 DEM 数据，中国境内的地形起伏度适宜计算尺度随地貌特征的变化而变化，但总体变化幅度不大。目前针对不同的应用需求和不同分辨率的数据进行地形起伏度研究时存在多种计算尺度，通过全面比较和综合分析，21km^2 在中国境内具有普适性，能够进行各种地貌类型间的比较，可以在不同分辨率的 DEM 数据上进行操作，是进行面区域划分的最佳统计单元。因此有：

$$N = [(1000 \times \sqrt{21})/D] + 1$$

式中，[ ]为取整符，D 表示 DEM 数据的分辨率，单位为米。根据基于重要点进行面区域划分的步骤可以发现，当选中的当前最重要点位于 DEM 数据的边缘地带时，进行区域扩展时面积难以达到 21km^2，此时仅考虑 DEM 数据中包含的高程格网点，认为子区域的其他格网点位于相邻的 DEM 数据中。

3. 子区域的重要度计算

面区域划分时仅是以当前最重要点为中心，不能确定区域内其他点的情况，不能以此作为整个子区域的重要度指标，需要通过计算信息量的方式对 M 个子区域进行比较。

按照信息科学原理，事物的信息量分为语法、语义及语用信息三个层次。在 DEM 数据中，语法信息表示地形的外在形式，语义信息表示地形的内在含义。这两种信息都是可以量化的，在某种意义上，前文计算得出的点位局部重要度和全局重要度分别对应的是格网点的语法信息和语义信息。语用信息是具体到特定用户或应用目的的地形特征，难以量化。通过比较子区域的信息量确定其重要程度，包含表示子区域地形起伏状态的语法信息和地形部位类型及地形层次结构的语义信息两个部分。

语法信息类似于传统的香农信息，其测度可以基于概率统计的信息熵进行量化，认为子区域的语法信息是区域内不同高程值出现的不确定程度的累加。DEM 是对局部地形的数字化模拟，地形曲面是连续的封闭场，在进行信息量计算时，首先需要根据高程属性特征进行子集划分，按照一定的规律确定子集间的高程间隔和子集内的高程跨度，子集划分是准确进行 DEM 语法信息计算的基础。以等步长进行子集划分，将整块 DEM 数据的高程值按照从小到大递增的原则划分为 n 个区间，根据信息论的原理，包含格网点数量越少的高程子集，其出现的概率越小，其内格网点所包含的信息量越大。针对某一块子区域，其格网点的平均语法信息用下式表示：

$$\text{TPI}(X)=\left[-\sum_{i}^{n}k_i\log P(X_i)\right]/\text{Sum}$$

式中，n 表示划分的子集数，$P(X_i)=n_i/N$（N 表示整块 DEM 数据中的格网点数，n_i 表示第 i 个子集中的格网点数），k_i 表示该子区域所含有的第 i 个子集中的格网点数，Sum 表示子区域中的格网点数。通过该式可知子集划分的数量会对语法信息的计算产生一定的影响。

语法信息在一定程度上体现了子区域的地形信息量，但具有很强的局限性，不能反映高程的空间分布，可比性不强。例如，因为地形信息量的计算没有考虑到数据的本身特征，当平直分布、相邻分布和交错分布三种地形分布方式的语法信息量相等时，交错分布的地形信息量要明显大于前两种分布形式。

语义信息是子区域重要度测量的另一个关键指标，反映子区域的地形特征，通过子区域内所有点的特征点类型进行量化。根据计算点重要度系数（全局重要度）的方法，计算子区域内所有点的平均重要度，作为子区域的语义系数。为了更加客观地反映子区域的重要度，针对地形信息重要度（TII）、子区域语法信息（TPI）及子区域语义信息（TSI），有

$$\mathrm{TII}=\mathrm{TPI}\times\mathrm{TSI}$$

因为子区域划分过程中存在边缘区域，各区域间包含的格网点不一定完全相同，TII 表示的是区域内格网点的平均重要度。由上式可知，子区域理论上的最大信息量为其语法信息量，根据区域内地形特征类型不同，具有相等语法信息量的区域重要度不同。

▶ 6.2.3 重点区域选取的效果与分析

按照以上方法，对实验地区进行重点区域确定，首先在点重要度计算的基础上确定可能的 9 个重要子区域，其三维模型显示如图 6.6 所示。

分别以传统的子区域本身信息量计算、仅考虑语法信息量和兼顾语义信息三种方式对 9 个子区域的重要度进行排序，得到的最重要的 5 个重点区域如表 6.3 所示。

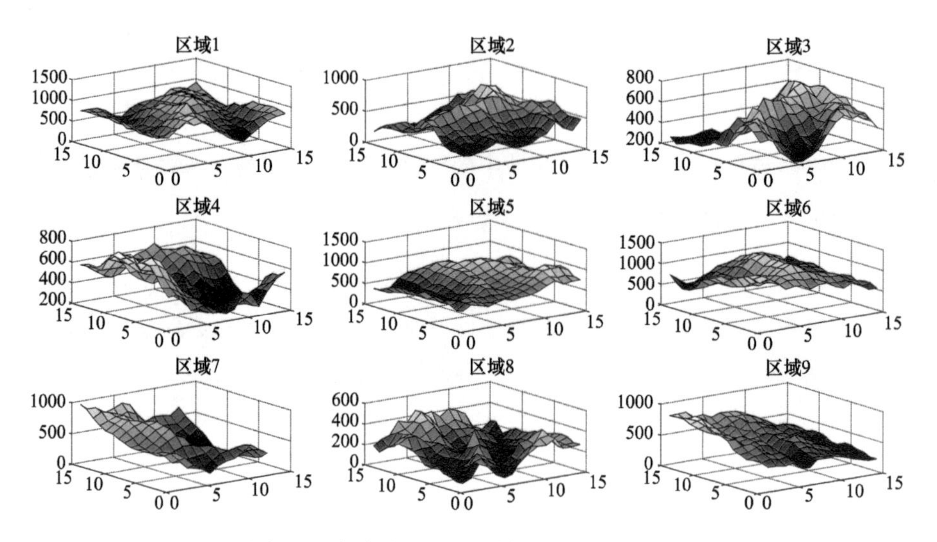

图 6.6　实验地区子区域划分三维模型显示

表 6.3　三种重要区域确定方法的比较

排　序	传 统 方 法	语 法 信 息	本 书 方 法
1	区域 8	区域 6	区域 6
2	区域 4	区域 1	区域 5
3	区域 6	区域 5	区域 1
4	区域 3	区域 9	区域 9
5	区域 1	区域 4	区域 2

由表 6.3 可以看出，采用本书设计的重点区域确定方法和传统方法得到的结果相差很大，这主要是因为传统方法在进行信息量计算时，仅以单个子区域中的数据分布为基础，没有考虑该区域在整块 DEM 数据中的地位和贡献。例如，区域 8（高程范围 50～450m），地形特征分布比较复杂，通过传统方法计算得出的信息量最大，但是其整体高差较小，相关格网点在整体布局中的作用并不明显；而区域 6（高程范围 402.14～1300m）中的格网点主要来自区域内数量较小的高程子集，地形特征也较明显，是整块 DEM 数据中最重要的子区域。

DEM 重点区域的确定对后续研究具有重要价值。点面结合的方法兼顾重要点位、局部地形分布及整体数据特征等主要因素，按照地形表达的尺度，通过扩展数据块中最重要的格网点形成待选区域，从语法和语义两方面综合考虑面的重要程度，弥补了传统方法单一以信息载负量为依据的判断方式的不足，注重全局特征和地形信息的表达，为重点区域确定提供依据，同时为后续研究提供合理的参考。

6.3 基于 DWT 的重点区域多尺度伪装和分权限还原

小波变换是傅里叶分析提出后信号处理领域的又一重要理论。简单概述，小波就是一组可以用来表示其他函数或数据的满足一定数学条件的函数。与傅里叶变换、窗口傅里叶变换相比，小波是时间和频率兼备的一种局部变换，可以更为有效地从信号中提取感兴趣的信息。通过伸缩、平移等功能对信号进行多尺度分析，解决以前难以解决的问题，具有“数学显微镜”的称誉。离散小波变换（DWT）是小波变换的一种形式，主要用于处理离散信号，可以将一系列离散数据转换成一组小波变换系数，在地理信息数据压缩及遥感影像处理中应用便捷、效果明显。在进行数据隐藏时，通过将数据从空间域转换到频率域，DWT 能够将隐藏信息均匀地分散到载体数据的整个区域，而且可以根据需要选择信息隐藏的系数域和嵌入强度，优势突出，应用广泛。结合 DEM 数据的多分辨率特征和 DWT 的多分辨率分析特性，提出一种结合整体的重点区域信息伪装方法，可以实现重点区域的多尺度伪装和分权限还原。

▶ 6.3.1 数字高程模型的多尺度特征

1. 尺度的概念

尺度是一个很容易让人混淆的概念，经常被错误理解，尺度在不同的环境和学科背景下有着不同的含义，如比例尺和分辨率。由于地图本身的尺寸与其描述的地理空间范围之间是不同的，因此，通常说地图具有某种比例尺。所谓地图比例尺，指的是地图上的距离与地面上相应距离之比。比例尺表征了人们能够观察、表达、分析和交流传输信息的详细程度。因为我们不可能完全、详细地观察我们所处的地理世界，比例尺也就必然成为一切地理信息的重要特征之一。当给定一个具有固定大小的区域时，比例尺越大，在地图上所占的（或被绘制成的地图）空间（或面积）也越大。由于地图空间的减少，人们直觉上认为大比例尺地图（1∶1 万）上表现的细节层次（LOD）并不能如实反映在小比例尺地图（1∶10 万）上，这意味着同一地区的同一地物在不同比例尺的地图上有着不同的表达。如何通过一些诸如简化和有选择性省略的操作从大比例尺地图中获得小比例尺地图，这个问题叫作“地图综合”。多尺度问题在地图更新中也存在，即如何从最新更新的大比例尺地图中通过综合获得小比例尺地图。

随着空间信息应用方式的变化发展，比例尺的概念发生了一定的变化。将计算机技术运用于空间数据的管理，建立空间数据库成为空间数据管理应用的重要途径之一。空间数据库可以包含很多种不同比例尺的地图。这时的比例尺称为地理比例尺或空间比例尺，它反映的是一种空间抽象（或详细）程度，同时，仍隐含着传统意义上距离比率的含义，即反映了空间数据库的数据精度和质量，数字环境下的“比例尺”用“空间分辨率”来代替最好不过。DEM 作为一种特殊的空间数据内容，在国家空间数据基础设施中的作用越来越重要。为了满足对大比例尺基础数据集的各种需求，大规模 DEM 数据常常使用大比例尺的数据源并以很高的精度和分辨率进行生产。然而，许多应用更需要使用较小比例尺的 DEM。

地球科学的不同分支中尺度的含义也是非常不同的。例如，摄影测量学：对像片而言，尺度的含义与地图的相同；但对于立体模型，尺度是指模型显示与地表实际之间的比率；地理学：研究对象的相对大小，即地理环境（或研究范围）和细节等。

2．DEM 数据的多尺度特征

与传统的地形模拟方式相比，数据高程模型的信息表达具有多样性，传统地形图一旦制作完成就很难进行改变，而采取了数字描述的 DEM 数据能够通过多种形式表示地形，可以在三维空间（如三维模拟地形）和二维平面间（如等高线图）之间互相转化；数据精度具有恒定性，由于采用了数字媒介存储，DEM 数据不会因为时间推移降低精度，而传统方式的地形图会因为时间变化发生不可逆的精度损耗；更新具有实时性，通过直接添加或修改信息就能完成数据的更替，可以进行自动化的实时更新，大幅度减少了测绘人员的工作量；尺度具有综合性，能够在 DEM 尺度范围内迅速计算出相关高程数据，计算精度和数据本身的精度及尺度等因素密切相关。

数字高程模型的多尺度特征，是指同一地区的地形起伏特征可以通过不同尺度的 DEM 数据进行表示，甚至不同尺度的 DEM 数据可以相互包含。以规则格网 DEM 数据为例，从小尺度的 DEM 数据中提取大尺度数据的本质就是进行网格简化。网格简化的目的是通过削减同一地区高程模型在纵、横两个方向的分割数，减少格网点的数量，降低空间尺度。如图 6.7 所示为同一地区不同尺度的数据比较。

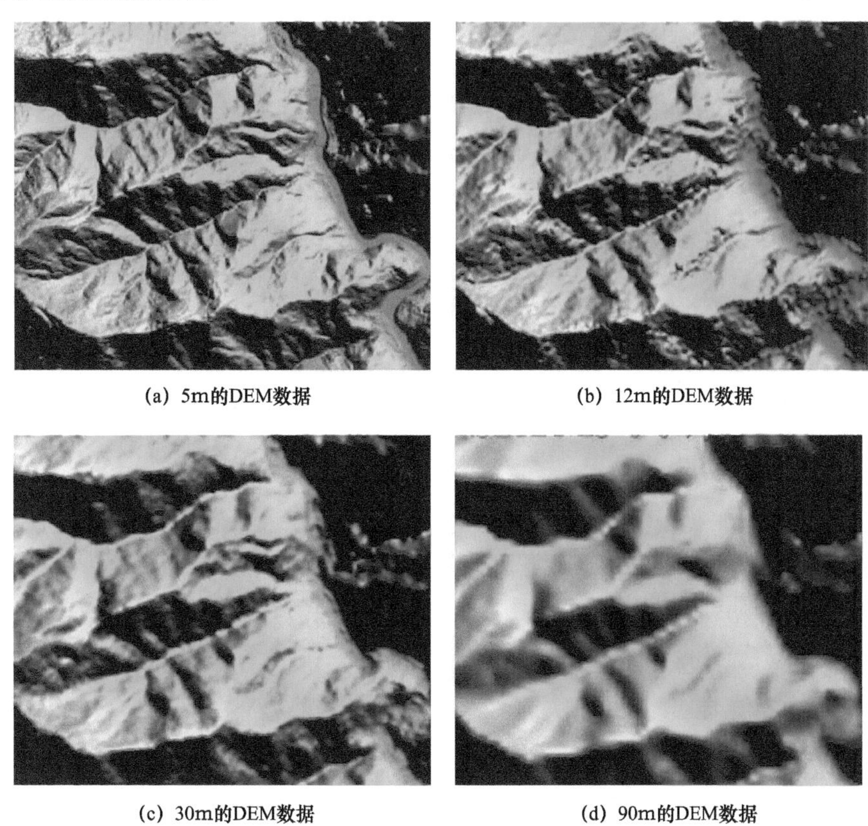

(a) 5m的DEM数据　(b) 12m的DEM数据

(c) 30m的DEM数据　(d) 90m的DEM数据

图 6.7　同一地区不同尺度的数据比较

根据实际需要，可以利用网格简化的方法在DEM数据中提取任意一种低于原始尺度的数据，这种方法易于理解，操作也十分简单；但是网格简化的结果往往是不可逆的，一旦简化完成，会损失大量的地形细节信息，而且难以恢复。通过收集记录简化掉的细节信息，可实现简化数据的无损还原，例如，采用小波变换技术进行网格简化与数据压缩，已经在实践中得到推广。

6.3.2 离散小波变换的多分辨率分析特性

小波变换特别适合处理非平稳信号，而规则格网DEM数据就是一种典型的二维非平稳离散信号。二维小波是在一维小波的基础上发展而来的，在进行DEM信息伪装时，二维离散小波主要具有以下优势。

（1）完整重构性。根据小波变换的性质，通过DWT分解的DEM数据根据分解次数形成 $3n+1$ 个子集数据，在对近似数据进行处理后，结合分解中得到的细节信息可以对原始数据进行重构，而且整个过程中不损失任何高程信息，保证了数据的完整性。

（2）具有多种可选的小波基。直接构造二维离散小波需要的基函数具有一定难度，但是目前已经有多种构造好的函数可供选择。比较常用的有Haar小波、Daubechies小波、Bior小波及高斯小波等，可以根据需要在进行DEM信息伪装时直接选用。

（3）具有快速实现算法。小波变换在实现上具有快速算法，可以为DEM信息伪装的高效率实现提供支持，最大限度满足信息伪装对算法时效性的要求。

DWT的多分辨率分析特性，是指DWT可以将二维离散信号进行层层分解，得到原始信号的近似数据和不同等级的细节信息，而且这些信息在合适的条件下可以进行完整重构，得到与原始信号相同的结果。根据二维离散小波变换的定义，二维信号经一次变换后存在4个子带：1个低频子集LL（表示原有数据的基本信息）和3个高频子集LH、HL、HH（表示原有数据的细节信息，分别对应水平、垂直及对角三个方向）。同时对一级低频子集 LL 可以进行二次分解，得到相应的二级低频子集和 3 个二级高频子集数据。以此类推，分解的次数越多，得到的子集数量越多。子带之间存在以下关系：

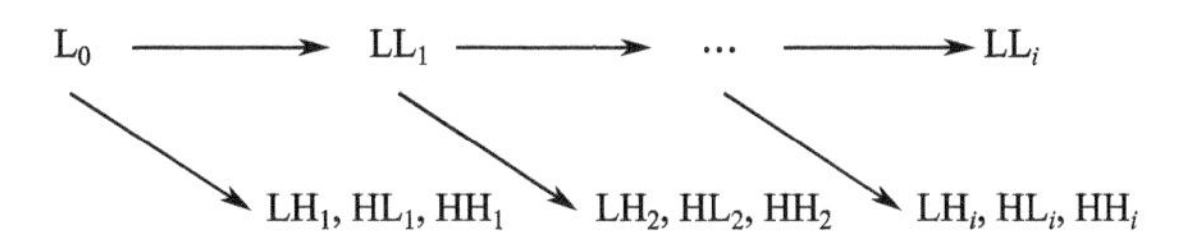

其详细的分解流程如图 6.8 所示。

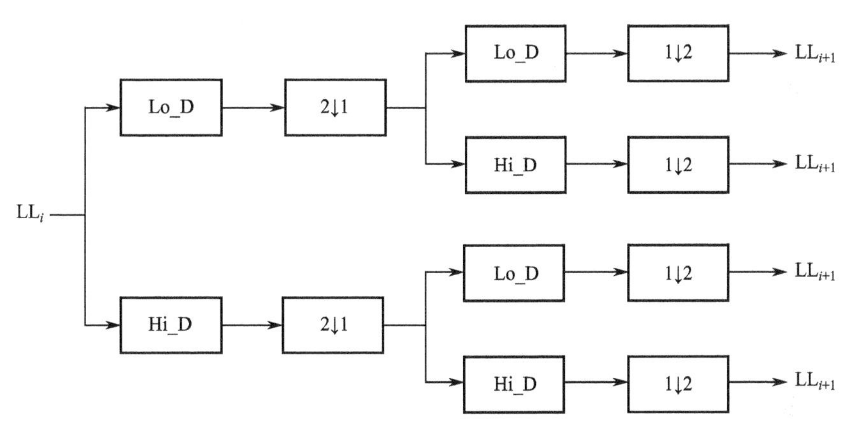

图 6.8　二维离散小波变换的分解方框图

其中，Lo_D、Hi_D 表示小波的带通滤波器，↓ 表示亚抽样。

根据这些分解得到的多层子集信息，可以在适当的条件下再次进行数据重构，重构的过程为

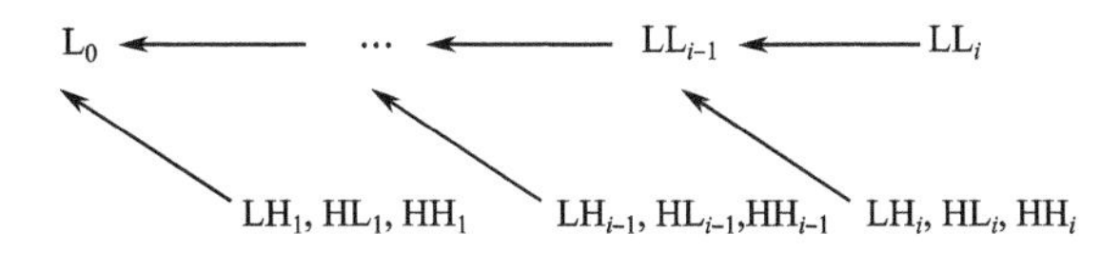

即有

$$LL_{i+1} = LL_i \oplus (LH_i, HL_i, HH_i)$$

其详细的重构流程如图 6.9 所示。

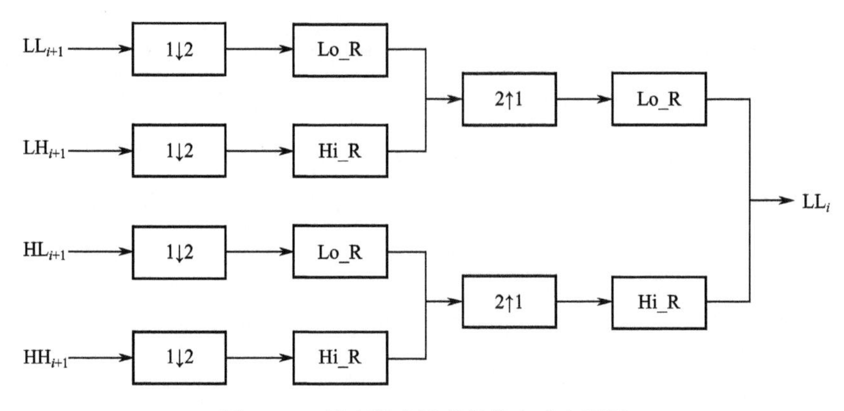

图 6.9 二维离散小波变换的合成方框图

其中，Lo_R、Hi_R 表示小波的带通滤波器，↑ 表示插值（上采样）。

▶ 6.3.3 重点区域的多尺度伪装方法

在重点区域确定后，基于 DWT 进行规则格网 DEM 重点区域多尺度伪装的基本流程如下。

首先对重点区域和填充后的原始数据分别进行 DWT 分解，然后将重点区域的子集信息按照对应关系依次伪装在原始数据的子集信息中，最后通过 DWT 逆变换形成伪装数据。该方法本质上是一种以 DEM 本身为载体的信息隐藏技术，主要包括重点区域预处理、基于 DWT 进行 DEM 分解、重点区域的多尺度信息伪装三个内容，具体流程如图 6.10 所示。

1. 重点区域的预处理

在利用 DWT 对 DEM 数据的重点区域进行多尺度伪装前，为了达到更好的伪装效果，需要进行数据预处理，主要包括重点区域置乱和对除去重点区域后的原始数据进行高程漏洞填充两个内容。

1）重点区域置乱

进行重点区域置乱的作用主要有两个：一个是进行简单加密，使原始数据呈现不同的形态（但简单置乱算法的安全性能普遍较低，仅靠这种保护方式并不具有太高的实用价值）；另一个作用是使原始数据的重要信息更具随机性，消除或减弱数据间明显的相关关系，方便进行 DWT 变换处理（这是在信息伪装前进行数据置乱的主要目的）。同时，通过打乱原始数据排列方式，可以有效防御伪装数据在传输过程中遭到的几何攻击。假如在正常传输过程中由于各种原因造成伪装数据的部分丢失，可以根据 DEM 数据间原有的相互关系，推断重点区域数据的基本地形特征，增加算法的鲁棒性。

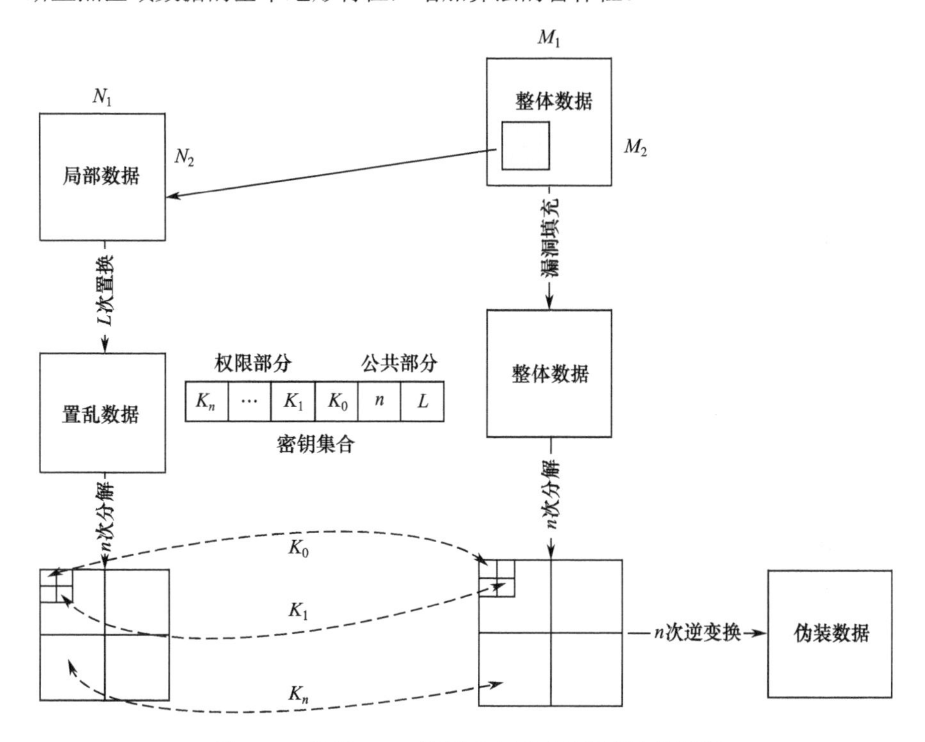

图 6.10　基于 DWT 进行重点区域多尺度伪装流程

规则格网 DEM 数据的重点区域仍旧可以看成包含于原始高程矩阵的数学矩阵，该矩阵中的元素是重点区域范围内各格网点上的高程数据，进行重点区域置乱等同于进行二维矩阵置乱。常用的矩阵置乱方法有 Arnold 变换、Fibonacci 变换、排列变换及亚仿射变换等（参见 4.2 节）。

根据重点区域置乱的目的，兼顾算法安全性能方面的考虑，这里选择置换周期适中而且计算较为简单的幻方变换进行区域置乱。幻方变换是一种阶数可选的周期性变换方式，可以用于重点区域 DEM 的置乱，其定义如下：连续的

自然数$1, 2, \cdots, n^2$，组成n阶矩阵$\boldsymbol{A}$，表达式为

$$\boldsymbol{A}=\begin{bmatrix} a_{11} & a_{12} & \cdots & a_{1n} \\ a_{21} & a_{22} & \cdots & a_{2n} \\ \vdots & \vdots & \vdots & \vdots \\ a_{n1} & a_{n2} & \cdots & a_{nn} \end{bmatrix}$$

其每一行、每一列，以及正、反对角线上的元素之和相等，即满足条件

$$\sum_{i=1}^{n} a_{ij} = \sum_{j=1}^{n} a_{ij} = \sum_{i=1}^{n} a_{ii} = \sum_{i+j=n+1} a_{ij} = \frac{n(n^2+1)}{2} \tag{6.1}$$

则称$\boldsymbol{A}$为n阶幻方。幻方自古以来就是一种有趣的数学问题，研究很多。在进行重点区域置乱时，将该区域的 DEM 数据划分成$n \times n$大小的若干小块B_i，将幻方中的自然数序号和B_i中的高程点按照原有形式一一对应，通过改变幻方中数值的位置，实现高程区域的置乱变换，整个过程相当于密码学中替代和移位的结合。设定幻方矩阵右移的距离为移位密钥，密钥为m的结果是矩阵中所有的元素向右移动m位，最后的元素填补起始处右移的部分。图 6.11 是利用 4 阶幻方进行矩阵置乱的一个示例。

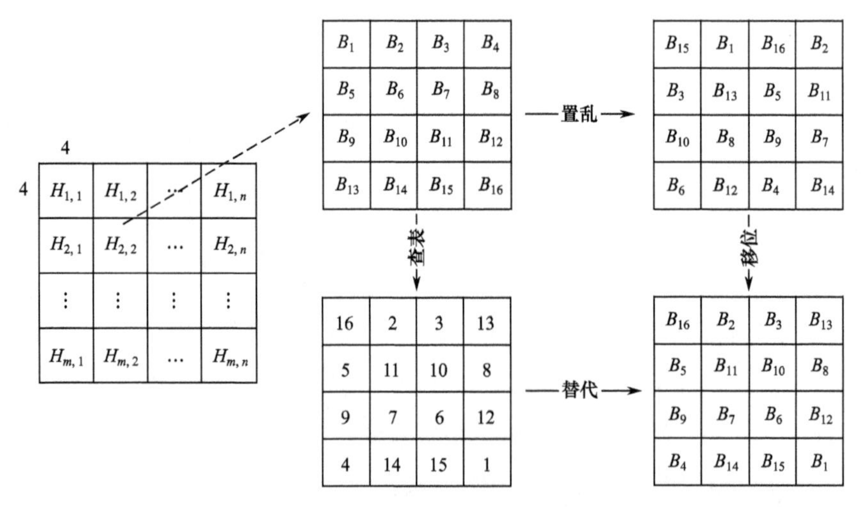

图 6.11 利用 4 阶幻方进行 DEM 矩阵置乱示例

图 6.12 表示 DEM 重点区域经 4 阶幻方变换的前后对比。

(a) 原始区域

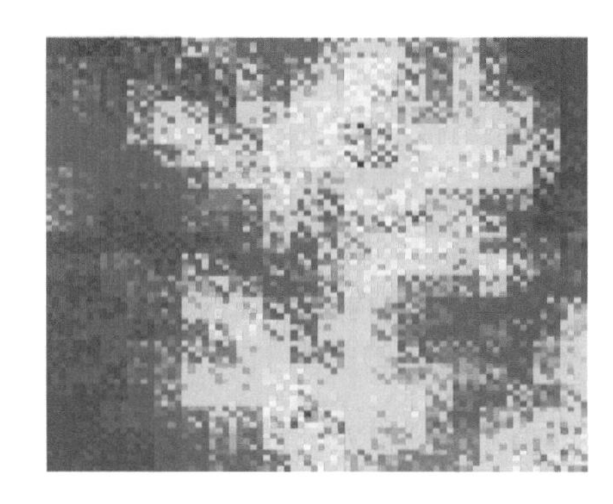

(b) 置乱区域

图 6.12　重点区域 4 阶幻方变换置乱前后对比

由图 6.12 可以看出经置乱后重点区域相邻数据间的相关性有所减小，但是仍能看出其部分特征，这主要是由于幻方的阶数较低造成的。不同阶数幻方变换的置乱周期如表 6.4 所示。

表 6.4　不同阶数幻方变换的置乱周期

阶　数	2	4	6	8	16
周　期	4	16	36	64	256

阶数越高，对重点区域进行幻方置乱的安全性越高，计算量也越大。需要特别注意的是，对于部分高阶数幻方，幻方的排列方式并不唯一，需要在进行数据伪装和还原时提前指定。

2）高程漏洞填充

原始 DEM 在提取出重点区域后，在该区域形成高程漏洞［见图 6.13（a）］，需要进行填充，形成完整的数据。为了保证数据迷惑性，该区域填充后应具有表达真实地形的能力，与周围区域的衔接要尽可能自然，减少高程突跳现象的发生，不合理的高程漏洞填充方法很容易被攻击者发现问题［见图 6.13（b）］。这里采用距离加权内插的方法进行填充，具体方法如下。

（1）扩展高程漏洞区域，在其相邻区域的上下左右各扩展一个单位，形成 $(m+2)\times(n+2)$ 的格网区域，该区域边界格网点上的高程已知。

（2）以区域中心的漏洞点为起点，在水平和垂直方向上搜索距离最近的

4 个已知点，分别位于漏洞点的上下左右 4 个方向。

（3）根据该漏洞点与 4 个已知点的距离和已知点的高程值，利用距离加权法内插出该点的高程值。

（4）将该点转换成已知点，计算通过该点水平和垂直两条线上的高程。每次取两个已知点的中间格网点为下一个格网点。

（5）计算得出的水平和垂直线将区域划分为 4 个部分，重复步骤（2）～步骤（4），直到所有漏洞点填充完毕。

采用这种渐进式的距离加权内插方法进行漏洞填充，以相邻区域的边界已知高程为基准，可以维持数据与周边地形的有效衔接；同时，将计算出的漏洞点参与到其他未知点的计算，可以保证内插数据之间具有一定的相关性，符合一般地形表达的规律，如图 6.13（c）所示。

(a) 高程漏洞

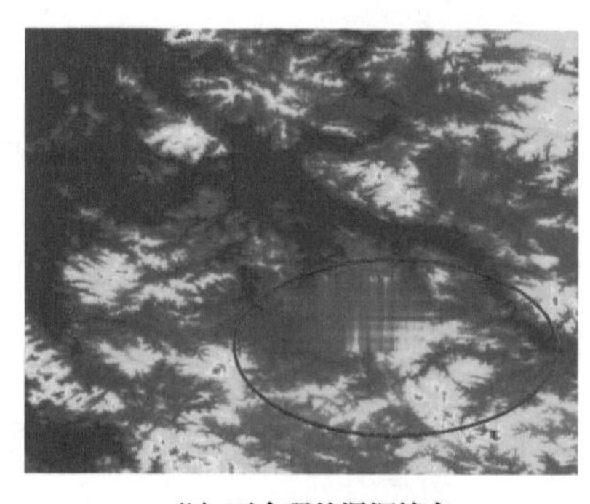

(b) 不合理的漏洞填充

(c) 渐进式漏洞填充

图 6.13　重点区域的高程漏洞填充

2. 基于 DWT 的 DEM 处理

进行数据置乱和漏洞填充的目的是提供适合 DWT 直接进行处理的数据。数据预处理后，基于 DWT 对重点区域和填充后的 DEM 数据分别进行分解，得到的结果是将两种 DEM 数据划分成若干子集的集合。

根据 DWT 的基本原理，原始数据通过 n 级分解，可以得到 1 个原始数据的概略子集和 $3n$ 个高频子集，包含了 $n+1$ 种不同尺度的 DEM 数据。由 DWT 的多分辨率分析特性可以得出，DEM 数据进行小波分解的次数越多，得到的子集数量越多，低频子集数据对原有数据特征的保持能力就越弱，得到的数据精度也就越低。经过 DWT 不同层次分解的近似数据具有基本相同的地形起伏特征，数据分解的次数越少，近似数据和原始数据之间的相似度越高，地形特征保持得越精确。同时，根据 DWT 的重构过程，结合分解过程中产生的高频细节信息，可以将这些低频子集数据依次完全还原出来（见图 6.14），直至得到与原始数据完全相同的 DEM 数据。通过对这些不同层级的子集数据进行信息伪装和隐藏，设计不同权限的用户掌握不同等级的密钥（包括可以还原出基本地形特征的密钥和提取相应权限等级对应数量高频子集的密钥），从而还原出不同尺度的 DEM 数据，可以实现数据的多级伪装和分权限还原。

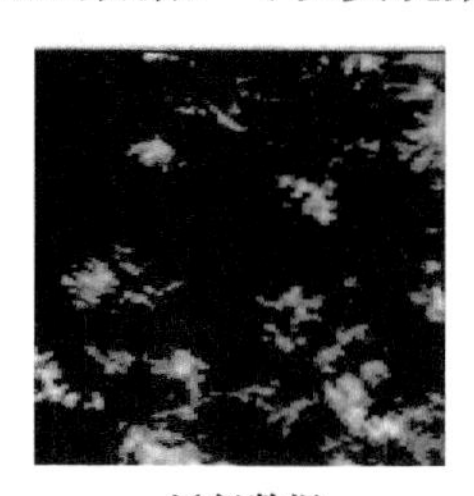
近似数据

细节数据

细节数据

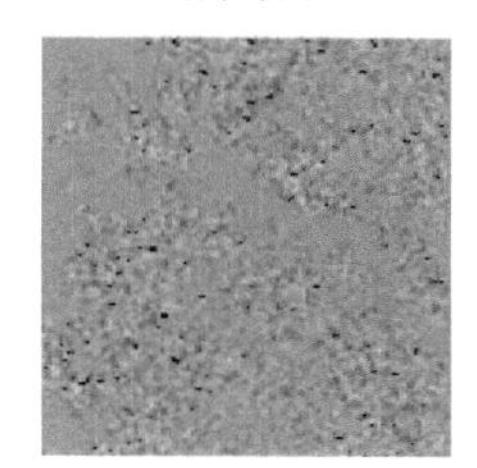
细节数据

(a) 一级分解DEM的近似数据和细节信息

图 6.14 数据的 DWT 分解与重构

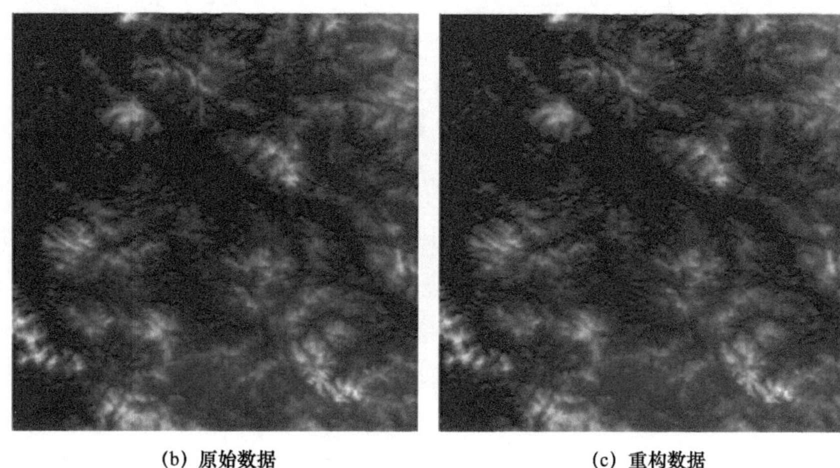

(b) 原始数据　　(c) 重构数据

图 6.14　数据的 DWT 分解与重构（续）

3. 多尺度伪装方法

根据 DWT 的特点和 DEM 的数据本身的特征，假设对某一 DEM 数据（$M_1 \times M_2$）的特定重点区域（$N_1 \times N_2$）进行多尺度信息伪装，可以形成含有 $n+1$ 种不同尺度的数据，供不同权限的用户最终使用，具体方法如下。

1）进行 DWT 分解

将重点区域的 DEM 数据和经过漏洞填充的整体数据分别进行 n 次 DWT 分解，重点区域保留最终的低频信息和 $3n$ 个高频子集信息，可为数据还原提供 $n+1$ 种不同精度的 DEM 数据。整体数据同样形成 1 个低频数据和 $3n$ 个高频子集，两者形成一一对应关系。

2）重点区域数据的信息伪装

将得到的重点区域小波系数信息按照分解的对应关系，依次嵌入整体数据的小波系数集中，具体操作如下。

（1）归化。根据分解次数，将重点区域近似低频信息中的系数归化到与原始数据相近的合理范围内。根据小波分解原理，针对 n 次分解后的系数 a，有 $a = a/2^n$。归化的目的是在保持低频信息与原始数据地形特征相似的同时保证高程数据值的相近。

（2）取整。高程数据代表实地高度，在实际应用中精确到厘米级就可以满足需要。一般情况下，将厘米级以后的精度舍去，并使归化后的数据转换成整数，能够提高算法效率。在具体应用中，可根据实际要求选择精度取舍等级。

（3）二进制转换。将重点区域取整后的高程数值数据转换成二进制，高程数据的实际取值主要集中在（−1103400cm，884886cm），需要 20 位二进制数值进行表示。如果按照一一对应的关系，则重点区域中的一个数据嵌入整体中需要对应 20 个高程数值，要求整体数据至少为重点区域格网数的 20 倍。实际上，重点区域不会占据整体数据过大的面积，否则就失去了局部伪装的意义，双方比例大多可以满足要求。如果整体数据面积达不到要求，同时考虑系数选择和算法效率的问题，可以将二进制数据分段依次嵌入，每次嵌入两位或多位数据。

（4）载体系数选择。将整体数据的各个子集进行分块，每一块的大小为 $(M_1/N_1)\times(M_2/N_2)$，每一块数据对应伪装局部区域中的一个高程数据。根据每次嵌入一位或两位数据，选择每一块数据中最大的 20 个或 10 个数据作为嵌入载体数据。当有相同大小的数据时，取位置靠前的数据为大。

（5）嵌入方法。采用最优临近值的方法进行信息嵌入，假设载体系数为 b，以 K_0 为基数，若每次嵌入一位数据，过程如下。

① 当嵌入信息为 1 时，取距离 b 最近的偶数倍值 $2nK_0$ 代替 b；

② 当嵌入信息为 0 时，取距离 b 最近的奇数倍值 $(2n+1)K_0$ 代替 b。

若进行分段嵌入，每次嵌入两位数据，则含重点区域的信息单元有（00、01、10、11）4 种可能性，具体过程如下：

① 当嵌入信息为 00 时，取距离 b 最近的 $4nK_0$ 代替 b；

② 当嵌入信息为 01 时，取距离 b 最近的 $(4n+1)K_0$ 代替 b；

③ 当嵌入信息为 10 时，取距离 b 最近的 $(4n+2)K_0$ 代替 b；

④ 当嵌入信息为 11 时，取距离 b 最近的 $(4n+3)K_0$ 代替 b。

考虑到高程数据的精确性，以上方法中 K_0 的取值应小于 1，且其值越小，对原数据造成的干扰越小。同时一次嵌入的数据位数越多，对精度影响也越大，一般选择一次嵌入两位即可。采用同样的方法，以 $K_1 \sim K_n$ 为基础、分别处理不同层次的高频信息，每一层高频数据伪装采用相同的 K 值。

3）将形成的小波系数集进行逆变换，得到最终的伪装数据

按照以上方法，就完成了 DEM 数据重点区域的多尺度信息伪装。根据该信息伪装过程，DEM 重点区域的多尺度伪装密钥主要由公共密钥和权限密钥两部分组成：公共密钥是所有权限用户都需要获取的基本密钥，包括局部 DEM 数据置换的次数 L、进行 DWT 分解的层次数 n，以及伪装近似低频信息采用的密钥 K_0；权限密钥是指不同权限用户需要获取的层次密钥，包括伪装不同层次高频信息采用的密钥 $K_1 \sim K_n$，用户的权限越高，所需要掌握的密钥集合越多。

▶ 6.3.4 伪装数据的分权限还原方法

重点区域的信息还原与伪装过程完全相逆，不需要关于重点区域的任何原始信息，可以实现高程数据的分权限盲提取。具体方法如下。

（1）根据公共密钥中数据分解的次数 n 将伪装数据进行 DWT 变换，得到包含重点区域信息的小波系数，形成 1 个近似数据子集和 $3n$ 个高频信息细节数据子集。

（2）利用公共密钥 K_0 和伪装数据的近似子集还原出第 n 层分解后重点区域的近似低频信息。以每次嵌入两位数据为例，按照大小将低频系数集进行分块，每块大小为 $(M_1/N_1)\times(M_2/N_2)$。对每块中最大的 10 个系数 H_i，计算 $d = H_i/K_0$：

① 若 $d = 4m$，提取信息 00；

② 若 $d = 4m+1$，提取信息 01；

③ 若 $d = 4m+2$，提取信息 10；

④ 若 $d = 4m+3$，提取信息 11。

得到重点区域的第 n 级近似低频信息。

（3）根据用户的权限等级和掌握的密钥，使用相同方法提取各层高频信息。若用户权限为基本级，则仅掌握公共密钥，只能还原得出最低精度的重点区域 DEM 数据；若用户等级为一级，则除公共密钥外还掌握权限密钥 K_1，依次类推。假设等级为二级的用户进行数据还原，则其掌握公共密钥和权限密钥 K_1、K_2，进行数据还原时：首先根据公共密钥获取最低等级的近似数据；然后利用 K_1 在伪装数据 n 级分解的高频数据中提取出重点区域的 3 个 n 级高频信息，结合近似数据通过 DWT 逆变换得到 $n-1$ 级分解的近似低频子集；采用同样的方法，利用 K_2 可以得到该用户能够得到的最高精度 DEM 数据。

（4）利用公共密钥中的置乱次数进行数据反置乱，得到对应重点区域的 DEM 数据。将之填充替换到整体数据的对应位置，即为对应等级的还原数据。

由于进行了数据取值和在整体数据中的不同位置嵌入了重点区域的部分信息，整个区域的还原数据精度会受到一定的影响，而且和用户的权限等级成对应关系：用户的权限越高，可以从整体数据中提取出重点区域的信息越多；不仅可以得到精度更高的重点区域数据，还可以减少对整体数据精度的影响。

▶ 6.3.5 实验与分析

1. 伪装效果分析

1）单个区域的伪装效果分析

选择范围在（114°E，23°N）～（115.5°E，24°N）的 DEM 作为实验数据，格网行列数为 501×334。按照以上方法进行实验，利用 Daubechies 的 db1 小波，用户权限最高权限为二级，按照伪装数据的性能指标和计算方法进行实验分析。

假定需要重点保护的区域位于规则格网 DEM 高程点（161, 281）与（240, 360）之间，大小为 80×80。将重点区域和原始数据经过两次小波分解后进行信息伪装与最高权限的数据还原，得到原始数据、重点区域放大、填充后数据、伪装数据、提取的重点区域及还原数据共 6 种数据，结果如图 6.15 所示。

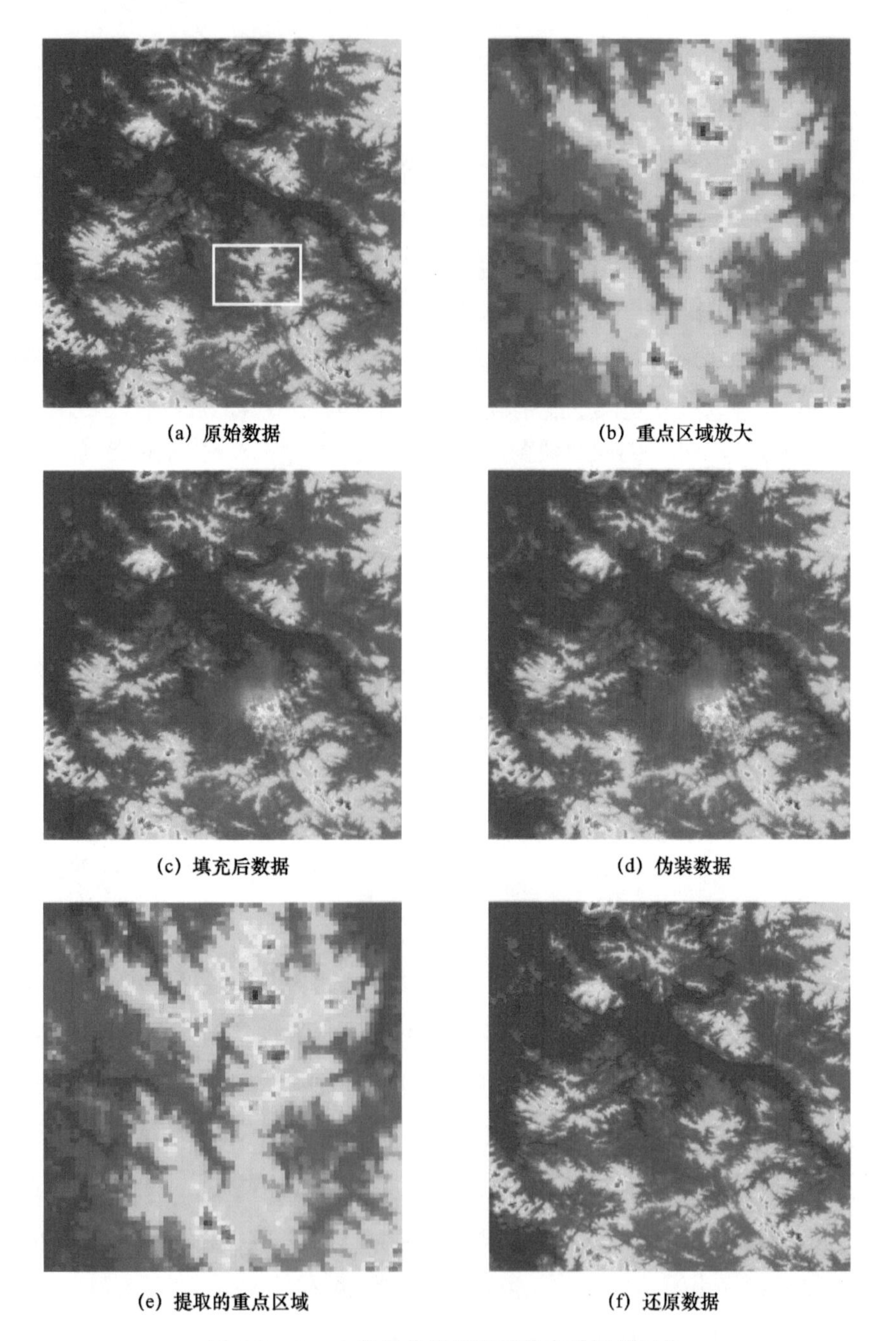

图 6.15　DEM 数据伪装和还原的实验效果对比

由图 6.15 可以看出：最终的伪装数据图 6.15（d）和填充后的数据图 6.15（c）、还原数据图 6.15（f）和原始数据图 6.15（a），以及原始重点区域放大图 6.15（b）和从伪装数据中提取的重点区域图 6.15（e）三组数据在直观感受上几乎没有差别，图像呈现的结果相似。说明进行重点区域的信息伪装时对原始各种数据造成的干扰较小，不影响正常使用。根据 3.4 节中的方法计算得出伪装数据与原始数据在坡度和坡向上的差异值分别为 7.1341° 和 78.2749° ，说明两者间具有较大的差异。

根据伪地形仿真度的计算方法，计算伪装数据的 Moran's I 指数和散点图，得到的结果如图 6.16 示。

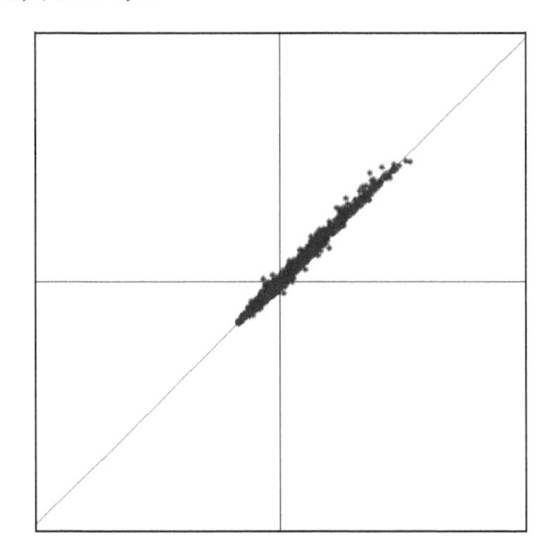

图 6.16 数据的 Moran's I 指数为 0.9796

伪装数据的全局 Moran's I 指数为 0.9796，说明高程数据间具有明显的相关性，伪装数据能够进行地形模拟。

由于采取了两次分解，可以将用户等级分为三级，根据权限不同掌握的密钥不同，据此分别得到不同分辨率的 DEM 重点区域的数据，结果如图 6.17 所示。

由图 6.17 可以看出：三种还原数据在基本走势上和原始数据差别不大，都可以用来反映原始地形的主要起伏特征。同时，用户的权限级别越低，得到的数据分辨率越低，与原始数据的差别越大，最高级别的用户可以得到与原始数据几乎完全相同的数据。三种还原数据的网格数与原始数据的比例分别是 1/4、

1/2、1，仅在参与地形建模的格网点上基本级数据相较其他等级的还原数据损失了部分精度。根据还原精确度的计算结果也可以得出：不同权限用户得到的还原数据精度具有很大的差别，最高权限用户可以得到和原始数据几乎一致的DEM 数据，数据中误差仅有 0.0028m；最低权限用户得到的数据仅能表示地形基本起伏特征，数据中误差达到 10.5849m，远大于其他权限级别的还原数据。

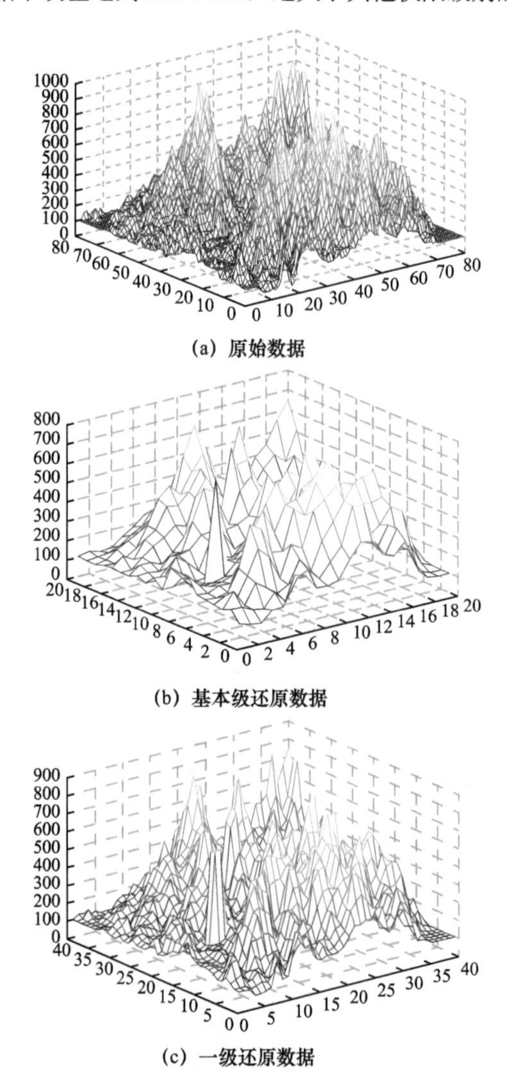

(a) 原始数据

(b) 基本级还原数据

(c) 一级还原数据

图 6.17　不同权限提取出的还原数据和原始数据对比

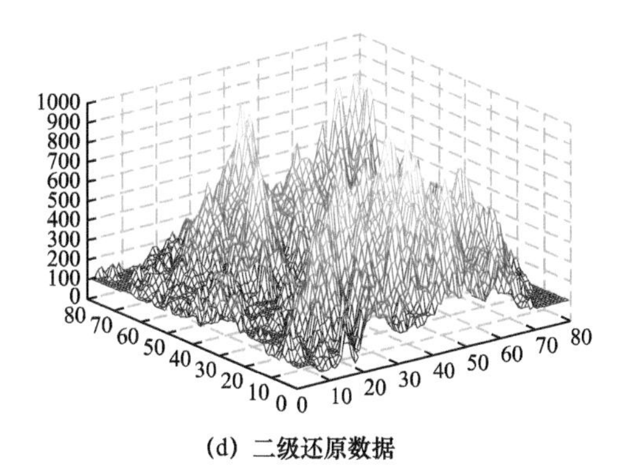

(d) 二级还原数据

图 6.17　不同权限提取出的还原数据和原始数据对比（续）

2）不同区域的伪装效果比较

按照 DWT 方法对原始数据中 9 个不同位置相同大小的区域分别进行信息伪装，区域的位置如图 6.18 所示。

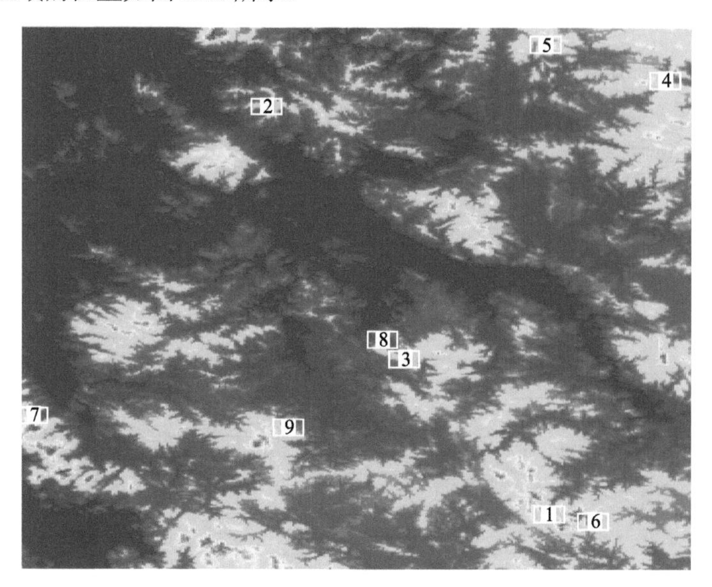

图 6.18　子区域在原始数据中的位置情况

（1）地形差异度分析。

按照信息伪装的要求，利用 DWT 进行重点区域的信息伪装，原始数据和伪装数据间的差异应当尽量明显；同时，对除伪装区域外其他普通区域的影响应当尽量小。首先，利用直接计算法计算不同位置区域信息伪装对重点区域和普通区域的影响，得到的结果如表 6.5 所示。

表 6.5　信息伪装对实验地区 9 个区域高程值的影响　　单位：m

区域序号	区域属性		伪装区域差异		普通区域误差	
	最大高程	平均高程	最大差异	差异度	最大差异	中误差
1	1100.54	705.55	432.17	162.41	0.4997	0.0239
2	860.83	404.95	517.76	164.00	0.5959	0.0239
3	725.79	419.35	416.54	139.60	0.5015	0.0230
4	800.00	449.60	282.70	106.77	0.5826	0.0231
5	1000.61	618.25	414.82	179.63	0.4861	0.0231
6	1300.00	783.68	638.53	225.02	0.5032	0.0234
7	1021.33	424.90	445.30	179.47	0.5057	0.0233
8	470.98	215.34	222.05	96.72	0.5343	0.0227
9	904.72	463.57	158.38	61.40	0.5353	0.0236

其次，利用间接计算法计算 9 个区域伪装前后在坡度和坡向上的差异度，得到的结果如表 6.6 所示。

表 6.6　信息伪装对实验地区 9 个区域坡度、坡向的影响　　单位：°

区域序号	坡度差异			坡向差异		
	最大差异	最小差异	差异度	最大差异	最小差异	差异度
1	27.2334	0.2913	13.2812	136.4224	3.7163	56.0724
2	22.3017	1.3719	8.3728	173.1038	0.2537	62.3819
3	30.1382	1.0093	15.3625	178.0993	0.9871	69.8269
4	19.7391	0.7389	7.1928	155.0927	0.0013	49.0192
5	33.2873	2.1630	11.2701	162.0193	1.3443	70.2614
6	28.9212	0.1380	10.7484	139.1458	2.6894	55.8951
7	39.1486	3.0018	16.9375	166.1863	0.5281	70.6923
8	16.2235	1.8640	6.7360	140.7258	4.2749	53.2877
9	26.3971	4.7902	8.7916	166.9635	2.1582	62.3801

伪装数据和原始数据之间的地形差异主要来自对重点区域进行的漏洞填充。分析表 6.5 和表 6.6，可以发现：伪装前后 9 个重点区域的高程分布都发生了较大变化，而对其他普通区域的影响很小。这是因为重点区域相比较整个

数据要小得多，数据伪装的内容较少，对其他普通区域的影响就小。实际上，利用该方法对重点区域进行信息伪装对普通区域的影响与重点区域的大小具有明显的正相关特性，重点区域占原始数据的比重越大，影响就越明显；9 个区域利用该方法进行信息伪装得到的数据与原始数据在坡度和坡向两个指标上都具有较大的差异，说明两者地形特征变化明显，满足 DEM 信息伪装对地形差异度的要求。同时发现，9 个区域在伪装前后的坡向差异明显大于坡度差异，这是为了保持一定的地形仿真度，伪装数据和原始数据的坡度值可选范围相较坡向取值范围要小得多，因此整体差异性较小。

（2）伪地形仿真度比较。

比较 9 个区域在伪装前后数据在空间相关性上的变化，得到的结果如图 6.19 所示。

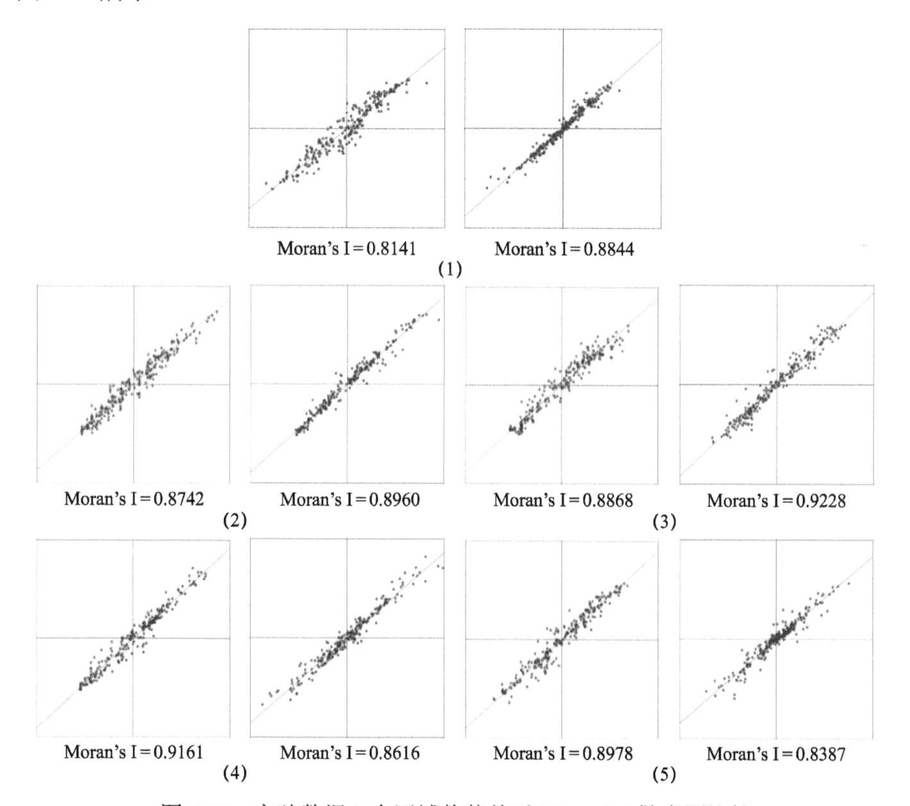

图 6.19　实验数据 9 个区域伪装前后 Moran's I 散点图比较

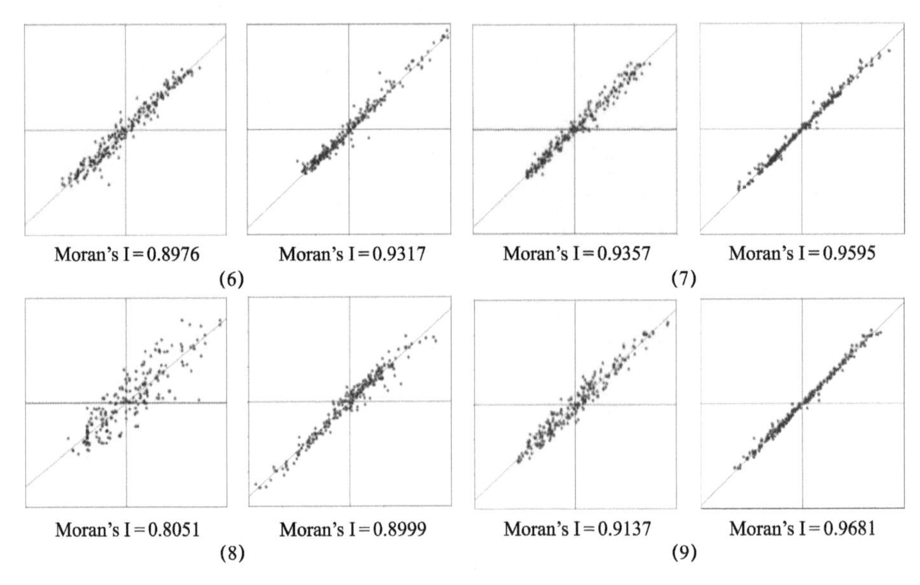

图 6.19 实验数据 9 个区域伪装前后 Moran's I 散点图比较（续）

分析图 6.19 可以发现：9 个区域的原始数据间都具有明显的空间自相关性，说明表示真实地形的 DEM 高程数据具有较强的自相关性；9 个伪装数据在高程域上的空间自相关性和原始数据表现不同，但是自相关特性依然明显，散点图中的数据主要集中在第一、三象限，即格网点高值部分周围的高程点偏高，低值部分周围的高程点较低，说明伪装数据具有良好的地形仿真度，具备模拟真实地形的能力，可以满足信息伪装关于伪装数据迷惑性的要求。

（3）还原精确度分析。

以三级还原数据为例，根据相应位置上的格网点计算 9 个区域三种还原的误差，得到的结果如表 6.7 所示。

表 6.7 说明，基于 DWT 方法实现了 DEM 数据重点区域高程数据的多尺度伪装和分权限还原。不同权限用户得到的还原数据具有很大的差别，最高权限用户可以得到和原始数据几乎一致的 DEM 数据，9 个区域的二级还原数据误差都很小；而最低权限用户得到的数据只能表示地形的基本起伏特征，9 个区域的基本级还原数据误差都比较大，远大于其他权限级别的还原数据。说明

该方法满足格网数据存储、传输过程中针对不同级别用户的信息保护要求，能够保证重要信息得到最大限度的保护。

表 6.7　9 个区域不同级别还原数据的误差精度　　单位：m

区 域 序 号	基本级数据	一 级 数 据	二 级 数 据
1	13.43	4.93	0.0034
2	10.56	3.87	0.0076
3	12.49	4.01	0.0043
4	8.93	2.39	0.0083
5	14.11	3.08	0.0075
6	12.34	2.97	0.0038
7	11.50	3.19	0.0093
8	10.13	2.98	0.0035
9	9.92	4.13	0.0064

2. 伪装效率分析

数据量是影响伪装效率的一个重要因素，对伪装的时效性具有很大影响。选取同一地区 8 种不同分辨率的 DEM 数据，根据 DWT 算法，采用相同的方法对同一位置的重点区域进行信息伪装和三级权限还原，得到的结果如表 6.8 所示。

表 6.8　数据量对伪装效率的影响　　单位：s

序号	原始数据大小	重点区域大小	伪 装 用 时	还 原 用 时		
				基 本 级	一 级	二 级
1	200×200	20×20	1.429	0.021	0.189	0.474
2	400×400	40×40	4.732	0.082	0.235	1.634
3	600×600	60×60	9.345	0.221	0.771	3.083
4	800×800	80×80	15.234	0.329	1.235	4.860
5	1000×1000	100×100	24.362	0.579	2.224	7.307
6	1500×1500	150×150	58.731	1.236	4.683	15.328
7	2000×2000	200×200	94.087	2.074	8.531	29.392
8	3000×3000	300×300	196.738	4.582	15.901	59.797

伪装用时、基本级还原用时、一级还原用时和二级还原用时与数据量的变化关系如图 6.20 所示。

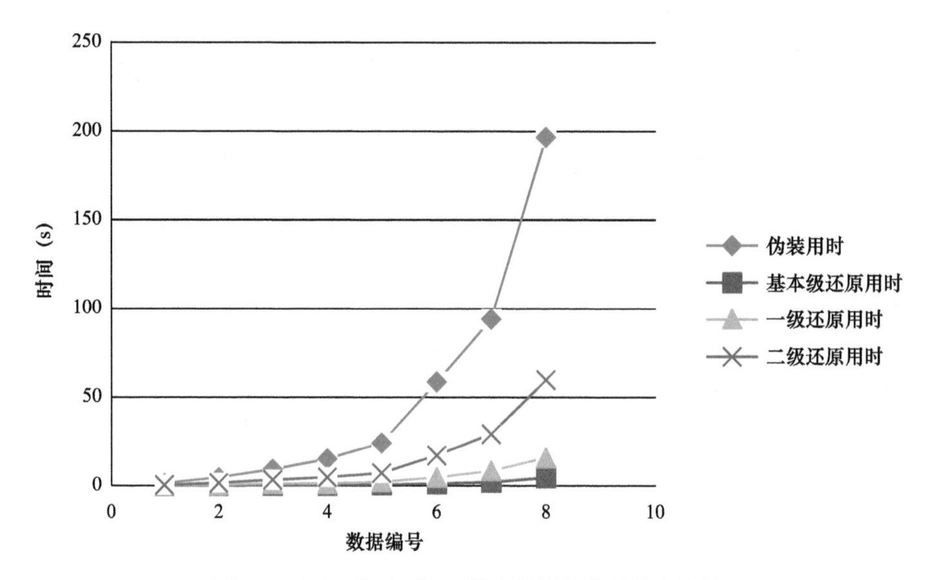

图 6.20　同一地区不同分辨率数据伪装的效率比较

分析表 6.8 和图 6.20 可以得到：①在其他条件相同的情况下，利用 DWT 方法对原始 DEM 数据中的重点区域进行信息伪装时，伪装用时和还原用时随重点区域数据量的增大而增加，伪装的数据量越大，伪装的效率越低；②伪装用时远大于还原用时，这是因为伪装过程中需要进行的高程漏洞填充在数据还原时并不需要，因此数据还原大大缩减了处理时间；③还原数据的级别越高，所需要花费的时间就越多。利用伪装数据还原出基本级的数据所需要的时间很少，但是还原的精度越高，所需要的时间也大幅度增加，基本上高一级还原数据是低一级还原数据的 4 倍，这也是由利用 DWT 进行数据伪装和还原的特性决定的，高一级的还原数据由低一级的还原数据和 3 个高频细节信息组成。

▶ 6.3.6　算法分析

结合 DEM 信息伪装的技术要求，根据实验分析的效果，基于 DWT 进行规则格网 DEM 重点区域信息伪装时，主要具有以下特点。

（1）实现了重点区域的多尺度伪装和分权限还原，具有较强的安全性。伪装具有多级密钥，只有掌握了所有密钥才能还原出最高精度的 DEM 数据。

（2）能够满足迷惑性的基本要求，伪装区域内部高程数据的空间自相关性明显。基于 DWT 进行重点区域信息伪装后数据的迷惑性主要依赖于高程漏洞填充的结果，采用距离加权内插的方法不仅满足了数据间的相关关系，同时还解决了伪装数据和周邻区域的合理衔接问题。

（3）能够抵抗部分几何攻击，具有较强的鲁棒性。根据 DWT 的特点，伪装数据在遭受变形、裁剪等几何攻击时，仍能从中还原出具有部分特征的原始数据，满足一定需求。

（4）伪装差异度和还原精确度基本达标，能够满足信息伪装对差异性和可逆性的要求。大量实验数据表明，采用该方法进行重点区域信息伪装时能够将其中的重要高程信息保护起来。同时，实现了伪装数据的分权限还原，根据不同需求可以还原出不同精度的数据，能够更有力地保障 DEM 数据的信息安全。

（5）还原数据快速有效，具有一定的时效性。由于需要进行数据预处理，因此利用该方法进行重点区域信息伪装时需要花费较多的时间，但可以进行快速的数据还原，特别是对基本特征的提取，基本可以满足数据使用中的实时性要求。

参考文献

[1] 刘学军，卢华兴，仁政，等．论 DEM 地形分析中的尺度问题[J]．地理研究，2007，26（3）：433-442．
[2] 林宗坚，张永红．遥感与地理信息系统数据的信息量及不确定性[J]．武汉大学学报（信息科学版），2006，31（7）：569-572．
[3] 李雄伟，刘建业，康国华．熵的地形信息分析在高程匹配中的应用[J]．应用科学学报，2006，24（6）：608-612．
[4] 卢华兴，刘学军，汤国安．地形复杂度的多因子综合评价方法[J]．山地学报，2012，30（5）：616-621．
[5] 陶旸，汤国安，王春，等．DEM 子集划分对地形信息量计算的影响研究[J]．武汉大学学报（信息科学版），2009，34（12）：1463-1466．
[6] LI Z L, HUANG P Z. Quantitative Measures for Spatial Information of Maps[J]. International Journal of Geographical Information Science, 2002, 16 (7): 699-709.

[7] CHEN Z, Guevera J A. Systematic selection of very important points (VIP) from digital terrain model for constructing triangulated irregular networks[C]. AUTOCARTO 8 Proceedings, ASPRS-ACSM, 1987, 50-56.

[8] Horton R E. Erosional development of streams and their drainage basins: Hydrophysical approach to quantitative morphology[J]. Geological Society of America Bulletin，1945，56(3)：275-370.

[9] 涂汉明，刘振东．中国地势起伏度最佳统计单元的求证[J]．湖北大学学报（自然科学版），1990，12（3）：8-12.

[10] 钟义信．信息科学原理 [M]．3 版．北京：北京邮电大学出版社，2002.

[11] 董有福，汤国安．DEM 点位地形信息量化模型研究[J]．地理研究，2012，31（10）：1825-1836.

[12] Michael Kalbermatten, Dimitri Van De Ville, Pascal Turberg. Multiscale analysis of geomorphological and geological features in high resolution digital elevation models using the wavelet transform[J]. Geomorphology, 2012, 13(8): 352-363.

[13] 刘春，孙伟伟，吴杭彬．DEM 地形复杂因子的确定及与地形描述精度的关系[J]．武汉大学学报（信息科学版），2009，34（9）：1014-1020.

[14] 王雷．黄土高原数字高程模型（DEM）的地形信息容量研究[D]．西安：西北大学，2005.

[15] 张茜．黄土高原不同空间尺度 DEM 的地形信息量研究[D]．西安：西北大学，2006.

[16] 王志祥．基于小波变换的三维地形数据压缩方法研究[D]．南京：南京理工大学，2007.

[17] Chui, Charles K. An Introduction to Wavelets[M]. San Diego: Academic Press, 1992.

[18] Daubechies I. The wavelet transform, time-frequency localization and signal analysis[J]. Information Theory, IEEE Transactions on, 2002, 36(5): 961-1005.

[19] 章毓晋．图像处理[M]．2 版．北京：清华大学出版社，2006.

[20] Khizar H, William P, Gilles G. Scalable 3-D Terrain Visualization Through Reversible JPEG2000-Based Blind Data Hiding[J]. IEEE Transactions on Multimedia, 2008, 10(7): 1261-1276.

[21] KANG X G, ZENG W J, HUANG J W. A Multi-band Wavelet Watermarking Scheme[J]. International Journal of Network Security, 2008, 6(2): 121-126.

[22] 张忠清．灰度图像置乱及评价方法[D]．沈阳：辽宁大学，2013.

7 规则格网 DEM 数据线状特征的信息伪装

7.1 规则格网 DEM 数据的线状特征

对应重点区域的面状特征，DEM 的线状特征包括线状（或带状）地物所经过的格网点和 DEM 本身包含的部分线状地形特征。线状地物主要包括道路、河流、管线等，重要的线状地物对国民经济和国防建设具有重要作用。线状地形特征是 DEM 数据包含的重要内容，不同类型的线状地形特征对实际应用具有不同影响，主要是指地性线，主要包括山脊线和山谷线两种类型。部分线状特征具有特殊应用领域，对某些重要行动具有重大影响，需要进行保护。与重点区域的伪装一样，规则格网 DEM 线状特征的信息伪装也是局部伪装的一种，是将 DEM 数据中的一个或几个重要线状特征组成的信息空间作为信息伪装需要保护的内容进行处理，重点保护这些具有特殊应用价值的重要信息，同时保证数据其他内容的相对不变性。

规则格网 DEM 数据的线状特征主要包括线状地物和线状地形特征两种类型，两者关系密切。实际上，线状地物的选取和设计极大地依赖于地形特征：除去部分人工因素，河流的走向本身就是沿着合水线进行的；道路规划在考虑社会、经济等因素外，地形特征也对其具有重要影响，例如，道路的选取必须处于淹没区以上、工程的土方量尽量趋于最小、车道的坡度要满足车辆行驶的要求，既要保证路基的安全稳定，还应当尽量缩短施工长度，减少工程量。

▶ 7.1.1 线状特征的主要特点

规则格网 DEM 的重要线状特征，是指 DEM 数据中若干格网点组成的具有保护价值的线状区域，主要具有如下特点。

（1）空间分布比较规则。无论是线状地物还是线状地形特征，在空间分布上都具有一定的规律性，拐点相对较少。

（2）通过的格网点与其他格网点具有明显不同。以地性线为例，山脊线是顺着一个方向进行延伸的高地，主要由山脊点连接而成，山脊点的高程值大于山脊线两侧格网点的高程值。

（3）具有特殊的应用价值。线状特征在规则格网 DEM 数据中表现出特殊的空间形态，和其他类型的数据具有明显不同，一般能够满足某种特殊的需求。例如，道路特征是交通运输的关键，对部队机动具有重要作用，地性线对武器装备和人员的隐蔽具有重要价值。线状特征特殊的应用价值，是需要进行信息伪装的主要原因。

▶ 7.1.2 线状特征的提取方法

线状地物特征的信息采集目前已经具有丰富成果，形成了相应的地理空间数据库，而线状地形特征的提取一般需要根据具体应用进行。

地形特征是指地形表面对形态描述具有特别意义的点、线、面，构成了地形变化起伏的骨架。规则格网 DEM 的地形特征主要反映 DEM 数据的局部特性，特征点或特征线的类型依赖于周围地形曲面的结构关系。按照属性划分，通常认为 DEM 数据中的高程节点可以分为山顶点、凹陷点、山脊点、山谷点、鞍部点及普通点 6 种类型，其中前 5 种具有特别意义，为主要的地形特征点。在一个局部区域内，可以用 x 方向和 y 方向上关于高程 z 的二阶导数的正负组合关系来判断地形点类型，具体方法如表 6.1 所示。

除地形特征点外，DEM 的地形特征主要是指地性线。它是描述地形起伏的控制线，包括山脊线和山谷线两种类型，是地貌特征的骨架线。山脊是两个坡向相反、坡度不同的坡面相遇形成的脊状凸起，山脊线就像这两个坡面的交线，是相互邻近山脊点连接形成的特征线，也称为分水线。山谷线是相互邻近山谷点连接形成的特征线，在地形形态上是条带状凹陷底部形成的线，也称为合水线。地形特征线不仅对河流的走势和流量等具有重要影响，在军事上对部队的隐蔽、机动及障碍等都有重要意义，同时还可以为一些重要武器的发射提供依托。

长期以来，如何高效准确地从 DEM 中自动提取其包含的地形特征线是地学研究者面临的一个重要问题。基于规则格网 DEM 数据的线状地形特征提取方法主要有以下 4 种。

1. 基于图像处理的提取方法

规则格网 DEM 数据和灰度图像具有很强的相似性，将其转换成灰度图像的形式并利用图像处理的方式可以较为简单地提取出部分主要特征。主要是借助已有的图像特征提取方法，大多采用合适的滤波算子进行边缘提取。通常的做法是首先判断一定空间窗口内具有特别意义的地形特征点，然后将这些点连接起来形成地形特征线。

2. 断面极值法

断面极值法的主要思想也是先判断待选地形特征点，然后再利用一定的规则连接地形特征线。基本思路是将规则格网 DEM 数据横、纵地形断面上高程变化极大的格网点作为分水点，将高程变化极小的格网点作为合水点，将这些点作为地形特征线的备选点，根据判定条件形成各自的地性线。

3. 基于地形曲面流水物理模拟分析的方法

基于流水模拟提取地形特征线的基本思想是依据流水从高到低的自然规律，依次计算规则格网 DEM 数据中高程点的汇水量，然后按照汇水量的变化找出区域内的合水线，合水线上的点依高程从高到低的顺序汇水量单调递增。根据计算得出的合水线找出各自汇水区域的分界线，即为分水线。基于地形曲面流水模拟提取地性线的方法，是一种以区域地形整体为依据确定地性线的方法。

4. 基于地形曲面几何分析和流水模拟相结合的方法

基于地形曲面几何分析的方法一般分两步：首先对地形曲面的局部变化进行几何分析，找出地性线上的备选地形特征点，然后根据已有知识和不同地性线的具体特征将这些特征点归结到相应的地性线上。基于流水模拟的方法则是通过对区域内的地形曲面进行流水模拟，逐条找出包含的地性线。地形曲面几何分析的方法没有顾及单条地性线的个体特征，不利于后续多条特征线的提取。流水模拟的方法在地性线的两端常会出现判断遗漏或多出，造成结果不准确。通过将两种方法相互结合，首先利用流水模拟的方法寻找出其中包含的概略地性线，然后再利用地形曲面几何分析的方法进行地性线的精确确定，可以取得相对良好的效果。

各种方法的复杂程度不同，在具体应用中均有不完善的地方，提取的地性线容易发生断裂或是与实际地形有偏差。实际上，在人工智能发展尚不完善的现阶段，基于规则格网 DEM 数据精确实现地性线的自动提取是不现实的。最通用的做法仍是在提取地形特征点的基础上连接形成特征线。由于在进行 DEM 局部特征地形伪装时，处理的范围包括地性线周围区域，在允许的误差范围内并不影响伪装效果，可以忽略一定的提取精度、选择一种执行效率较高的地性线确定方法。目前常用的 GIS 处理软件均自带有相应的地形特征提取功能，方便后续处理。

7.2 线状特征信息伪装的基本流程

进行 DEM 数据线状特征的信息伪装，实际上是保护 DEM 数据中具有重要价值的线状特征和周边影响格网点组成的带状区域，本质上是对带状区域的信息伪装。无论哪种类型的线状特征，在进行信息伪装时的基本原理都是一致的。类似于重点区域伪装，重要线状特征伪装主要涉及特征提取与表示、伪装算法选择及特征伪装后对周围区域的影响等内容。

1. 线状特征的提取与表示

线状特征的提取和表示是进行规则格网 DEM 重要线状特征伪装的基础。地物特征的成果一般已经存在，地形特征线的提取主要根据 7.1 节中的方法进行。与重点区域伪装不同，线状特征在空间上的表现更为多样，大致呈空间曲线的形式，如图 7.1 所示为地性线的表现形态。

图 7.1　地性线的表现形态

利用数学方法精确描述线状特征的形式方程，是进行信息伪装的前提。空间曲线在连续的空间表面很难准确表达，可以表示为两个空间曲面的交线，其方程为

$$\begin{cases}\varphi_1(x, y, z)=0\\ \varphi_2(x, y, z)=0\end{cases} \tag{7.1}$$

严格意义上，只有两个曲面中都包含所有的地形格网点才能准确表示线状特征的实际位置。根据线状特征的特点并分析图 7.1，可以发现线状特征所呈现的空间形态并非完全无迹可寻，而是具有一定的规律性。此类空间曲线的拐点相对较少，精确拟合虽然难以实现，但可以进行近似模拟。空间曲线拟合是解决线状特征空间表示的基础，其关键问题是选择合理的拟合方程，即选择合理的空间曲线表示模型，确保拟合误差控制在一定的精度范围内，才能保证后续信息伪装具有价值。

2. 伪装算法的设计

对线状特征进行合理建模后，重要特征的伪装就转换为对包含一定数量参数的空间曲线方程进行处理，其本质是对拟合曲线方程参数的空间变换。这些参数的处理可以在其空间域上进行，也可以在频率域上进行，具有多种可选的处理方式。伪装算法的设计需要遵循以下三个原则：①保证算法的可逆性，伪装数据可以在合适的条件下精确还原；②参数伪装后拟合方程计算得到的高程值仍在合理的取值范围内，否则需要进行归化处理；③线状特征的伪装需要兼顾其周围数据，保证数据表达的连续性，使伪装数据具有一定的迷惑性。线状特征伪装的不只是一条线，而是以该线为骨架的带状区域。同时，为保证算法的安全性和执行效率，可以同时进行多条线状特征的信息伪装操作。

3. 影响区域的伪装

所有的事物都是相关的，距离近的事物比距离远的事物相关性更强。DEM 数据表示的是地形表面连续起伏的特征，高程域上具有明显的空间自相关性，单个格网点上高程突变会造成数据地形表达能力的不协调，引起攻击者的关注。同时，空间自相关性的存在，使定量描述空间点相互间的关系成为可能。在进行 DEM 信息伪装时，通过计算某一点高程值改变时对周围数据点造成的影响并进行修正，有助于提高伪装数据模拟真实地形的能力，增强迷惑性。在一定程度上，DEM 数据高程间的空间自相关性既是线状特征周围区域需要进行高程伪装的动因，也是进行具体伪装操作的基础。通过计算线状特征上格网点与邻近格网点在高程属性上的相关程度及特征点本身改变的大小，可以实现对周围区域的高程伪装，问题的关键是选择合理的空间相关系数计算方法。

7.3 基于空间拟合的地性线伪装

重要线状特征伪装是对 DEM 数据中有价值的某些特征进行处理，重点保护 DEM 的部分特性，是一种典型的局部伪装方式。根据以上分析，以表示地形主要特征的地性线为例，依据相应的空间拟合曲线及线上地形特征点对一定范围内其他高程格网点的影响，可以进行规则格网 DEM 线状特征的信息伪装，主要包括地性线的表示与拟合、特征线及影响区域的伪装和伪装参数矩阵传输三个内容，伪装的过程描述如图 7.2 所示。

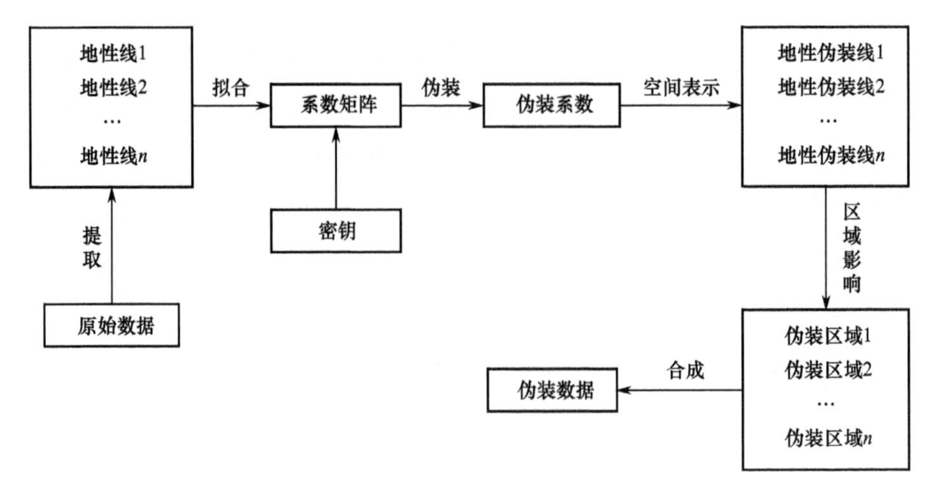

图 7.2　基于空间拟合地性线伪装的基本过程

▶ 7.3.1　地性线的表示方法与空间拟合

线状特征伪装的目的是在保持其他区域地形起伏基本不变的前提下保护具有特殊意义的线状特征及周边区域。类似于重点区域伪装，重要线状特征的选取是进行伪装的基础，这里主要采取指定式的重要线状特征确定方法。

确定待伪装的地性线后，需要对其进行合理的空间表示。地性线是分布在三维环境中的空间曲线，拟合的基础是选择两个合理的空间曲面。根据曲面拟合的原理，选择的曲面不要求完全通过地性线上所有的地形特征点，但是应该能够反映数据整体的变化趋势，尽量靠近这些点。空间曲面的表示方法主要有 Coons 曲面、样条曲面、隐式曲面及网格曲面等多种，考虑到需要获取准确的数学表达式，结合 DEM 信息伪装的要求和数据组织形式，这里选用通过地性线上特征点的地表特征面及所有特征点形成的投影曲线所在的垂直面作为式（7.1）中的 φ_1 和 φ_2，即

$$\begin{aligned}\varphi_1:&\quad z=\sum_{i=0}^{n}\sum_{j=0}^{n}a_{ij}x^i y^j \quad (i, j=1,2,3,\cdots,n)\\ \varphi_2:&\quad y=\sum_{i=0}^{m}b_i x^i \quad (i=1,2,3,\cdots,m)\end{aligned} \tag{7.2}$$

在正常情况下，选用拟合曲面的次数越高，越能准确地表现实际的地形起伏特征，接近真实的空间曲面，但计算量和执行效率的消耗也更大。根据地形特征的一般表达规律，地性线所在的地形表面通常比较光滑，数据间不会突然出现跃变，闾国年等认为选用抛物面可以模拟山脊线周围的局部区域，但是较为粗糙，这里选用二次曲面作为拟合曲面；地性线在 XOY 平面上的投影线变化缓慢，用三次曲线可以模拟。则有

$$\begin{aligned}&\varphi_1\text{：}\ z = a_0 + a_1x + a_2y + a_3x^2 + a_4xy + a_5y^2\\&\varphi_2\text{：}\ y = b_0 + b_1x + b_2x^2 + b_3x^3\end{aligned} \tag{7.3}$$

式中，φ_2 表示的是通过该曲线垂直于 XOY 平面的空间曲面。为了保证曲面具有最大的精度，选用最小二乘法进行空间曲面拟合。假设有 n 个地形特征点，可以形成 $2n$ 个误差方程，某一个数据点 P_i 对应的误差方程式为

$$\begin{aligned}&v_{1i} = a_0 + a_1x_i + a_2y_i + a_3x_i^2 + a_4x_iy_i + a_5y_i^2 - z_i\\&v_{2i} = b_0 + b_1x_i + b_2x^2 + b_3x^3 - y_i\end{aligned} \tag{7.4}$$

计算残差之和 $V_1 = \sum_{i=0}^{n} v_{1i}^2 \to \min$ 和 $V_2 = \sum_{i=0}^{n} v_{2i}^2 \to \min$，解出模拟曲面的系数集合 A 和 B。一般情况下，曲线拟合的精度要远高于曲面拟合的精度，所以 $V_1 > V_2$。为了使所有计算得出的 V_1 和 V_2 具有可比性，进行归化处理如下：

$$\bar{V}_k = \sqrt{V_k/n} \quad （k = 1, 2） \tag{7.5}$$

将拟合误差分布在每一个特征点上。设定阈值 D_1 和 D_2，如果 $\bar{V}_1 < D_1$ 且 $\bar{V}_2 < D_2$，说明两个拟合曲面均在合理的范围内，可以采用；否则，说明拟合曲面和实际地形相差较大，不能准确表达地性线特征，舍弃拟合结果。

采用二次曲面和三次曲线只是拟合 φ_1 和 φ_2 曲面的一种方法，根据实际情况，可以选择不同的空间拟合方法表示地性线，得出不同的系数集合。

▶ 7.3.2 地性线特征及影响区域的信息伪装

1. 特征线的伪装

采用式（7.3）作为拟合曲线时，地性线主要由系数 $a_i (i=0,1,2,3,4,5)$ 和 $b_j (j=0,1,2,3)$ 确定，利用最小二乘法计算得出这些系数。通过改变这些系数的值，可以达到信息伪装的目的。一般情况下，为了达到最佳伪装效果，需要同时对 n 条地性线进行处理，组成系数矩阵：

$$
\boldsymbol{C}=\begin{bmatrix}
a_{10} & a_{11} & \cdots & a_{15} & b_{10} & b_{11} & b_{12} & b_{13} \\
a_{20} & a_{21} & \cdots & a_{25} & b_{20} & b_{21} & b_{22} & b_{23} \\
\vdots & \vdots & \vdots & \vdots & \vdots & \vdots & \vdots & \vdots \\
a_{(n-1)0} & a_{(n-1)1} & \cdots & a_{(n-1)5} & b_{(n-1)0} & b_{(n-1)1} & b_{(n-1)2} & b_{(n-1)3} \\
a_{n0} & a_{n1} & \cdots & a_{n5} & b_{n0} & b_{n1} & b_{n2} & b_{n3}
\end{bmatrix}
$$

相对于 DEM 数据，系数矩阵的数据量要小得多，处理和传输的过程简单方便。通过改变不同地性线各个位置上系数的大小，可以一次性完成 n 条地性线的伪装处理。类似于规则格网 DEM 数据的信息伪装方式，系数矩阵的伪装处理主要有位置置乱、值变换及其组合方式三种类型。矩阵位置置乱是其中最直接简捷的方式，常用方法很多，这些置乱算法的优缺点各异，主要是置乱速度和安全性之间存在难以调和的矛盾。在对地性线空间拟合组成的系数矩阵进行置乱时，数据量一般很小，置乱速度几乎可以忽略不计，算法安全性应当是关注的重点，可以根据实际情况选用较为复杂但安全性较高的算法。另外，由于不同级别上的系数可能相差很大，置乱后进行空间计算得出的结果远超合理范围，可以考虑仅在系数矩阵的同列元素间进行置乱。

用置乱后矩阵中的地性线系数代替空间拟合曲线的原有系数，根据地理空间位置 (x, y) 可以计算出各个位置空间点上的新高程，完成地性线的信息伪装。同时，为了数据还原的需要，将置乱后的系数矩阵和地性线的首尾点位置记录下来，通过安全信道传输给授权使用的接收方。

2. 影响区域的伪装

DEM 数据的线状特征不是孤立存在的，对地性线通过的特征点进行信息伪装，会对周围区域的其他格网点造成影响。地形特征点的影响区域是指特征点高程值变化后可能造成影响的所有格网点组成的关联区域。由于空间自相关性的存在，为了满足数据迷惑性的要求，需要对地性线上地形特征点的影响区域进行同步伪装。

进行地形特征点影响区域信息伪装的基本原理是根据地形特征点在伪装前后的高程变化，以及该点对周围区域的影响能力，改变其他格网点的高程值。一般情况下，距离特征点越近的格网点受影响越大，高程变化越大；距离特征点越远的格网点受影响越小，高程变化也越小，直至为零，关键是特征点变化对周围格网点影响能力的量化。

假设高程矩阵中位置为 (a,b) 的特征点 O 的影响区域是格网大小为 $(2n+1)\times(2n+1)$ 的空间范围 D，O 点高程值的变化对整个 D 区域内的其他格网点造成影响，距离越远，影响越小。为保证 D 周边环境的无缝衔接，该特征点对 D 最边缘与其他数据邻接格网点的影响系数应该为零，则该特征点对区域内位置为 (i, j) 的格网点的影响系数为

$$k_{ij}=1-\frac{\max(|i-a|,\ |j-b|)}{n} \tag{7.6}$$

利用式（7.6）可以计算出空间范围内其与所有格网点的局部影响系数，形成当前地形特征点的空间影响系数矩阵。为了保证数据能够进行还原，如果影响区域中某点也为地形特征点时，不作处理，即直接将影响系数赋值为零。D 的空间范围越大，说明其影响范围越大，特征点影响能力趋向于零的过程越慢，需要进行处理的高程格网点越多；反之，说明特征点影响能力趋向于零的过程越快，需要进行处理的高程格网点相对越少。D 的取值在具体操作中可根据实际情况进行。

根据地形特征点伪装前后变化的高程大小 h_{ab}、影响系数 k_{ij} 及本身的高程值 H_{ij}，可以计算伪装后格网点的新高程为

$$H_{ij}'=H_{ij}+k_{ij}\cdot h_{ab} \tag{7.7}$$

根据空间范围 D 的选择，地性线上特征点的影响区域会有重叠，出现部

分高程格网点同时出现在多个地形特征点的周围，比较该点与多个地形特征点的平面距离，其高程变化仅根据最近的特征点进行一次处理。

▶ 7.3.3 伪装参数矩阵传输方法

按照以上方法，单条地性线伪装后对应首尾点的 4 个坐标值和 10 个拟合系数，共 14 个参数，多条地性线进行伪装时共同形成待保护矩阵，称为伪装参数矩阵。伪装参数矩阵是数据还原的基础，需要进行重点保护，其数据量远小于 DEM 数据，但仍不利于直接传输。根据信息隐藏的思想，将其嵌入伪装后的 DEM 数据中，可以大幅降低传输的难度。

假设有 DEM 数据 D，同时对 m 条地性线表示的重要线状特征进行信息伪装，其对应的伪装参数矩阵为一个 $m\times14$ 的阵列 $\boldsymbol{C}_1$，将 D 进行 $n_1\times n_2$ 分块，分别将参数矩阵的元素嵌入对应的数据子块中，完成伪装参数矩阵的隐藏。该过程主要涉及两个关键问题：一个是数据子块和参数矩阵中元素间的对应关系构建，确定伪装元素隐藏的空间区域；另一个是元素嵌入算法的设计，确定伪装元素融入对应区域的方法。

1. 构建对应关系

参数矩阵的元素较少，经过空间置乱后能够得到一定的安全效果，但置乱的结果域可选范围很小，难以保证数据的安全。通过数据子块和参数矩阵中元素间对应关系的建立可以增强算法的安全性。目前的信息隐藏方法一般是按照分块的出现顺序依次将待隐藏的信息嵌入数据子块中，方法简单，很容易被攻击者发现规律。如果打破这种依赖出现顺序的对应关系，将矩阵元素看似随机地嵌入数据子块中，将大幅提高算法的安全性，其关键就是数据子块和参数矩阵中元素间的对应关系构建，建立两者间的同步函数。

设数据子块在整个数据中的位置为(i,j)，其中，$1\leqslant i\leqslant n_1, 1\leqslant j\leqslant n_2$，伪装参数矩阵的元素总数 $N=14m$，则同步函数 $f(i,j)$ 的构建应当遵循以下原则。

（1）数据分块的数量应当远大于参数矩阵中元素的个数，这样有利于增大矩阵元素选择嵌入子块的筛选范围。

（2） $f(i, j)$ 的主要值域范围为 $[1, N]$，允许其值域为包含 $[1, N]$ 的其他数据集合，但是其越收敛于该范围，同步函数的稳定性越好。

（3）矩阵元素任一索引号都至少有一个 (i, j) 与之对应，即 $f(i, j)$ 必须是满射的，保证每一个矩阵元素都能找到其对应的数据分块。

满足这些条件的函数特别容易构建，而且通过调节函数中的系数，可以形成不同的对应关系，大大增强了算法的安全性。由于设计的同步函数是多对一的关系，一个矩阵元素可能对应多个数据子块。一般情况下，平坦区域的数据变化更容易引起注意，因此在信息嵌入时，应当选择坡度平均值较大的数据子块进行伪装元素的嵌入。

2. 嵌入参数矩阵

相对于图像数据，DEM 表示的是实际的高程信息，对数据精度的要求更高，信息的嵌入应该对原始数据的影响尽可能小，同时应当能够实现信息的盲提取。进行伪装参数矩阵嵌入的方法很多，这里根据前面介绍的离散小波变换的思想进行：首先判断伪装元素对应的数据子块，采用 DWT 将其转换到变换域，然后将伪装参数矩阵隐藏到其对应的低频系数中。具体方法如下。

（1）嵌入信息序列生成。将待嵌入的矩阵元素转换成整数后计算其二进制 $W = \{w_i \mid i = 1, 2, 3, \cdots, k\}$，根据所有元素中最长的二进制数确定 k 值，其他数值在其二进制数前列补 0，形成 k 位待嵌入信息序列。

（2）载体系数选择。根据同步函数计算的结果，将该元素对应的数据子块进行一次 DWT 变换，根据对应关系，选取低频信息中最大的 k 个数据作为载体，当几个系数大小相等时，取位置靠前的系数。

（3）嵌入方法。为了实现盲提取，采用最优临近值的方法，假设载体系数为 b，以 K_0 为基数嵌入信息，过程如下：当嵌入信息为 1 时，取距离 b 最近的偶数倍值 $2nK_0$ 代替 b；当嵌入信息为 0 时，取距离 b 最近的奇数倍值 $(2n+1)K_0$ 代替 b。

（4）将形成的小波系数集进行逆变换，得到最终的伪装数据子块。待所有矩阵元素嵌入完毕后，合成最终的伪装数据。

伪装参数矩阵是进行伪装数据还原时必备的要素，需要将其与伪装数据一并传送给数据接收者。将其隐藏在伪装数据中传输，可以大大减小密钥数据传输的难度，增强算法的安全性。

▶ 7.3.4 伪装数据的还原

伪装数据的还原与数据伪装互为逆运算，主要步骤如下。

第 1 步：依据隐藏密钥从伪装数据中提取伪装参数矩阵，方法如下。

（1）将伪装数据进行分块，按照建立的同步函数确立各子块与参数矩阵元素之间的多对一对应关系。

（2）计算比较矩阵元素对应子块集中各子块的平均坡度，确定数据子块与矩阵元素之间的一一对应关系。

（3）对每一个隐藏矩阵元素的子块进行一次 DWT 变换，选择低频信息中最大的 k 个系数，提取其包含的隐藏信息：

$$w_i = \begin{cases} 1, & (d_i / K_0) = 2m \\ 0, & (d_i / K_0) = 2m+1 \end{cases} \tag{7.8}$$

式中，m 为整数，d_i 表示小波系数，依次提取完毕后转换成十进制矩阵元素。

（4）根据对应关系，将所有提取的矩阵元素形成伪装参数矩阵。

第 2 步：将伪装参数矩阵分解成首尾点集合和系数参数矩阵两部分。利用置乱密钥对系数参数矩阵进行反置乱，得到原始地性线的系数矩阵。

第 3 步：针对系数矩阵中的每一行元素，进行以下操作。

（1）根据 10 个系数形成的两个空间曲面和其对应的首尾点判断该条空间曲线经过的格网点。

（2）根据格网点的坐标值和空间曲线方程计算每个格网点的高程值，得出高程变化值 h_i。

（3）计算区域 D 内特征点对其他格网点的影响系数 k_{ij}。

（4）以地性线上的特征点为中心，根据周围格网点自身的高程值和与之相关的系数还原其原始高程值。

第 4 步：重复第 3 步，直到所有系数矩阵中的所有地性线都计算完毕，即得到 DEM 的还原数据。

由于空间拟合中损失了部分精度，经过还原的 DEM 数据和原始数据会存在一定的误差，只要拟合精度控制合理，不影响数据的正常使用。但空间拟合的误差很难有效控制，特别是对较多地形特征点组成的地性线，空间拟合效果往往达不到预期效果，造成较大误差，影响伪装效果，此时可采用长地性线分多段处理的方式减小拟合误差的影响。同时，对于精度要求较高的信息伪装，将拟合过程中的数据残差作为辅助数据一并传输给数据接收方，能够大幅度提高数据还原的精确性。

▶ 7.3.5 实验与分析

选用嵩山地区（112.5°E，34°N）～（113.5°E，35°N）范围内的 DEM 作为实验数据，格网数为1201×1201，分辨率为 90m，高程最大值为 1485m，最小值为 85m。实验区域的基本地形形态如图 7.3 所示。

图 7.3 实验区域的基本地形形态

1. 伪装效果分析

1）地性线拟合效果

选取其中 4 条地性线（山脊线和山谷线各两条）并利用式（7.3）双曲面相交的方法进行拟合。其中，地性线投影线的拟合结果如图 7.4 所示。

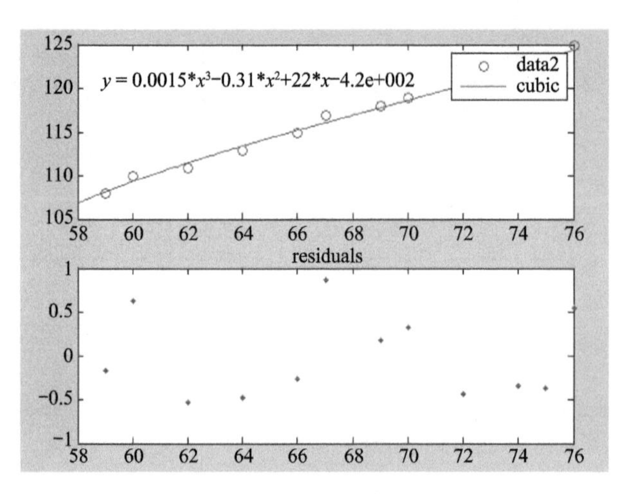

(a) 地性线1投影线拟合

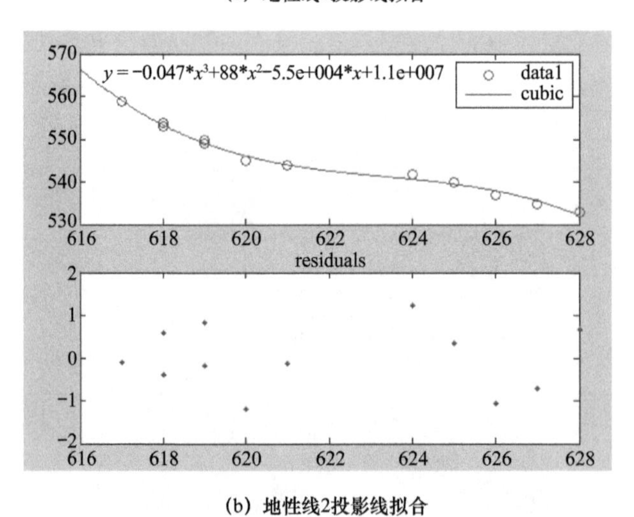

(b) 地性线2投影线拟合

图 7.4　地性线过 *XOY* 面上投影线的曲面拟合结果

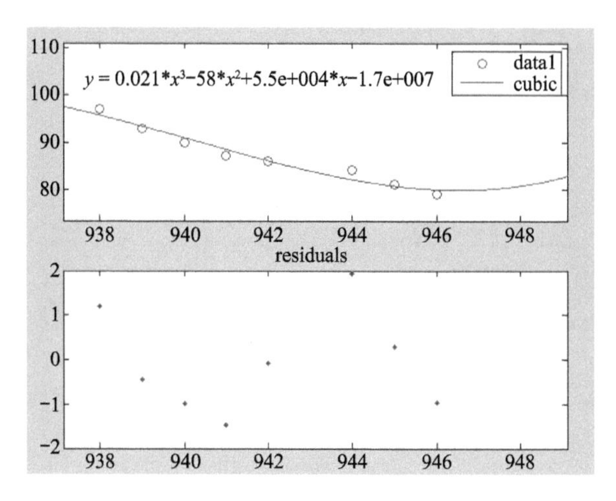

(c) 地性线3投影线拟合

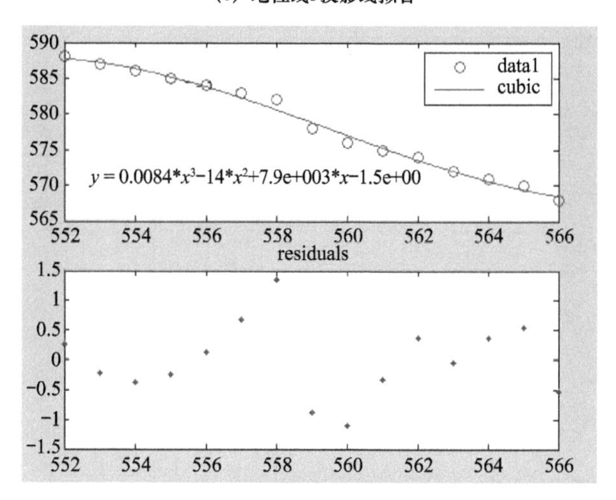

(d) 地性线4投影线拟合

图 7.4　地性线过 *XOY* 面上投影线的曲面拟合结果（续）

结合地表曲面的拟合结果，记录 4 条地性线的首尾点坐标和得到的系数集合，如表 7.1 所示。

表 7.1 中，V_{1m} 和 V_{2m} 表示拟合的最大残差。可以发现，$\bar{V}_2$ 的值远小于 $\bar{V}_1$ 的值，假设表中各 V 值均满足要求。

表 7.1　选取的 4 条地性线及其空间拟合系数

首尾点坐标	地 性 线 1	地 性 线 2	地 性 线 3	地 性 线 4
首点坐标	（359,608）	（628,533）	（946,79）	（566,568）
尾点坐标	（376,625）	（617,559）	（935,100）	（552,588）
a_0	0	0	0	0
a_1	213.5396	− 669.8097	−153.7	1531.3
a_2	−125.9040	792.8437	1432.1	−1543.0
a_3	0.4371	1.0823	0.2	−1.6
a_4	−2.1030	−1.2442	−1.4	0.5
a_5	1.1305	− 0.0392	−0.9	1.1
b_0	− 417.44	1.1373×10^7	-1.7158×10^7	-1.4742×10^6
b_1	21.812	−54733	54756	7909.8
b_2	− 0.307	87.806	−58.243	−14.138
b_3	0.0015	−0.047	0.020 65	0.0084
V_1	661.04	1690.2	897.85	659.37
V_2	2.661	6.363	11.3	5.572
V_{1m}	13.2767	25.548	17.4746	11.9222
V_{2m}	1.63	2.52	3.36	2.36
$\bar{V}_1$	7.4134	11.86	9.4755	6.6301
$\bar{V}_2$	0.5768	0.8919	1.372	0.7117

2）影响区域伪装效果

将形成的矩阵 $\boldsymbol{C}$ 进行置乱，由于系数矩阵中不同列上的数据差别很大，相同列中数据差别较小，为了保证置乱结果的合理性，利用移位的方法在系数矩阵同一列中进行数据置换。以每条地性线上的地性特征点为中心，选取 21×21 的空间范围为单个特征点影响区域 D，计算影响系数矩阵，根据置乱变换后地性线上特征点高程的变化及其原始值，可以得到该影响区域的伪装结果。以地形特征点（359, 608）为例，得到的结果如图 7.5 所示。

比较图 7.5（a）和图 7.5（b），可以发现在伪装前后该地形特征点周围区域的等高线发生了明显变化，说明达到了预期的伪装效果，改变了该区域的地形特征；同时，比较图 7.5（c）和图 7.5（d）的高程栅格变化图，该区域的高程变化呈放射状——居于中心的地形特征点变化最大，距离越远影响越小，高程变化也越小。区域边缘的数据几乎没有变化，保证了该区域与邻近区域高程变化的连续性，避免了数据衔接时的语义割裂。

(a) 原始特征点附近区域等高线图

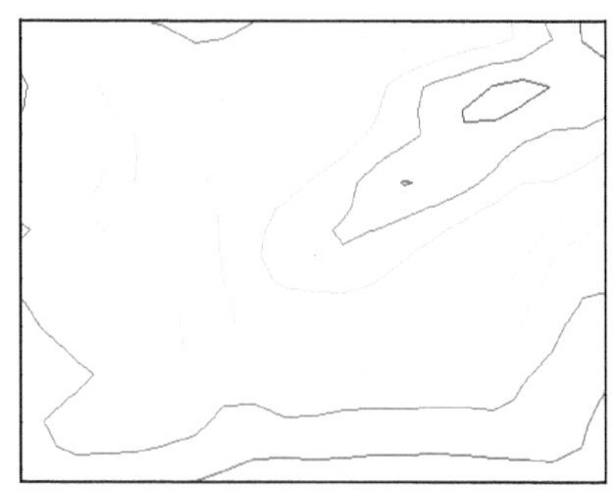

(b) 伪装后特征点附近区域等高线图

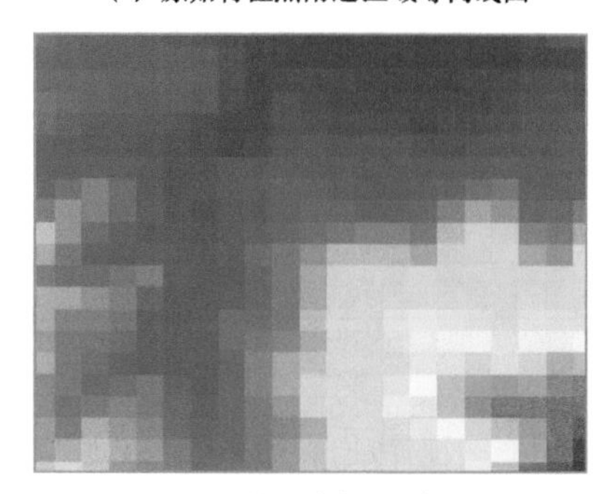

(c) 原始区域高程栅格图

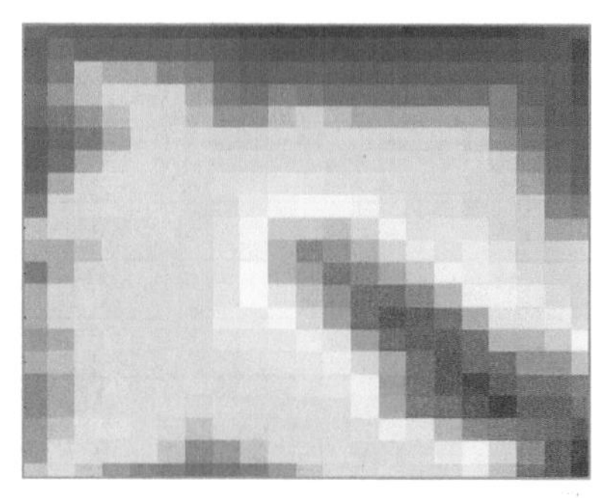

(d) 经区域伪装后高程栅格图

图 7.5 地形特征点影响区域伪装前后比较

3）数据差异性分析

按照伪装数据地形差异度的计算方法，利用直接计算法和间接计算法，分别计算 4 条地性线及其影响区域在伪装前后的高程差异和坡度、坡向变化，得到的结果如表 7.2～表 7.4 所示。

表 7.2 地性线及其影响区域伪装前后高程差异情况 单位：m

特征名称	影响格网点数	最大差异	最小差异	地形差异度
地性线 1	682	696.25	0	97.58
地性线 2	867	849.59	0	86.37
地性线 3	672	554.92	0	149.27
地性线 4	1024	651.28	0	205.29

表 7.2 中，4 条地性线及其影响区域中高程的最大差异均来自地形特征点，最小差异均为 0，来自影响区域的边缘。这是由空间自相关系数的计算方法决定的，距离特征点越近的格网点变化越大，距离特征点越远的格网点变化越小，直至为零。

表 7.3　地性线伪装前后坡度差异情况　　单位：°

特 征 名 称	影响格网点数	最大差异	最小差异	地形差异度
地性线 1	682	25.2673	0.0258	6.1249
地性线 2	867	19.4385	0.1593	9.1548
地性线 3	672	22.4867	0.0244	9.4967
地性线 4	1024	31.5842	0.1537	11.7618

表 7.4　地性线伪装前后坡向差异情况　　单位：°

特 征 名 称	影响格网点数	最大差异	最小差异	地形差异度
地性线 1	682	156.3489	1.9373	65.2671
地性线 2	867	98.7362	0.9372	49.0912
地性线 3	672	136.9765	2.9176	74.4719
地性线 4	1024	119.7529	0.3628	48.9251

通过分析表 7.3 和表 7.4 可以发现，伪装前后地性线周围影响区域地形特征变化明显，满足 DEM 信息伪装对地形差异度的要求。同时根据实验数据得出：地形特征点周围的坡度和坡向变化剧烈，影响区域周围的坡度和坡向变化较为缓慢，这也是由空间自相关的特性决定的。

4）伪地形仿真度分析

根据伪地形仿真度的计算方法，得出 4 条地性线影响区域伪装数据的 Moran's I 指数和散点图，如图 7.6 所示。

因为影响区域的形状不规则，边缘区域的空间权重矩阵取值依据为原始数据。分析图 7.6 可以发现：4 条地性线影响区域伪装数据的全局 Moran's I 指数分别为 0.9338、0.9759、0.9741、0.9894，空间自相关性表现明显，说明伪装数据可以满足地形表达的需要，伪装数据的迷惑性较好，具有良好的地形仿真度，可用于模拟地形。

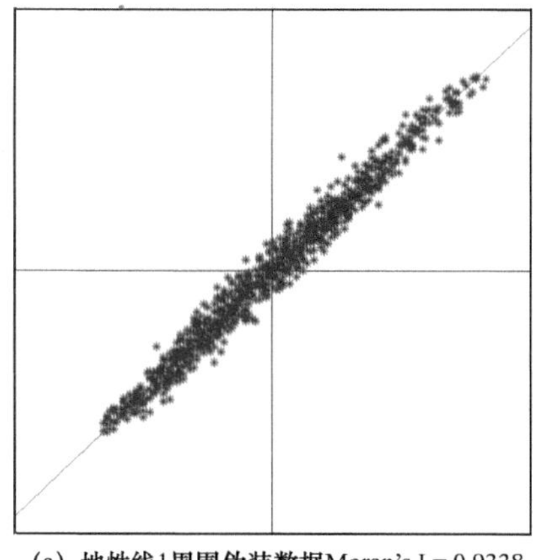
(a) 地性线1周围伪装数据Moran's I = 0.9338

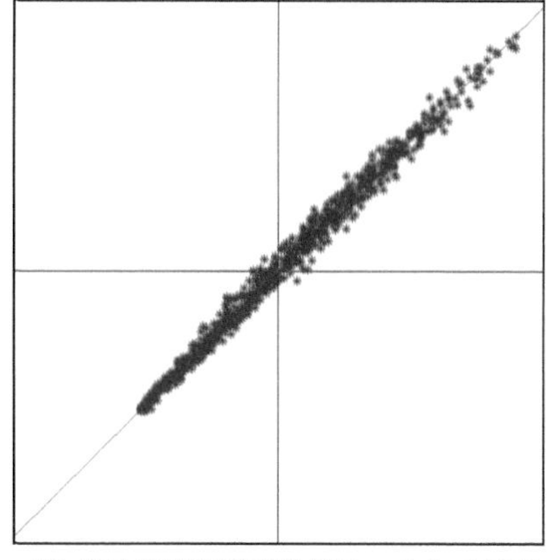
(b) 地性线2周围伪装数据Moran's I = 0.9759

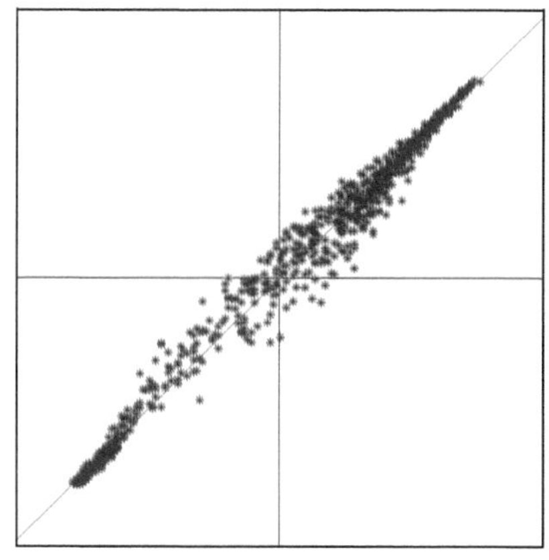
(c) 地性线3周围伪装数据Moran's I = 0.9741

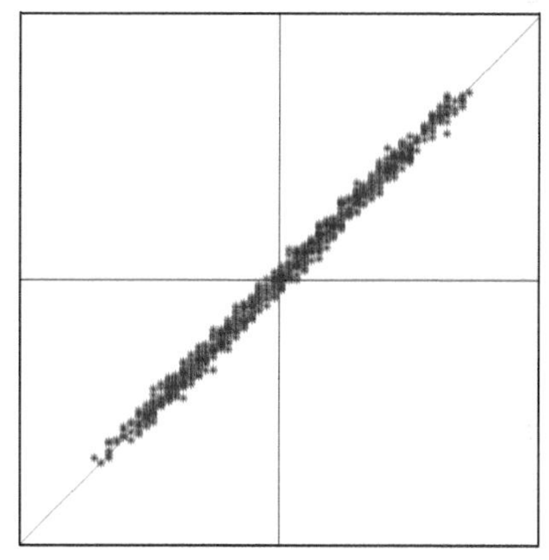
(d) 地性线4周围伪装数据Moran's I = 0.9894

图 7.6　4 条地性线影响区域伪装数据的 Moran's I 指数和散点图

5）还原精确度分析

按照数据还原的方法将伪装数据进行还原，以地性线 1 的第一个特征点及其周围区域为例，可以得到原始数据与还原数据的三维显示，如图 7.7 所示。

通过比较分析图 7.7 中的两组数据，可以发现：虽然还原数据和原始数据在同一点位上存在一定的误差，但在表达地形特征上几乎没有任何区别，完全可以反映原始数据表达的真实地形。在该方法中，数据还原的误差有两个部分：数据拟合带来的误差和系数矩阵提取产生的误差。其中，拟合误差是最主要的误差源，无损隐藏技术可以降低甚至避免第二种误差的出现。将实验数据

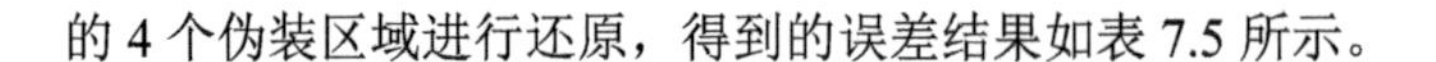
的 4 个伪装区域进行还原，得到的误差结果如表 7.5 所示。

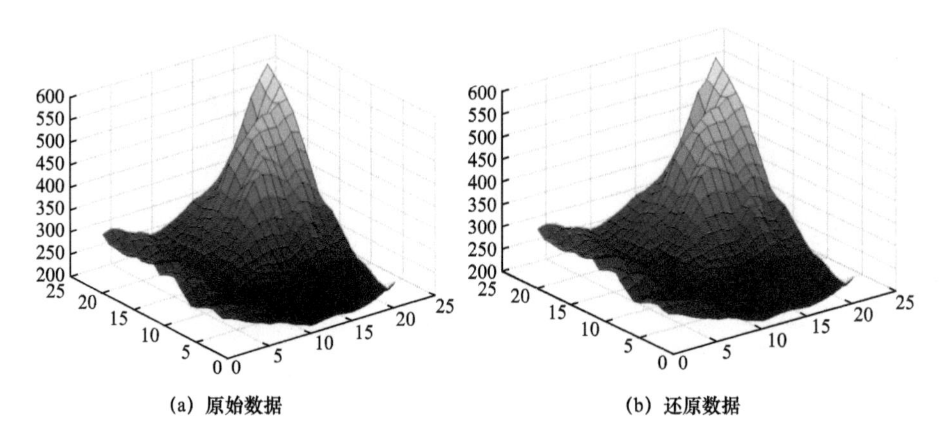

(a) 原始数据　　(b) 还原数据

图 7.7　地性线 1 的第一个特征点及其周围区域原始数据与还原数据三维显示比较

表 7.5　实验数据 4 个区域还原数据的误差分析　　单位：m

特征名称	地性曲线			影响区域		
	格网点数	最大误差	中误差	格网点数	最大误差	中误差
地性线 1	12	16.5	8.6	682	16.5	3.5
地性线 2	12	24.8	12.5	867	24.8	5.4
地性线 3	10	21.4	9.8	672	21.4	6.2
地性线 4	13	15.7	7.2	1024	15.9	4.1

由于格网点影响区域相互之间具有重叠的部分，影响区域的格网点数不等于地性线上各个特征点与其影响点数的乘积之和。分析表 7.5，可以得到以下结论：①地性线上特征点的误差大于一般格网点的误差。这是由于数据拟合得到的表达式不能完全通过每一个特征点，进而产生误差；而其他格网点的伪装依据主要来自特征点伪装前后的变化值和局部影响系数，可以通过计算得到其精确值。②结合表 7.1 中 V_1 和 V_2 的值，可以发现 V 值越小，地性线及其影响区域的误差越小，说明拟合精度是影响数据还原精度的一个重要指标。

同时发现，通过曲线拟合得到的伪装数据在数据还原时会造成较大的误差，虽然不影响数据的一般使用，但是不适用于对数据精度有特殊要求的情况。如果通过传递拟合误差的方式进行纠正，即将拟合误差通过安全通道一起传送给合法用户，可以对还原数据进行纠正，得到的误差结果如表 7.6 所示。

表 7.6　实验数据 4 个区域结合残差还原的误差分析　　单位：m

特征名称	地性曲线			影响区域		
	格网点数	最大误差	中误差	格网点数	最大误差	中误差
地性线 1	12	0.14	0.06	682	0.92	0.45
地性线 2	12	0.25	0.09	867	1.53	0.67
地性线 3	10	0.07	0.04	672	0.86	0.34
地性线 4	13	0.32	0.11	1024	1.74	0.78

对比表 7.5，分析表 7.6，可以得到以下结论：结合拟合残差进行还原的精度远大于直接还原得到的精度，而且地形特征点几乎可以完全还原。这是因为表 7.6 中的数据消除了表 7.5 中最主要的拟合误差，大大优化了数据还原精度。某种意义上，这也是一种 DEM 数据的分权限多尺度还原方法。

2. 影响因素分析

1）特征点数量

将影响区域的大小设定为 21×21，根据不同格网点数量按照该方法进行线状特征的信息伪装和数据还原，分析特征点数量对伪装效果和伪装效率的影响。

（1）对地性线拟合的影响。

地性线拟合精度对数据还原具有重要的影响，而地性线上特征点的数量是影响地性线拟合的一个关键因素。利用式（7.3），依次对同一地性线上不同数量的特征点进行拟合，得到的结果如表 7.7 所示。

表 7.7　不同数量特征点地性线拟合比较　　单位：m

点　数	V_{1m}	$\bar{V}_1$	V_{2m}	$\bar{V}_2$
7	32.1586	15.9677	0.6547	0.3780
8	32.8704	16.0993	0.6563	0.3282
9	32.5775	15.1767	1.1246	0.5029
10	31.2403	20.4011	1.4633	0.5974
11	34.3115	19.5798	2.9398	1.1113
12	34.7830	18.7743	3.1168	1.1021
13	31.9549	19.7981	3.4045	1.1353
14	30.2496	19.5264	4.0369	1.2772
15	30.2430	20.2474	4.9167	1.4821

分析表 7.7 可以发现：利用不同数量特征点对地性线进行拟合，两个空间曲面的拟合误差总体上都呈现正相关的关系，参加拟合的点数越多，拟合误差尤其是中误差越大。但这种关系并不明显，这主要是因为地性线所在区域的空间曲面一般比较平滑，投影线也比较规律。当对少数特征点确定的空间曲面再加入其他特征点时，若该特征点本身位于原空间曲面附近，对拟合结果的影响不大。表 7.7 说明在空间拟合的基础上进行信息伪装是可行的。实际上，也只有地形起伏特征规律的空间形态才能运用这种拟合方式。

（2）对伪装效率的影响。

分析伪装效率，得到的结果如表 7.8 所示。

表 7.8　特征点数量对伪装效率的影响　　单位：ms

点　数	影响区域点数	伪装用时	还原用时
7	632	373	341
8	684	397	389
9	746	423	422
10	868	482	471
11	922	512	523
12	1124	684	662
13	1383	801	783
14	1469	868	850
15	1530	923	912

分析表 7.8 可以得到：在其他条件相同的情况下，利用该方法对原始 DEM 数据中的线状特征进行信息伪装时，伪装用时和还原用时随特征点数量的增大而增加，待伪装地性线特征点的数量越大，伪装的效率越低。这是因为随着特征点数量的增加，其影响区域的格网点数量也有了较大的增加。

2）影响区域大小

单个特征点不同空间范围的影响区域会造成不同数量的格网点发生变化。选用某特征点格网大小为 21×21、31×31、41×41、51×51、61×61、71×71 共 6 种空间范围作为影响区域，进行信息伪装，分析影响区域大小对伪装效果和伪装效率的影响。

（1）对伪装效果的影响。

进行伪装后向 4 个方向各外扩 10 个单位，分别计算该区域进行伪装后的 Moran's I 指数，检验伪装数据的地形仿真能力及邻接处理情况，得到的结果如图 7.8 所示。

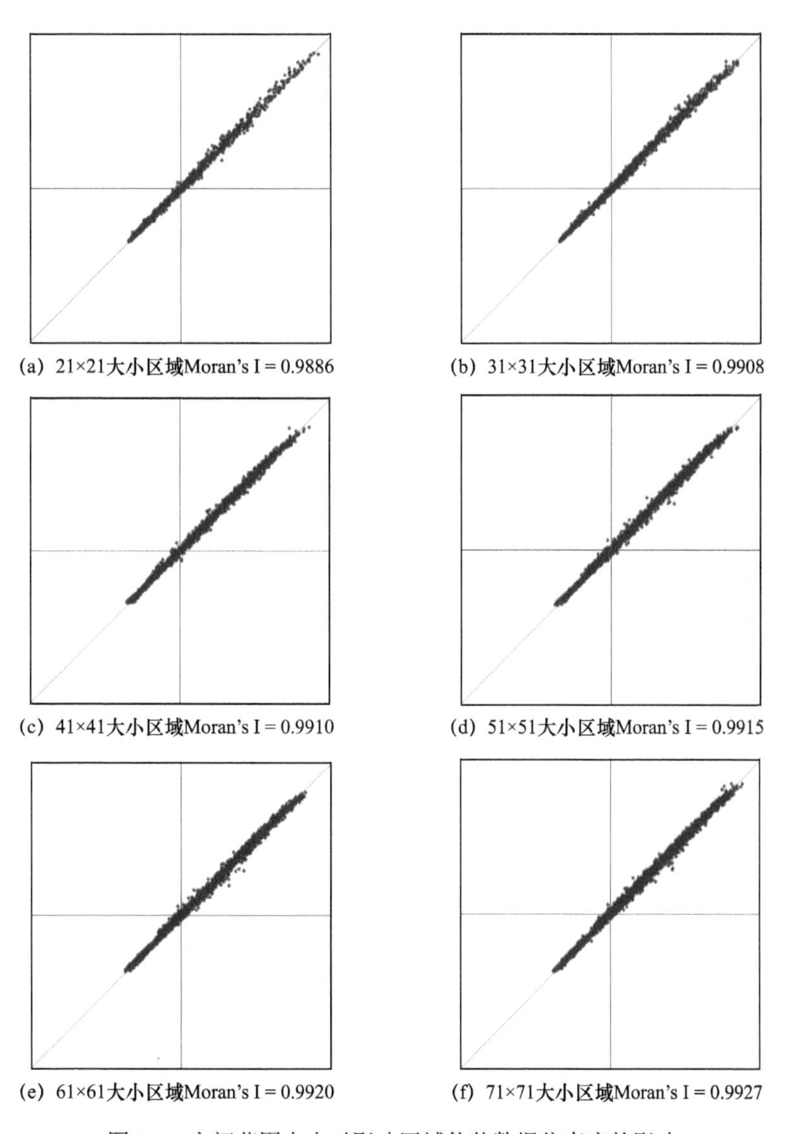

(a) 21×21大小区域Moran's I = 0.9886　(b) 31×31大小区域Moran's I = 0.9908

(c) 41×41大小区域Moran's I = 0.9910　(d) 51×51大小区域Moran's I = 0.9915

(e) 61×61大小区域Moran's I = 0.9920　(f) 71×71大小区域Moran's I = 0.9927

图 7.8　空间范围大小对影响区域伪装数据仿真度的影响

同时计算 6 种不同空间范围内伪装数据和原始数据在各自影响区域内地形的整体差异，以及它们在特定的某一共同区域（以特征点为中心的 21×21 大小区域）内的地形差异，得到的结果如表 7.9 所示。

表 7.9　不同大小影响区域对地形差异的影响　　单位：m

	21×21	31×31	41×41	51×51	61×61	71×71
整个区域	77.8505	78.9404	79.5814	79.9427	80.2028	80.3800
同一区域	77.8505	111.6056	132.1899	145.0261	153.7075	159.9763

分析图 7.8 和表 7.9，可以发现：对于同一特征点，不同空间范围影响区域的伪装数据都能较好地表现出模拟地形的能力。6 种数据的 Moran's I 指数随影响区域范围的增大呈现不断增加的状态，说明空间范围越大，伪装数据模拟地形的能力越强；6 种伪装数据和伪装数据在整体差异上大致相同，这是因为特征点的高程变化一定，无论区域大小，其对其他格网点的影响力都是从 1 到 0 的过程，空间范围大，影响力变化就慢，但影响的格网点数量同步增加，对整体上的数据差异影响不大。但是在属于影响范围相同大小的区域内，空间范围大的影响区域在靠近特征点周围的地形差异明显大于空间范围小的影响区域。结合地形的整体不变性，可以直接判断空间范围大的影响区域在靠近区域边缘部分的地形差异要小于空间范围小的影响区域。

（2）对伪装效率的影响。

分析影响区域大小对伪装效率的影响，得到的结果如表 7.10 所示。

表 7.10　影响区域大小对伪装效率的影响　　单位：ms

影响区域大小	伪 装 用 时	还 原 用 时
21×21	213	215
31×31	421	415
41×41	743	729
51×51	1023	983
61×61	1547	1473
71×71	1937	1884

分析表 7.10 可以得到：在其他条件相同的情况下，利用该方法对原始 DEM 数据中线状特征中的特征点影响区域进行信息伪装时，伪装用时和还原用时随影

响区域范围的增大而增加，影响区域中格网点的数量越大，伪装的效率越低。

7.3.6 算法分析

结合 DEM 信息伪装的技术要求，根据实验分析的效果，基于空间拟合进行规则格网 DEM 线状特征信息伪装时，主要具有以下特点。

（1）利用该方法进行线状特征伪装能够基本满足信息伪装的技术要求，得到与原始数据完全不同并具有一定地形仿真能力的伪装数据。

（2）空间曲线拟合是进行线状特征伪装的基础，拟合残差对伪装效果具有重要的影响。实际上，单纯依据曲线拟合完成信息伪装后进行数据还原会产生较大的误差，通过结合拟合残差的方式进行还原能有效改善还原精度。

（3）线状特征上格网点的数量和影响区域的大小对信息伪装的效果和效率具有重要影响，这主要是由整个带状区域中格网点数量的变化决定的。

（4）该方法仅适用于形态较为规则的线状特征伪装，对于长距离的线状特征，可以采取分段处理的方式进行。

（5）算法的安全性主要依赖于线状特征的系数置乱和伪装参数矩阵在原始数据中的嵌入方法。在实际应用中，应当尽量选取安全性能高、实现效率快的方法进行。

参考文献

[1] 倪星航. 基于规则格网 DEM 提取地形特征线的方法研究[D]. 成都：西南交通大学，2008.

[2] 方理平. 数字地形模型及战术地形分析方法[J]. 军事系统工程，1993（4）：20-25.

[3] CHEN Z, Guevera J A. Systematic selection of very important points (VIP) from digital terrain model for constructing triangulated irregular networks[C]. AUTOCARTO 8 Proceedings, ASPRS-ACSM, 1987: 50-56.

[4] 李勤超，李宏伟，孟禅媛. 基于 DEM 提取水域特征的一种算法实现[J]. 测绘科学，2007，32（1）：103-104.

[5] 尹亚娟. 地性线提取及 DEM 数据格式转换方法研究[D]. 郑州：信息工程大学，2007.

[6] Endreny T, Wood E. Maximizing spatial congruence of observed and DEM-delineated overland flow networks[J]. International Journal of GIS, 2003, 17(7): 699-713.

[7] Tarboton D. A new method for the determination of flow directions and upslope areas in grid digital elevation models[J]. Water Resource Research, 1997, 33(2): 309-319.

[8] Thibault D, Gold C. Terrain reconstruction from contours by skeleton construction[J]. GeoInformatica, 2000, 4(4): 349-373.

[9] 汤国安，刘学军，闾国年. 数字高程模型及地学分析的原理与方法[M]. 北京：科学出版社，2005.

[10] 郭明武，黄宇. 基于规则格网 DEM 自动提取地性线的算法研究[J]. 测绘学院学报，2005，22（3）：201-203.

[11] 何军. 网格上曲面拟合和变形的研究[D]. 济南：山东大学，2009.

[12] 沙月进，闾国年，刘学军，等. 顾及地形特征的不规则三角网二次插值方法[J]. 测绘科学技术学报，2007，24（3）：167-170.

[13] 李二涛，张国煊，曾虹. 基于最小二乘的曲面拟合算法研究[J]. 杭州电子科技大学学报，2009，29（2）：48-51.

[14] Lancaster P, Salkauskas K. Surfaces generated by moving least squares methods[J]. Mathematics of Computation, 1981, 37(155): 141-158.

[15] 符浩军. 栅格地理数据数字水印模型与算法研究[D]. 郑州：信息工程大学，2013.

[16] 符浩军，朱长青，缪剑，等. 基于小波变换的数字栅格地图复合式水印算法[J]. 测绘学报，2011，40（3）：397-400.

[17] Ismail I B, Farah I R. Satellite images watermarking based on wavelet technique[C]. Second Information and Communication Technologies, 2006(1): 1988-1993.

[18] XIA X G, Charles G, Gonzalo R A. Wavelet transform based watermark for digital images[J]. Optics Express, 1998, 3(12): 497-511.

[19] HE X, LIU J J. A Digital Watermarking Algorithm for DEM Image Based on Stationary Wavelet Transform [C]. 2009 Fifth International Conference on Information Assurance and Security: 221-224.

8 不规则三角网 DEM 数据的信息伪装

8.1 TIN DEM 数据的特征分析

不规则三角网数字高程模型（TIN DEM）是另一种重要的 DEM 数据，通过离散不规则分布的数据点生成的连续三角网模拟地形起伏特征，同一个 TIN DEM 中可以包含不同层次分辨率的高程数据，详略结合，能利用较少的特征点记录复杂的地表特征，应用广泛。

TIN DEM 数据是不规则分布的数据点三角化后附加高程的结果。TIN DEM 要求三角形之间不能交叉和重叠，但相互间可以通过某种拓扑关系有机结合起来，使其能够进行复杂的地形分析和计算。TIN DEM 具有考虑重要表面数据点的能力，能充分利用地貌的特征点、线，较好地表示复杂地形，但数据存储与操作复杂，不便于规范化管理。从数据的组织形式来看，TIN DEM 可以看作普通三维几何模型数据的一种。但在数据的展现层次上两者又有很大的差别，同时 TIN DEM 和规则格网 DEM 的表现形式也大不相同。其数据特点主要体现在以下两个方面。

（1）TIN DEM 数据具有可投影性。不同于普通三维几何模型数据可能出现“多对一”的投影模式，TIN DEM 中的平面坐标各不相同，构成的平面是单侧有向的（模型表面总是可以位于某一平面的一侧，并且模型表面的任意一个三角面与这一平面互不垂直）。这样，DEM 三维表面就可以在该平面进行无重叠的投影显示，投影后的三角面拓扑关系具有不变性。

（2）高程数据间具有较强的独立性和随机性。规则格网 DEM 数据是在横、纵两个方向等距离记录地形表面点的坐标和各个高程的矩形格网，如图 8.1（a）所示。空间范围和间隔确定后，DEM 数据的格网点也就完全确定，无论地形起伏特征如何，需要的格网点数量一样。因此格网点相互间具有很强的相关性，而且这种相关性和格网间距密切相关，间距越小，相关性越大。在进行信息伪装时这种关系不能忽略，是影响伪装数据地形仿真能力的主要因素。TIN DEM 按照特定规则将离散的高程采样点连接成覆盖整个地形区域的三角网，包含了数据间的各种空间关系，但实质上是一些没有特定分布规律的离散点，相互间的随机性较强，个体的独立性明显，如图 8.1（b）所示。一般认为，规则格网 DEM 属于栅格地理空间数据，TIN DEM 属于矢量地理空间数据。

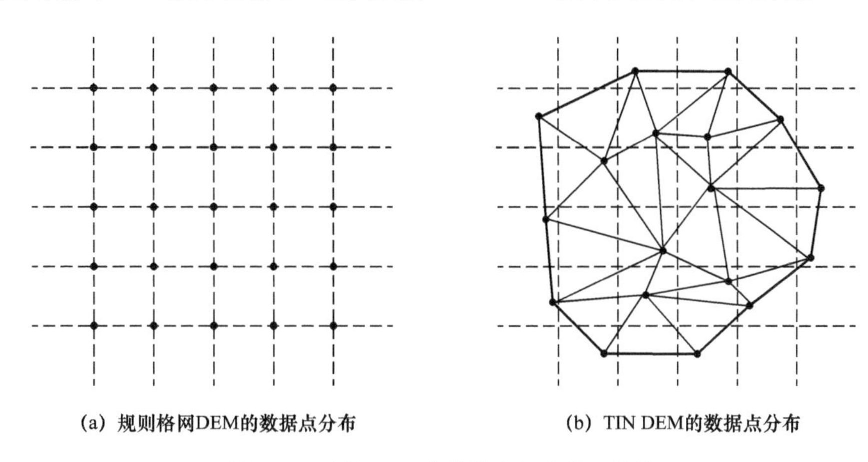

(a) 规则格网DEM的数据点分布　　(b) TIN DEM的数据点分布

图 8.1　两种 DEM 的数据点分布情况比较

在进行信息伪装时，由于存储结构优化，TIN DEM 高程数据间的相关性大幅度降低，可以考虑单个数据伪装后的叠加处理，为信息伪装的处理方式提供了更多的选择空间。同时，规则格网 DEM 数据信息伪装的处理域只能在高程域中进行，除了改变不同位置的高程值外，平面坐标不具有太大的处理价值，而 TIN DEM 中的平面坐标分布相对随意，利用一定的处理方式也能进行信息伪装，可以将信息伪装的处理域扩展到 X、Y、Z 三个值域中。

8.2　TIN DEM 信息伪装的方法分类

根据特征分析，TIN DEM 的信息伪装可以分为基于格网转化的信息伪装、基于高程域的信息伪装和基于坐标域的信息伪装三种类型。

基于格网转化的 TIN DEM 信息伪装首先将不规则三角网 DEM 转化成规则格网 DEM，按照规则格网 DEM 的信息伪装方式进行处理后，再转化成

TIN 形式的 DEM 数据。整个过程中有三个关键环节：TIN 到规则格网的转化方法、规则格网 DEM 的信息伪装算法及格网再到 TIN 的转换处理。目前三角网到格网的转化方式很多，可以通过三角网内插的方式进行，主要有两种方法：一种方法是直接内插，通过判断格网点所在的三角形并根据其三个顶点线性内插计算该格网点的高程；另一种方法是首先通过邻近格网点的若干离散高程节点拟合空间曲面，然后利用该曲面内插出格网点的高程。规则格网 DEM 的信息伪装算法可以参照现有方法进行。规则格网 DEM 转换成 TIN DEM 的方法也很多，比较常用的有地形骨架法、地形滤波法、层次三角网法、试探法和迭代贪婪插入法等。归结起来，主要分为两类：一类是将格网数据进行直接分解组合，使格网直接形成三角网；另一类是通过选择格网数据中的若干重要点构建不规则三角网，如利用数学形态学的方法进行。基于格网转化的 TIN 伪装数据还原时按照相反的流程进行，这种 TIN DEM 信息伪装的核心仍是规则格网 DEM 信息伪装的方法和技术。

利用格网转化方式进行 TIN DEM 的信息伪装，可以满足一般数据的信息伪装要求，但是 TIN 与格网数据之间的相互转换会损失部分精度，难以还原出和原始数据完全一致的不规则三角网，即使将一组 TIN DEM 转化成规则格网 DEM 后再直接转换回来，也与原始数据在构网方式上具有很大的差别，如图 8.2 所示。因此，基于格网转化的 TIN DEM 信息伪装仅适用于对数据精度要求不高的伪装处理中。

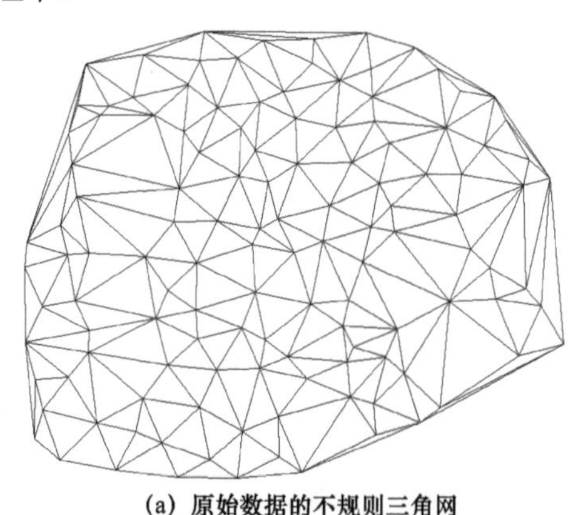

(a) 原始数据的不规则三角网

图 8.2　TIN 与格网数据的转换关系

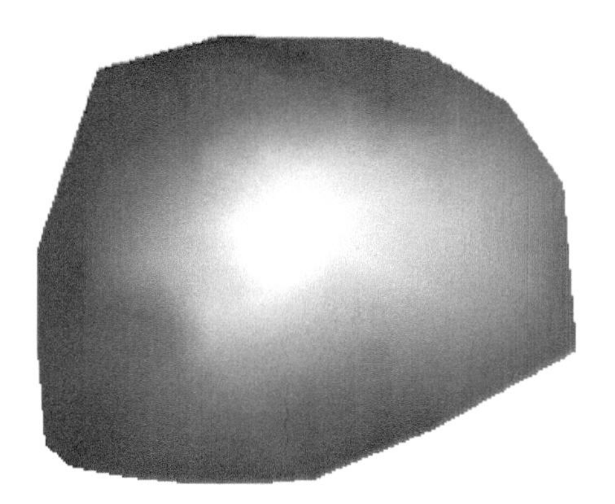

(b) 转化成格网数据后的形式

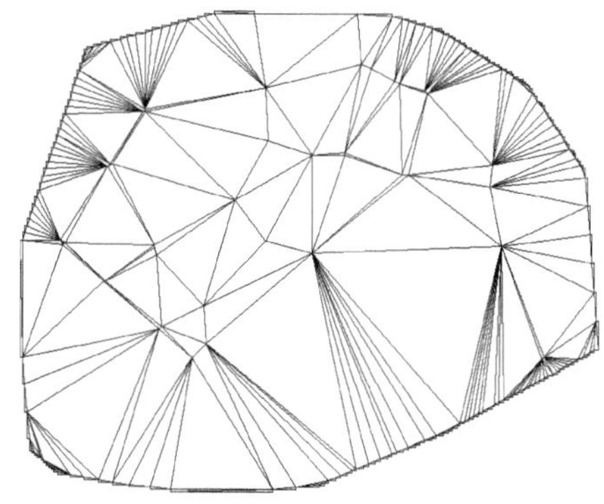

(c) 格网数据转换的不规则三角网

图 8.2 TIN 与格网数据的转换关系（续）

基于高程域的 TIN DEM 信息伪装是指通过伪装处理 TIN DEM 中高程节点的数值大小完成信息保护的过程，是直接作用于最反映地形起伏状态属性域的信息伪装。根据特征分析，TIN DEM 数据的最大特点是减少了数据间的冗余，不同高程节点间具有较好的独立性，在进行数据伪装时不需要特别考虑高程节点间的相关性。按照处理方式，基于高程域的 TIN DEM 信息伪装可以分为基于结构的伪装和基于数值的伪装两种类型。基于结构的信息伪装是指通过改变 TIN DEM 的组织类型完成信息伪装，主要是指不同节点位置上高程值的置换，由于 TIN 数据的节点分布毫无规律，数据置乱后很难进行精确还原；基于数值的 TIN DEM 信息伪装是将不规则三角网每一个节点的原有高程值进行伪装，通过改变数值大小完成数据的信息伪装，是进行 TIN 数据伪装的主要形式。该形式需要重点考虑两个问题：一个是寻找高程数值到另一个高程数值的变换函数，这个函数应当是一个满射函数，即变量域和值域之间是一一对应的映射关系，在进行信息伪装的同时能够完成数据的准确还原；另一个是需要考虑地理空间数据的实际意义，得到的伪装数据必须处于合理的空间范围内，否则应当进行适当的数值归化。

基于坐标域的 TIN DEM 信息伪装是通过改变构成不规则三角网高程节点的空间位置完成数据的信息伪装。这种方式仅能用于 TIN 数据的伪装，格网数据的坐标排列规则，基于坐标域进行的信息伪装几乎没有任何意义。基于坐标域进行的 TIN DEM 信息伪装包括原始空间范围内的信息伪装和任意空间范围内的信息伪装两种形式：原始空间范围内的信息伪装是指伪装数据的各个高程节点仍处于原始数据划分的大致空间范围，改变的只是节点的位置，相当于通过一定的扰动方式完成其包围盒内高程节点的位置置乱；任意空间范围内的信息伪装得到的数据可以位于任何空间范围，和原始数据的空间范围不存在明显关系。无论哪种形式的坐标域伪装，都需要特别注意伪装数据的归化问题，尤其是在进行任意空间范围内的信息伪装时，如果不注意数据归化，伪装数据所确定的空间范围可能远远超过合理的区间，因此一般需要事先指定预备伪装到的空间范围，使原始数据在该范围内进行信息伪装处理，得到符合地形表达规律的 TIN DEM 数据。

8.3 基于正方形覆盖网格的 TIN 伪装

正方形是最常见的一种基本图形，形式简单、构造方便。根据正方形的旋转不变性，基于正方形覆盖网格可以实现对 TIN DEM 的信息伪装。

8.3.1 正方形覆盖网格和 TIN 节点数据之间的关系

在相同的空间范围内，正方形覆盖网格可以和 TIN 数据共同存在（见图 8.3）。

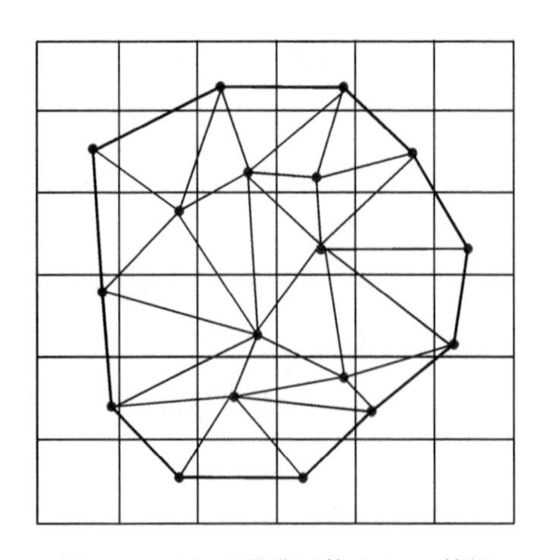

图 8.3 正方形覆盖网格和 TIN 数据

将覆盖网格中的单个小格网称为正方形格元，正方形格元和高程节点之间存在以下6种关系，如图8.4所示。

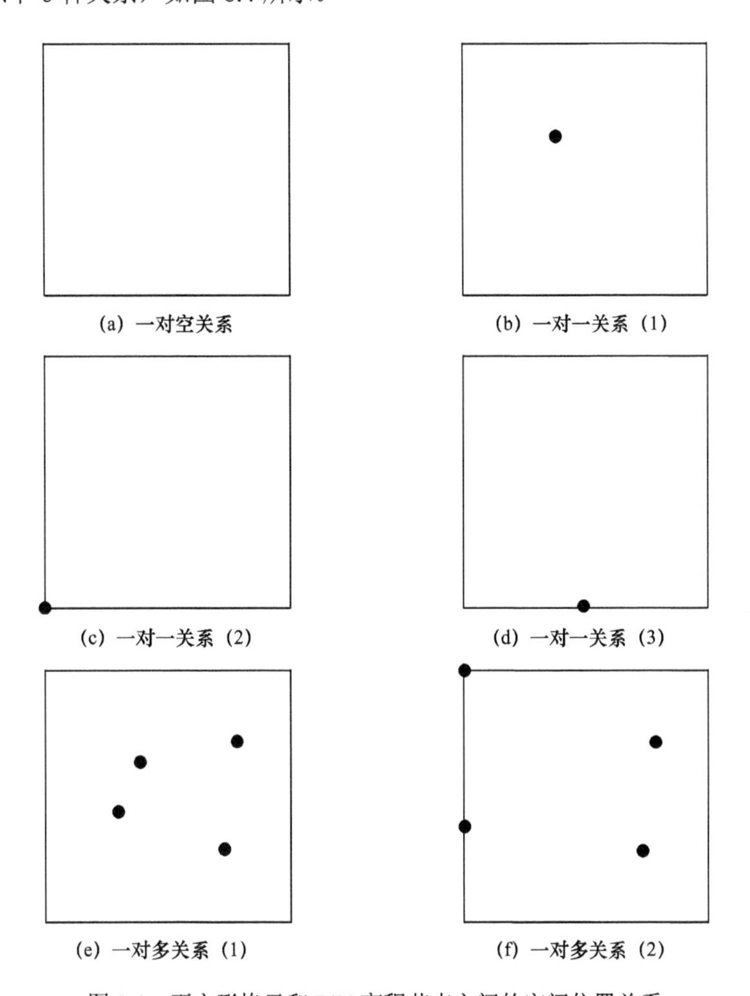

图8.4　正方形格元和TIN高程节点之间的空间位置关系

（1）一对空关系：正方形格元中不存在任何高程节点，该正方形为空格元，在进行信息伪装时不需要做任何处理，如图8.4（a）所示。

（2）一对一关系：一个正方形格元对应一个高程节点，有图 8.4（b）、图8.4（c）及图8.4（d）三种关系。图8.4（b）表示高程节点在正方形格元的内部，为完全的包含关系，图 8.4（c）表示高程节点在正方形格元的顶点上，图 8.4（d）表示高程节点在正方形格元的边界线上。后两种情况需要进行特殊处理。

（3）一对多关系：一个正方形格元对应两个以上的高程节点，有图 8.4（e）和图 8.4（f）两种形式。图 8.4（e）表示所有的高程节点均包含于正方形格元中，图 8.4（f）表示高程节点部分包含于正方形格元中，部分在正方形的顶点或边界线上。

通过设定优先级，可以建立高程节点与正方形格元的对应关系，使得每个高程节点仅归属于一个正方形格元。高程节点在正方形格元的边界线上时，以左、上的优先级高于右、下的优先级，即可判定该高程节点的唯一归属关系；高程节点在正方形格元的顶点上时，根据正方形网格的形状特征，除去表示网格范围的 4 个顶点单独属于一个正方形格元外（如图 8.5 中的 P_1 和 P_2），当其位于格网的边界线时，共属于两个正方形格元（如图 8.5 中的 P_3 和 P_4），位于其他位置则属于 4 个正方形格元（如图 8.5 中的 P_5）。这种情况下，可设定共用顶点位置的优先级顺序依次为左上、右上、左下、右下。例如，图 8.5 中的 P_5 就属于编号为 A 的正方形格元。

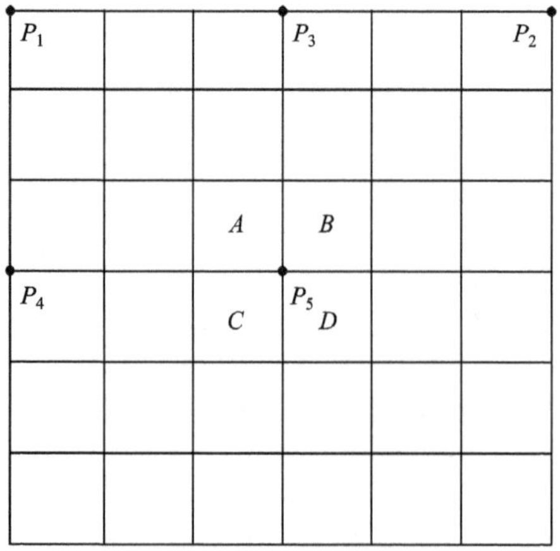

图 8.5　顶点共用问题

通过以上分析，可以发现正方形格元和 TIN 高程节点间虽然不能建立一一对应的关系，一个正方形格元可以对应若干高程节点，但通过规则设定，每一个高程节点有且仅有一个正方形格元与之对应，通过对正方形格元进行处理，可以实现单个高程数据的信息伪装。

▶ 8.3.2 正方形网格在 TIN DEM 信息伪装中的应用

正方形格元具有旋转不变性的特点，当其旋转 90°、180°、270°或 360°时，结果图形和原始图形展现出相同的形式，但是 4 个顶点的位置已经发生了改变，为数据的信息伪装提供了条件，可以将密钥转换成四进制数表示不同的旋转角度，通过正方形格元中分配的密钥进行旋转，在改变顶点位置的同时完成高程数值的伪装。具体伪装方案如下。

（1）生成正方形覆盖网格。正方形覆盖网格由若干正方形格元组成，大网格本身可以是矩形或正方形。根据 TIN DEM 高程节点的位置，生成由左下角坐标(X_1,Y_1)、右上角坐标(X_2,Y_2)，以及横、纵单方向的格元数量N_1和N_2组成的正方形覆盖网格，满足下式：

$$\frac{X_2-X_1}{N_1}=\frac{Y_2-Y_1}{N_2} \tag{8.1}$$

即要求每一个格元的长和宽相等，为正方形。为了方便计算，一般令$N_1=N_2$，则有$X_2-X_1=Y_2-Y_1$，即覆盖网格本身也是正方形。同时，比较数据中所有的高程节点，得出横、纵两个左边方向上的最大值和最小值$(X_{\max},X_{\min},Y_{\max},Y_{\min})$，覆盖网格还应该满足以下条件：

$$\begin{cases}X_1\leqslant X_{\min}<X_{\max}\leqslant X_2\\ Y_1\leqslant Y_{\min}<Y_{\max}\leqslant Y_2\end{cases} \tag{8.2}$$

使 TIN 模型中所有的高程节点包含于覆盖网格内。

（2）正方形格元的顶点赋值处理。根据单个高程节点P的位置和包围其的正方形格元，进行顶点赋值处理，形式如图 8.6 所示。

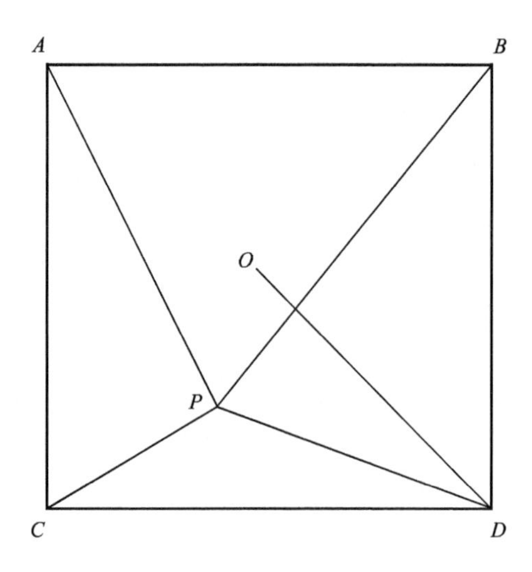

图 8.6 单个高程节点的格元处理

图 8.6 中，O 为正方形格元的中心，将高程节点 P 的高程值 H_P 赋于线段 OD，并以之为参考，计算

$$\begin{cases} H_A = \dfrac{|PA|}{|OD|}H_P = \dfrac{\sqrt{(X_P - X_A)^2 + (Y_P - Y_A)^2}}{\sqrt{(X_O - X_D)^2 + (Y_O - Y_D)^2}}H_P \\ H_B = \dfrac{|PB|}{|OD|}H_P = \dfrac{\sqrt{(X_P - X_B)^2 + (Y_P - Y_B)^2}}{\sqrt{(X_O - X_D)^2 + (Y_O - Y_D)^2}}H_P \\ H_C = \dfrac{|PC|}{|OD|}H_P = \dfrac{\sqrt{(X_P - X_C)^2 + (Y_P - Y_C)^2}}{\sqrt{(X_O - X_D)^2 + (Y_O - Y_D)^2}}H_P \\ H_D = \dfrac{|PD|}{|OD|}H_P = \dfrac{\sqrt{(X_P - X_D)^2 + (Y_P - Y_D)^2}}{\sqrt{(X_O - X_D)^2 + (Y_O - Y_D)^2}}H_P \end{cases} \tag{8.3}$$

将正方形格元 4 个顶点的高程赋值通过内部相关距离的比例关系予以确定，正方形格元中最长的线段是对角线，因此计算出 4 个顶点的高程范围为 $[0, 2H_P]$。即使节点 P 在正方形格元的边界线或顶点上，仍可以利用该方法进行赋值。

（3）单个高程节点的伪装处理。针对各个高程节点及其对应的正方形格元

[其密钥空间为（0, 1, 2, 3）]，设定旋转规则如下：格元分配密钥 $k=0$ 时，顺时针旋转 90°；$k=1$ 时，顺时针旋转 180°；$k=2$ 时，顺时针旋转 270°；$k=3$ 时，顺时针旋转 360°。以正方形格元的右下角顶点替代其包含节点的伪装高程值。

（4）整体数据的信息伪装。将十进制密钥转换成四进制，从正方形覆盖网格的左上角开始，依次遍历所有的格元，判断其中包含的节点数量：若格元中不包含高程节点，不分配旋转密钥；若格元中包含一个高程节点，分配一个旋转密钥，同时根据步骤（2）和步骤（3）伪装该高程节点；若格元中包含多个高程节点，按照相应数量分配旋转密钥，密钥分配顺序根据高程节点的平面坐标确定，按照从左至右、自上而下的顺序进行分配，然后依次对每个高程节点分别进行伪装处理，直到最后一个正方形格元，完成整个数据的信息伪装。

整个过程中，旋转密钥和横、纵格网的间隔数量 N 共同组成伪装密钥。十进制密钥转换成四进制后按照需求依次循环分配，当分配完一轮后，重新从起始位置开始分配。数据还原的过程和信息伪装互为逆过程，由于平面坐标不发生任何改变，通过改变正方形格元的旋转方向，利用相同密钥就可以将正方形格元恢复到原始形态，根据节点平面位置到格元右下角顶点的距离与对角线长度的比值可以得到该节点的原始高程值。按照相同方法处理所有伪装数据中的高程节点，即可完成数据还原。

▶ 8.3.3 实验与分析

1. 伪装效果分析

选择一组 TIN DEM 数据进行实验，其中包含 126 个离散高程点，利用上述方法进行信息伪装和数据还原。图 8.7 为原始数据的三角形构网平面图和其所有离散点的三维分布情况。

按照 $N=100$，密钥取 12345678 进行信息伪装和数据还原，将原始数据、伪装数据和还原数据分别在三维空间中进行显示，得到的结果如图 8.8 所示。

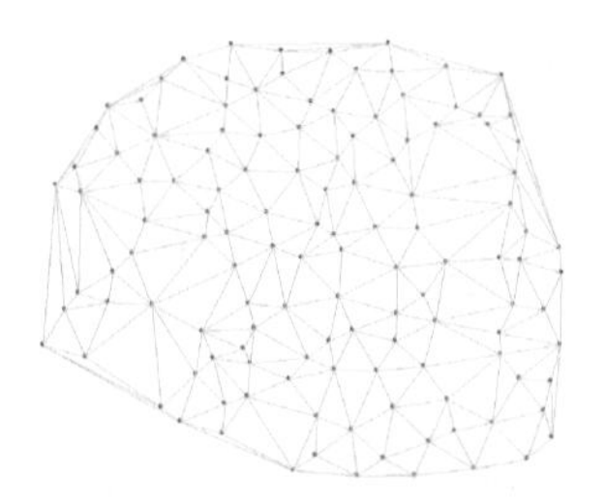

(a) 原始数据的三角形构网

(b) 原始数据离散高程节点的三维分布

图 8.7 原始数据的三角形构网和离散高程节点的三维分布情况

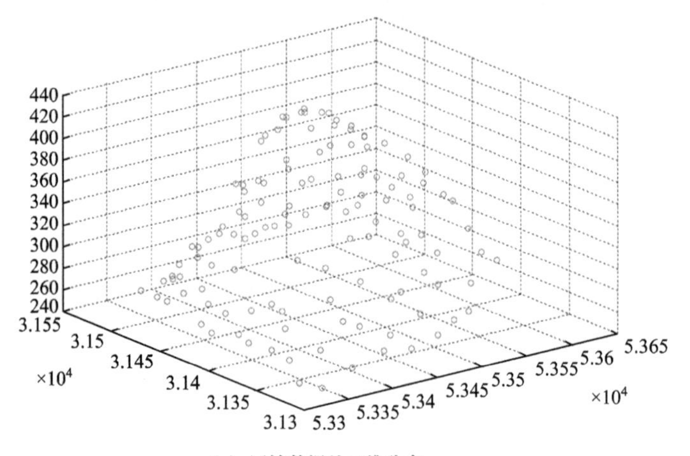

(a) 原始数据的三维分布

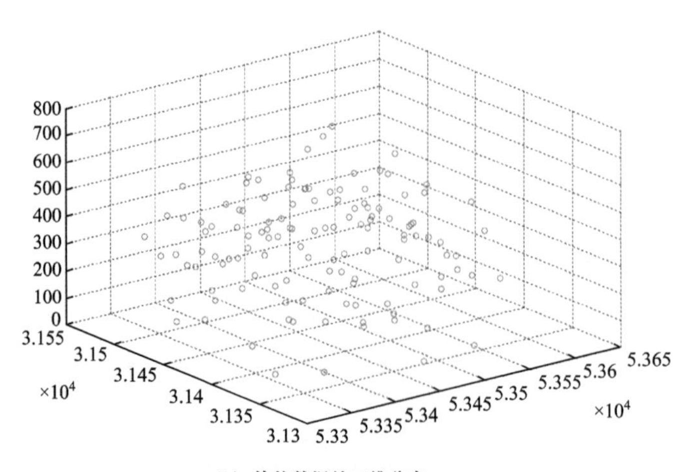

(b) 伪装数据的三维分布

图 8.8 三种数据的三维分布效果对比

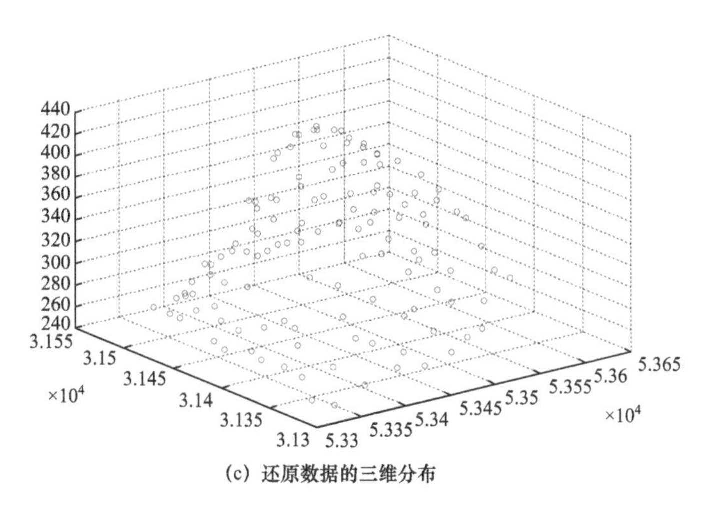

(c) 还原数据的三维分布

图 8.8 三种数据的三维分布效果对比（续）

计算数据间的差异，得到的结果如表 8.1 所示。

表 8.1 伪装数据和原始数据的高程差异 单位：m

数 据	最 小 高 程	最 大 高 程	平 均 高 程
原始数据	243.6840	439.00	326.5743
伪装数据	24.8357	783.1309	352.9777
差异类型	最小差别	最大差别	地形差异度
结果	0.4379	348.0559	122.7502

分析图 8.8 和表 8.1，可以得出：伪装数据和原始数据具有较大的差异，三维分布情况明显不同，其高程取值范围也有所扩展。虽然两种数据的平均高程相差不大，但计算得出的地形差异度为 122.7502m，说明在单个高程节点位置的高程变化比较明显，满足信息伪装的要求。同时发现，高程节点的位置越靠近正方形格元的中心，伪装数据的差异性越小，这主要是由于中心附近的点到各顶点的线段长度与对角线的一半距离相近造成的。同时，按照以上方法将伪装数据还原，可以得到与原始数据完全相同的 TIN DEM 数据，不影响数据的正常使用。

2．伪装效率分析

以 8 幅不同数量高程节点的 TIN DEM 数据为例，利用基于正方形覆盖网格的方法分别进行信息伪装和数据还原，比较所用的时间，得到的结果如表 8.2 所示。

表 8.2 数据量对正方形覆盖网格伪装 TIN DEM 效率的影响 单位：ms

序　号	高程节点数	伪装用时	还原用时
1	54	28	27
2	86	36	34
3	126	47	48
4	258	88	87
5	572	163	159
6	853	254	237
7	1578	501	507
8	3782	1276	1135

分析表 8.2 可以得到：在其他条件相同的情况下，利用该方法对 TIN DEM 数据进行信息伪装时，伪装用时和还原用时随高程节点数量的增大而增加，高程节点的数量越大，伪装的效率越低。同时，由于伪装和还原操作完全互逆，因此针对同一数据进行这两种处理时所需要的时间基本相同。

▶ 8.3.4 算法分析

基于正方形覆盖网格的 TIN 模型数据伪装方法简单，但仍具有一定的实用性，其主要优势体现在以下三个方面。

（1）能够满足 DEM 信息伪装的基本要求。伪装数据和原始数据具有较大差异，并可进行精确还原。

（2）具有一定的安全性。根据伪装方案，可以确定算法旋转密钥的密钥空间大小为4^n（n表示 TIN 中高程节点的数量）。当节点数量大于 50 时（很容易满足），利用每秒能够计算 1000 万个旋转密钥的大型计算机也需要 10 天左右时间才能完全破解。同时，横、纵格网的间隔数量N可作为算法的调节密钥，对伪装结果也有非常重要的影响。

（3）不用进行复杂的归化处理。伪装结果的取值范围为零至原始高程的

2 倍，当最高高程小于或等于 4424.43m（陆地最高峰的一半）时，结果不需要做任何特殊处理；当最高高程大于 4424.43m 时，取所有伪装结果的一半即可，处理方法十分简单。

8.4 基于置乱–代换机制的 TIN DEM 信息伪装

置乱–代换机制是密码学中一种常用的算法设计思想，近年来在图像加密中应用广泛，通过位置置乱和像素值变换两种类型的不同方法相结合，可以形成复杂的图像加密算法。结合 TIN DEM 的特点，按照置乱–代换机制的相关原理，这里提出一种基于混沌映射和中国剩余定理的信息伪装算法，同时修改三角网节点的位置和高程值，保障 TIN DEM 的安全存储和传输。

8.4.1 基于混沌映射的高程置乱

1. 混沌映射

混沌映射是一种确定性的非线性伪随机系统，可以利用相同的初始参数重复产生，但是对初值表现出极端的敏感性，极小的差异所形成的混沌序列大不相同。由于产生的混沌序列结构极其复杂，很难进行重构和解析，因此特别适用于数据加密和保密通信。

1972 年，美国麻省理工学院教授洛伦兹在其著名论文《蝴蝶效应》中提出的近似荒谬的论断引起了人们对混沌理论的广泛关注。混沌是一种杂乱的、无序的初始状态，自然界中存在着大量的混沌现象，在天体力学、气象学、流体力学等领域中受到普遍重视。1975 年，华人科学家李天岩在其博士期间和导师 J. Yorke 首次引入了“混沌”（Chaos）一词，并给出了精确定义。

假设 $g(x)$ 是区间 $T \to T$ 的连续映射，若其满足以下所有条件：

（1）该映射周期点的周期没有上界；

（2）对于区间 T 上的不可数集合 T'，有

a．$\forall a,b \in T', a \neq b$ 时，$\lim\limits_{m\to\infty} \sup |g^m(a) - g^m(b)| > 0$，

b．$\forall a,b \in T'$ 时，$\lim\limits_{m\to\infty} \sup |g^m(a) - g^m(b)| > 0$，

c．$\forall a \in T'$ 和 g 的周期点 b，满足 $\lim\limits_{m\to\infty} \sup |g^m(a) - g^m(b)| > 0$。

则称该映射在 T 上混沌。

混沌映射主要具有以下特性。

（1）初值敏感性。混沌映射具有极度的初值敏感性，给定两个极小差别的初值，经若干次迭代后，同一混沌映射将会分化出截然不同的序列，不具有可预测性。

（2）伪随机性。混沌映射不具有可预测性，相互间的相关系数也类似于随机信号，但是混沌序列根据相同的系统参数方程和初始状态是可精确复制的，是一种类随机行为，而非具有完全随机性。

（3）复杂性。混沌映射产生的序列结构复杂，不具有特定的数学统计特性，如果没有初始状态，很难进行预测和重构。

目前常用的一维混沌映射主要有 Logistic、Tent、ICMIC、Bernouilli shift、Chebyshev 和 Sine 映射等。

1）Logistic 映射

Logistic 映射是一种经典的混沌系统，本质上是一个数学形式十分简单的差分方程，但具有极其复杂的动力学行为，被广泛应用于人口预测和物种演变等研究。它的表达式为

$$x_{n+1} = \lambda x_n(1 - x_n) \quad 0 < \lambda \leqslant 4 \tag{8.4}$$

当 $x \in (0,1)$，该映射可进入混沌状态，即在初始条件 x_0 下，经过若干次迭代产生的序列是非周期、不收敛的。在（0, 1）中随机选择初始值 x_0 代入上式进行迭代，得到 Logistic 映射的分岔图如图 8.9 所示。可以发现，当 $\lambda > 3.5699456\cdots$ 时，系统进入混沌区。

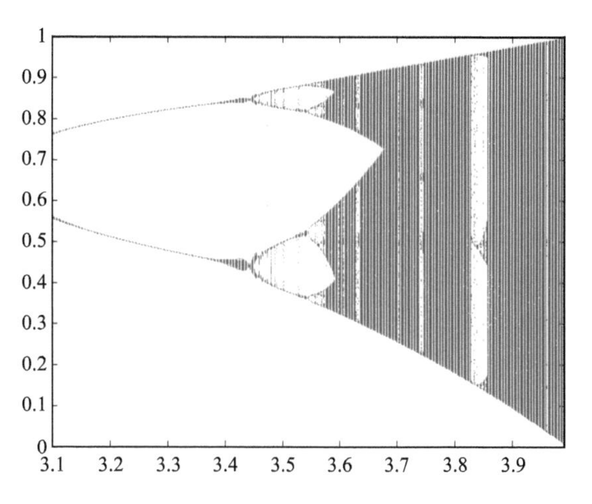

图 8.9 Logistic 映射的分岔图

2）Tent 映射

Tent 映射又称帐篷映射，是一种分段的一维映射，其表达式为

$$x_{n+1}=\begin{cases}\mu x_n & 0<x_n<0.5\\ \mu(1-x_n) & 0.5\leqslant x_n\leqslant 1\end{cases} \tag{8.5}$$

式中，$\mu\in(0,2)$，$x_n\in(0,1)$，可以产生一个序列。Tent 映射的分岔图如图 8.10 所示。

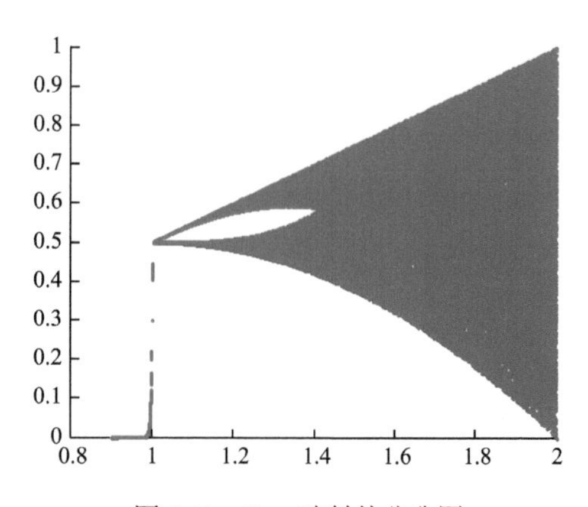

图 8.10 Tent 映射的分岔图

分析图 8.10 可以发现，当 $\mu>1.4$ 以后，该式进入混沌状态。图 8.11 是

$\mu=1.7$，分别取 $x_0=0.8$（蓝线）和 $x_0=0.801$（红线），迭代 100 次，得到的结果大不相同。事实上，即使很小的扰动，当迭代次数足够多时，结果仍有很大区别，符合混沌映射的基本特征。

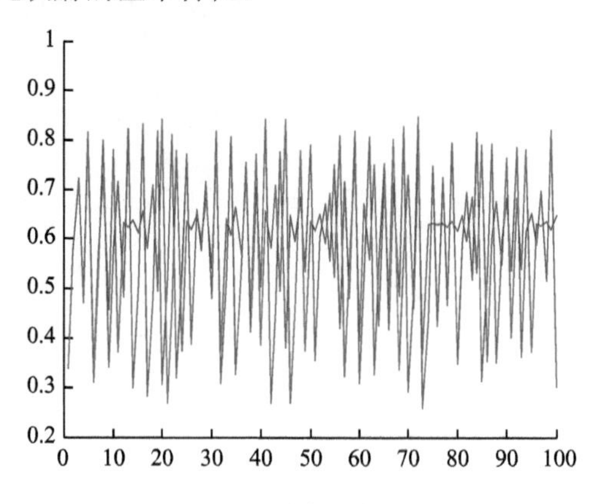

图 8.11 Tent 映射的初值敏感性

3）ICMIC 映射

ICMIC 映射的数学表达式为

$$x_{n+1}=\sin\left(\frac{a}{x_n}\right) \quad a\in(0,\infty) \tag{8.6}$$

该映射对初值具有极强的敏感性。

4）Bernouilli shift 映射

Bernouilli shift 映射的表达式为

$$x_{n+1}=\begin{cases}\dfrac{x_n}{1-\lambda} & 0<x_n\leqslant 1-\lambda\\ \dfrac{x_n-(1-\lambda)}{\lambda} & 1-\lambda<x_n<1\end{cases} \tag{8.7}$$

该映射在某些情况下会出现存在小周期和不稳周期点的情况，需要在具体应用中删除或进行映射表达式的改进。

5）Chebyshev 映射

Chebyshev 映射是一种简单的一维混沌映射。k 阶 Chebyshev 映射的数学

表达式为

$$x_{n+1}=\cos(k\cos^{-1}x_n)\text{，}\quad x\in[-1,1] \tag{8.8}$$

该映射是区间[−1,1]上的满射。将满射中的可数多个可能导致形成周期性集合的初值去除，以其他任一点作为初值，经过若干次迭代后可以产生混沌序列。

6）Sine 映射

Sine 映射的数学表达式为

$$x_{n+1}=\frac{a}{4}\sin(\pi x_n)\text{，}\quad 0<a\leqslant 4 \tag{8.9}$$

该映射的自变量和值域范围均在[−1,1]，可以满足某些特殊领域的要求。

以上各种混沌映射均可应用于 TIN DEM 的置乱，根据实验分析，Tent 映射和 Bernouilli shift 映射在所有映射中具有较高的搜索效率。这里采用计算简单的 Tent 映射进行一维高程数值的置乱。

2．TIN 模型高程数据的规范化

不同于格网数据，TIN 模型中的高程数据分布没有特定规律，难以直接进行处理。因此，进行信息伪装前，需要先进行数据规范化，将三维空间中不规则排列的高程节点规范成能够直接处理的形式。高程节点数据至少包含两个坐标值和一个高程值，坐标排列不规则，很难归化到类似格网数据的二维空间中，但规范到一维空间中十分简单，方便采用一维 Tent 映射对其进行处理。因为需要重点伪装的是 TIN 模型中的高程信息，可按照高程节点的横坐标大小进行排序，横坐标相同的纵坐标大的为先，将所有节点规范到只含有高程数据的一维序列中。图 8.12 为一组 TIN DEM 数据规范化后形成一维序列的显示结果。

3．基于 Tent 映射的高程数据置乱

基于 Tent 映射进行的高程数据置乱可以在空间域上进行，也可以在频率域上进行。空间域上的数据置乱方法简单，但不能改变数据的统计特性，容易受到统计分析的攻击；频率域上单点位置的变化可以引起整个数据集在空间域上数值的改变，得到的置乱效果更好。因此，采用如下方法进行 TIN DEM 的高程数据置乱。

(a) TIN DEM三维模型

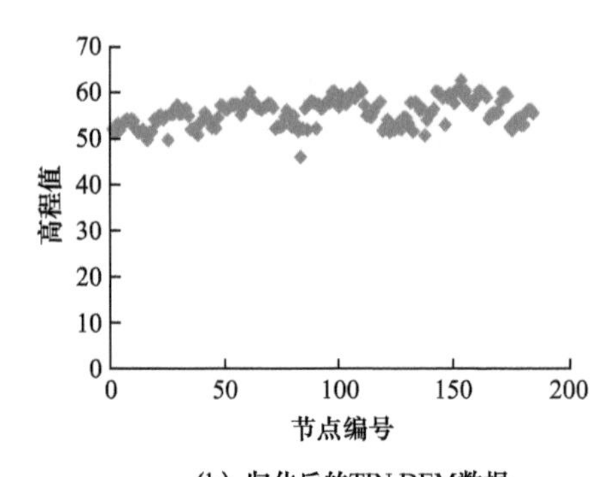

(b) 归化后的TIN DEM数据

图 8.12 TIN 模型高程数据的规范化

（1）给定 Tent 映射的参数 μ 和初值 x_0，作为置乱密钥，将其代入式（8.5）中迭代 N 次（大于 200），产生混沌序列 $X=\{x_i \mid i=1,2,3,\cdots,N\}$。

（2）比较 X 中各要素的大小，将其从小到大依次排列，形成 $X'=\{x_i' \mid i=1,2,3,\cdots,N\}$，并记录其中各要素在序列 X 中的原始地址，形成置换序列 $P=\{p_i \mid i=1,2,3,\cdots,N\}$，$p_i$ 表示 X' 中第 i 个元素在原始序列 X 中的位置。

（3）利用一维离散余弦变换将规范化后的高程数值转换到频率域中，形成频率系数序列 $W=\{w_i \mid i=1,2,3,\cdots,L\}$，其中 L 表示 TIN 中高程节点的数量。将其分成 $n=[L/N]$ 组，对每一组中的频域系数按照置换序列 P 进行变换，将其第 i 个位置的数据置换到第 p_i 个位置上，组合得到置乱频率系数集合 W'。

（4）利用一维离散余弦逆变换将 W' 转换到空间域上，完成数据置乱。

利用其他混沌映射方法进行空间置乱时，与以上方法类似。

▶ 8.4.2 基于中国剩余定理的高程代换

置乱后的 TIN DEM 数据已经达到了信息伪装的效果，但是一维混沌映射的密钥空间有限，安全性不高；而且即使在频率域上进行系数置乱，在形成的伪装数据中仍能得到原始数据的某些统计特征。因此需要进行进一步的数据代换，最大限度地保证高程信息的安全。

1. 中国剩余定理

中国剩余定理（CRT）又称孙子定理，是求解同余方程组的经典方法，在密码学的群签名和公钥设计中得到了广泛的应用，具体描述如下。

设正整数 $m_1, m_2, m_3, \cdots, m_k$ 两两互素， $m = m_1 m_2 m_3 \cdots m_k$ ， $M_i = m/m_i$ ， M_i^{-1} 是 M_i 模 m_i 的乘法逆元，满足 $M_i^{-1} M_i = 1(\bmod m_i)$ ，其中 $i = 1, 2, 3, \cdots, k$ 。则对于任意 k 个整数 $a_1, a_2, a_3, \cdots, a_k (k \geqslant 2)$ 构成的同余方程：

$$\begin{cases} x \equiv a_1 (\bmod m_1) \\ x \equiv a_2 (\bmod m_2) \\ \qquad \vdots \\ x \equiv a_k (\bmod m_k) \end{cases} \tag{8.10}$$

在模 m 下有唯一解：

$$x = M_1 M_1^{-1} a_1 + M_2 M_2^{-1} a_2 + \cdots + M_i M_i^{-1} a_i (\bmod m) \tag{8.11}$$

其证明可以参见相关文献， M_i^{-1} 在其对应的模中存在并唯一，可根据扩展的欧几里得算法（Euclidean 算法）求得。计算 $b(\bmod a)$ 的乘法逆元 $b^{-1}(\bmod a) = t(\bmod a)$ ，如表 8.3 所示。

2. 基于中国剩余定理伪装高程数值

根据中国剩余定理的解算过程可知，利用互素的正整数可以将若干整数转换成一个大数。同时，根据式（8.10）可知： $x \equiv a_i (\bmod m_i)$ ，当 $m_i > a_i$ 时， a_i 有唯一解， $a_i = x(\bmod m_i)$ 。由此可以推断，利用中国剩余定理加密正整数集合 $A = \{a_i \mid i = 1, 2, 3, \cdots, k\}$ 时，选用 k 个大于 $\max(A)$ 且两两互素的整数，可以得到唯一结果，并可以在实数域中将其完整还原。

根据高程数据的特征，利用中国剩余定理进行 TIN 模型的高程代换时，按照以下步骤进行。

表 8.3 计算乘法逆元

算法：Multiplicative Inverse (a,b)
1：$a_0 \leftarrow a$
2：$b_0 \leftarrow b$
3：$t_0 \leftarrow 0$
4：$t \leftarrow 1$
5：$q \leftarrow \left\lfloor \frac{a_0}{b_0} \right\rfloor$
6：$r \leftarrow a_0 - qb_0$
7：While $r > 0$
$\text{do}\begin{cases} \text{temp} \leftarrow (t_0 - qt) \bmod a \\ t_0 \leftarrow t \\ t \leftarrow \text{temp} \\ a_0 \leftarrow b_0 \\ b_0 \leftarrow r \\ q \leftarrow \lfloor a_0/b_0 \rfloor \\ r \leftarrow a_0 - qb_0 \end{cases}$
8：If $b_0 \neq 1$
说明 b 没有模 a 的逆
9：else return (t)

（1）将经过置乱的所有高程值转换成厘米级后取整数，根据陆地高程的取值范围，保留到厘米级时正整数的位数最多为 6（小于等于 884886cm）。将每个高程值 h_i 分为两部分：$b_i = [h_i / 1000]$ 和 $c_i = h_i(\text{mod}1000)$，形成数据集合 $B = \{b_i \mid i = 1, 2, 3, \cdots, L\}$ 和 $C = \{c_i \mid i = 1, 2, 3, \cdots, L\}$，其中 L 表示 TIN 中高程节点的数量。将高程数据转换成厘米级不仅可以增加数据伪装的精度，还能尽量减小 b_i 等于 0 的可能性，避免代换过程中 0 值的参与，使得计算结果趋于合理。

（2）选择 4 个正素数 $m_1, m_2, m_3, m_4 > 1000$，作为代换密钥。利用中国剩余定理，按照规范化后形成的顺序，利用 m_1 和 m_2 依次转换 B_{2n-1} 和 C_{2n-1}，得到 D_{2n-1}，利用 m_3 和 m_4 依次转换 B_{2n} 和 C_{2n}，得到 D_{2n}，其中 $n = 1, 2, 3, \cdots, [L/2]$，$D$ 为转换后的数值集合。即每次利用密码可以加密两个高程值，得到两个新的整数。同时，密钥的个数可以根据实际情况选择，数量越多，计算的复杂度就越高，安全性也越强。

（3）归化加密的数值到合理的高程取值范围。通过中国剩余定理转换得到的数值 $d_i \in D$ 的取值范围为 $[0, H_m)$，其中 $H_m = \max(m_1m_2, m_3m_4)$。为了增强伪装数据的迷惑性，避免不符合该坐标范围的高程数值的出现，将其数据归化到原始数据的取值范围内，采用如下方法：

$$d_i' = H_{\min} + \frac{(d_i - D_{\min}) \times (H_{\max} - H_{\min})}{D_{\max} - D_{\min}} \tag{8.12}$$

式中，$H_{\max}$ 和 $H_{\min}$ 分别表示原始高程数据的最大值和最小值；$D_{\max}$ 和 $D_{\min}$ 表示经中国剩余定理处理后得到的代换数组中的最大值和最小值。记录 $D_{\max}$ 和 $D_{\min}$，作为密钥的一部分。

（4）将得到的 d_i' 形成最终的数据集合 D'，即得到了经过中国剩余定理伪装的 TIN DEM 数据。

将经过置换和代换的一维离散高程数据按照数据规范化的逆过程，依次分配给 TIN 模型数据中对应的各个高程节点，就完成了整个信息伪装过程。

8.4.3 伪装数据的还原

数据还原是 TIN DEM 信息伪装的逆过程，包括代换还原和置乱还原两部分。

1. 代换还原

代换还原是指将伪装数据在空间域中利用中国剩余定理还原到代换伪装之前的状态，是伪装代换的逆过程，步骤如下。

（1）按照 8.4.1 节中的方法将伪装数据进行规范化，以方便进行还原处理。

（2）利用密钥 $D_{\max}$ 和 $D_{\min}$，将伪装数据中的所有高程数值利用下式进行转换：

$$d_i = D_{\min} + \frac{(d_i' - H'_{\min}) \times (D_{\max} - D_{\min})}{H'_{\max} - H'_{\min}} \tag{8.13}$$

式中，$H'_{\max}$ 和 $H'_{\min}$ 分别表示伪装数据的最大值和最小值。得到转换后的数据集合 D 。

（3）利用代换密钥 m_1、m_2、m_3、m_4 ，按照中国剩余定理，对得到的集合 D 中的每一个元素进行处理。根据式（8.11），每一个元素解密可以得到两个原始数据，依次加入数据集合 E 。

（4）对 E 中的元素，做如下处理：

$$\begin{cases} F_{2n-1} = 1000E_{4n-3} + E_{4n-1} \\ F_{2n} = 1000E_{4n-2} + E_{4n} \end{cases} \tag{8.14}$$

组合得到集合 F ，为 TIN 伪装数据进行数据代换前、高程置乱后的结果。

2．置乱还原

置乱还原是指将伪装数据在频率域中利用 Tent 映射还原到原始位置，是伪装置乱的逆过程，步骤如下。

（1）利用置乱密钥 a 、x_0 和 N ，根据式（8.5）生成混沌序列 X ，按照置乱步骤（2）的方法操作，得到置乱序列 P 。

（2）利用一维离散余弦变换将代换还原后的高程集合 F 转换到频率域中，得到频率系数集合 W' ，利用 P 对其进行反置乱，得到原始频率系数集合 W 。

（3）利用一维离散余弦逆变换将 W 转换到空间域上，完成置换还原，得到原始的高程数据集合，并将其一一对应于原始的空间坐标，得到最终还原后的 TIN DEM 数据。

将经过代换和置乱还原的一维离散高程数据按照数据规范化的逆过程依次分配给 TIN 模型数据中对应的各个高程节点，就完成了伪装数据的还原过程。

▶ 8.4.4 实验与分析

1．伪装效果分析

选择一组 TIN DEM 数据进行实验，其中包含 853 个离散高程点。从伪装效果和安全性能两个方面对该方法进行分析。图 8.13 表示的是该数据部分离散高程节点的三角形构网及三维分布情况。

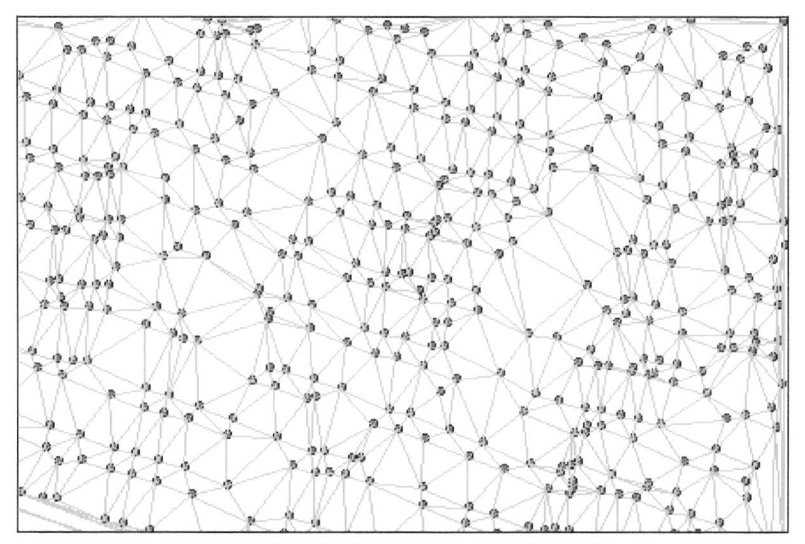

(a) 原始数据部分高程节点的三角形构网情况

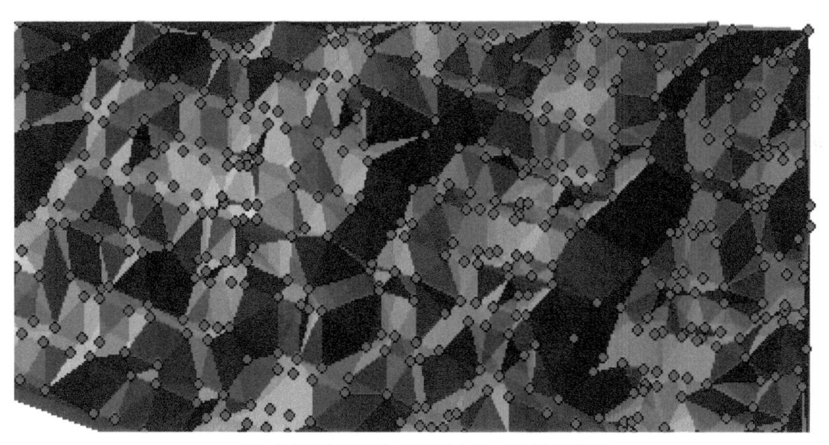

(b) 原始数据部分高程节点的三维分布情况

图 8.13　原始数据部分高程节点的三角形构网与三维分布

根据以上方法，按照置乱–代换的步骤对实验数据进行伪装和还原处理，其中混沌映射的初始值分别选择 $\mu = 1.7$， $x_0 = 0.8$，代换密钥 (m_1, m_2, m_3, m_4) 为（1021, 4597, 1039, 2351）。得到高程值的结果通过点集显示，如图 8.14 所示。

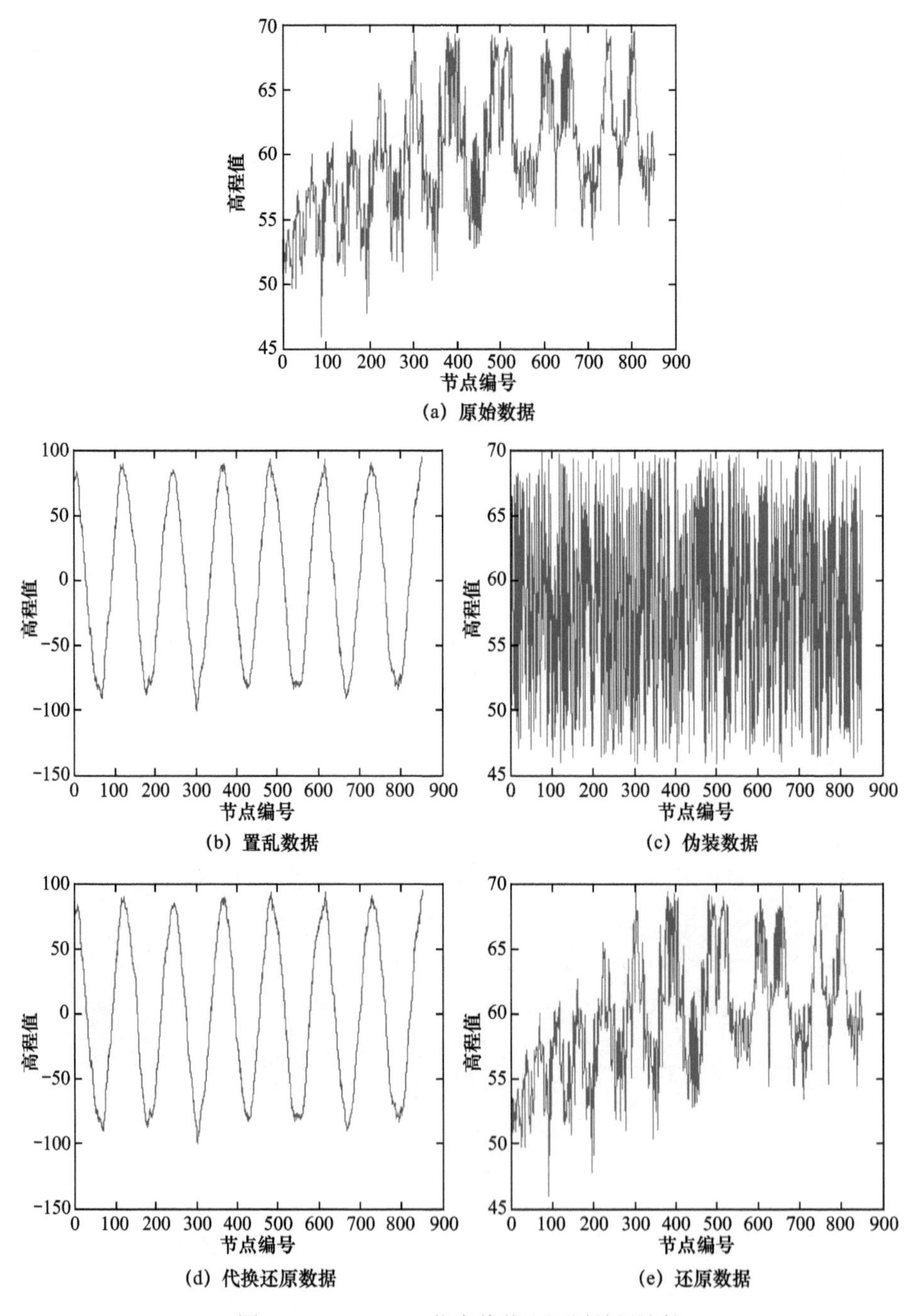

图 8.14 TIN DEM 信息伪装和还原效果比较

同时，将原始数据、伪装数据和还原数据分别在三维空间中予以显示，得到其离散高程点分布如图 8.15 所示。

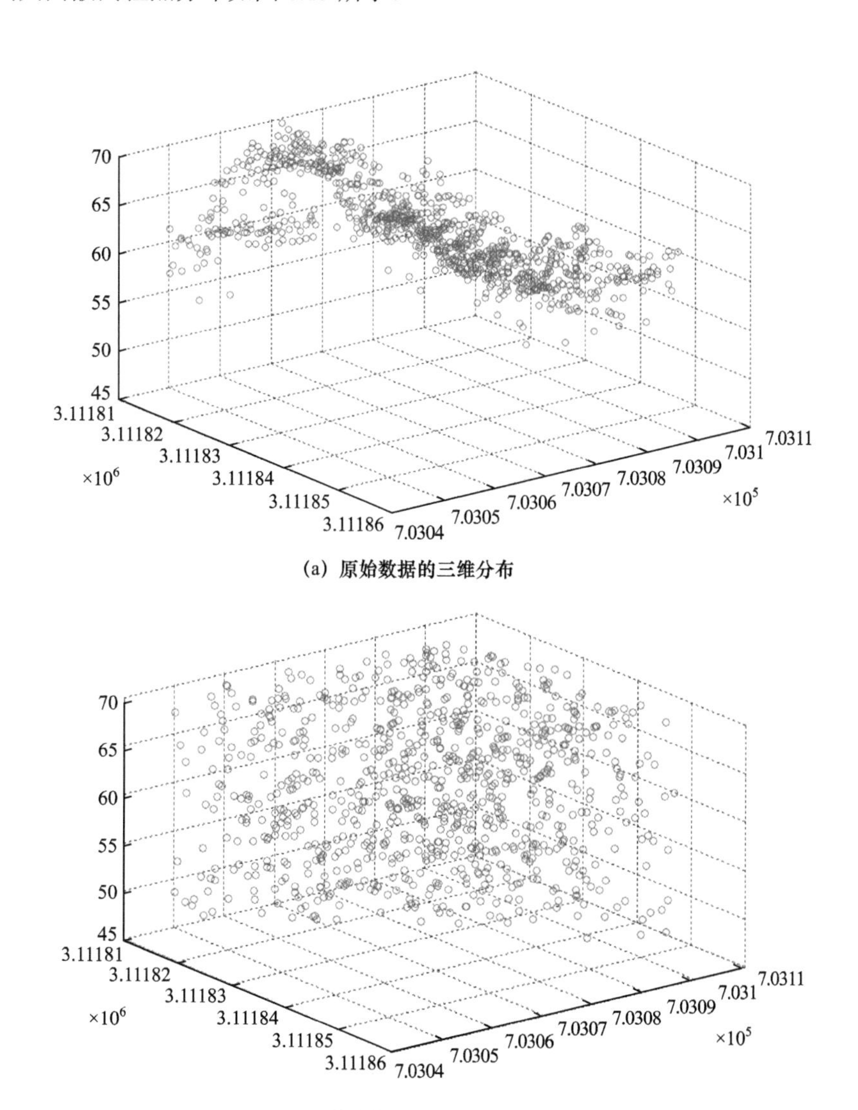

图 8.15　三种数据的三维分布效果对比

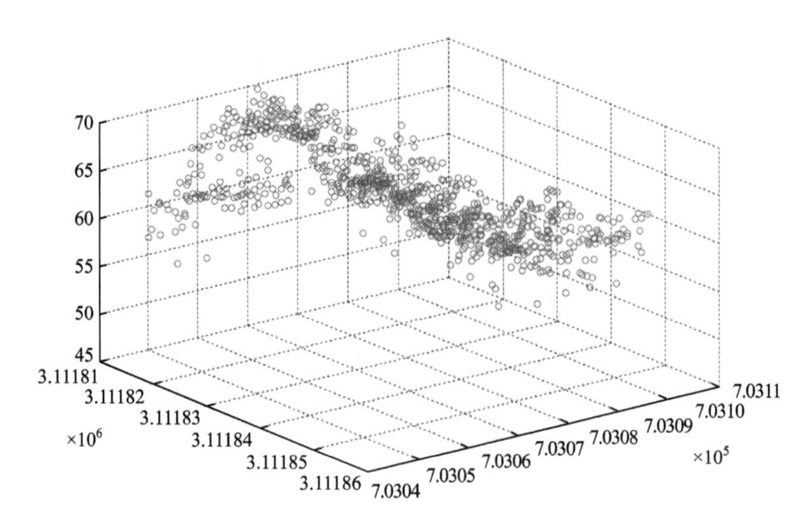

(c) 还原数据的三维分布

图 8.15 三种数据的三维分布效果对比（续）

分析图 8.14 和图 8.15，可以发现：仅经过频率域上的混沌置乱处理就可以达到信息伪装的目的，但是得到的结果具有一定的规律性，与原始数据存在隐含关系；而通过混沌置乱和中国剩余定理代换共同处理后得到的最终的伪装数据和原始数据有很大的不同，说明达到了信息伪装的要求。根据地形差异度的直接计算方法，可以得出两者的地形差异度为 8.7647m（实验数据的最高高程仅为 69.87m），对地形的改变作用明显；同时，虽然在利用中国剩余定理时舍去了数据的部分精度，但本实验中利用密钥得到的还原数据与原始数据几乎相同，其点集分布和三维空间中的分布没有明显差别，实际上，根据还原数据精确度的计算方法得出两者的最大误差仅为 0.0107m、中误差为 0.0023m，不影响还原数据的正常使用，完全可以满足伪装还原的要求。

2．伪装效率分析

以 8 种不同数量高程节点的 TIN DEM 数据为例（高程节点的数量应大于置乱序列的长度），基于置乱-代换机制分别进行信息伪装和数据还原，比较所用的时间，得到的结果如表 8.4 所示。

表 8.4　数据量对置乱-代换机制信息伪装效率的影响　　　单位：ms

序　号	高程节点数	置 乱 用 时	伪装总用时	代换还原用时	还原总用时
1	258	47	73	31	69
2	572	86	137	53	124
3	853	125	235	99	221
4	1578	231	418	194	406
5	3782	549	970	397	952
6	5198	763	1247	575	1259
7	10367	1338	2296	917	2109
8	29810	3732	5829	2628	5620

置乱用时、伪装总用时、代换还原用时和还原总用时与高程节点数据量的变化关系如图 8.16 所示。

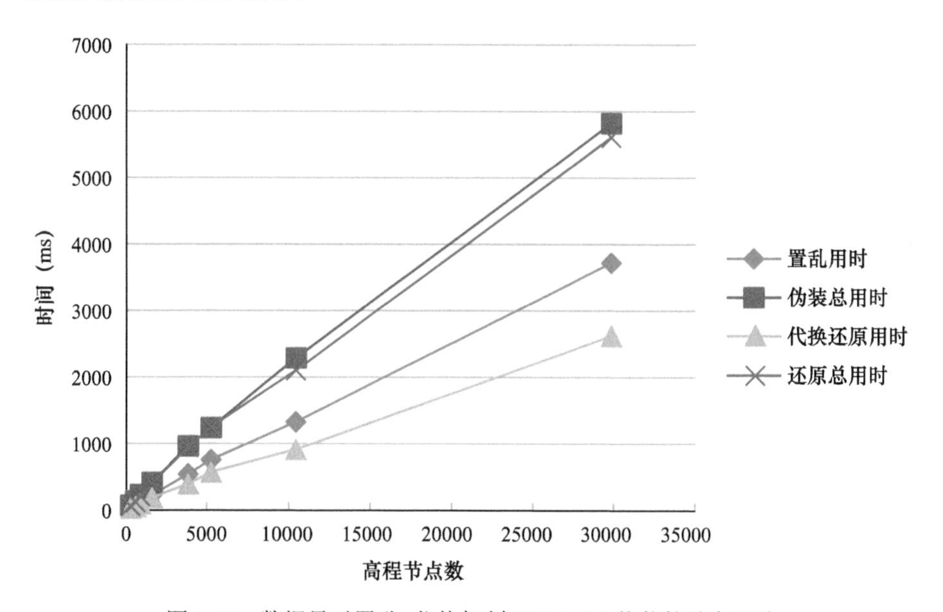

图 8.16　数据量对置乱-代换机制 TIN DEM 伪装的效率影响

分析表 8.4 和图 8.16，可以得到：①伪装还原处理的时间和高程节点的数量呈正相关，数据量越大，伪装效率越低；②同一数据伪装处理和还原处理的时间基本相同，这主要是由伪装、还原操作方法完全互逆决定的；③处理过程中，频率域上置乱的时间要大于空间域上数值代换的时间。总体上，利用该方法处理数据量较大的 TIN DEM 数据时，能够满足一定的实时性需求。

3. 安全性分析

TIN DEM 的信息伪装除了能够达到预期的伪装效果，具有一定的迷惑性外，更应该具有足够高的安全性能。为了保证伪装数据的绝对安全，设计的伪装算法应当具有尽可能大的密钥空间，能够抵抗大型计算机的穷举分析。这里设计的伪装算法中最主要的密钥分别是 Tent 映射的初始参数 x_0、μ，以及中国剩余定理中选用的 4 个素数 (m_1, m_2, m_3, m_4)。为了能够产生理想的混沌序列，通常 $\mu \in (1.4, 2)$、$x_0 \in (0,1)$，大于 1000 的素数很多，但因为选择过大的素数作为密钥时，归化处理会损失更多的精度，故通常不予考虑。一般情况下，只有密钥空间大于 2^{100} 时，才认为该算法是安全的。表面上看，利用 Tent 映射和中国剩余定理密钥的选择范围很小，但其具有极度的敏感性。当其他条件不变，仅将图 8.14 实验中的密钥改为 $x_0 = 0.800001$ 时，得到的结果如图 8.17 所示。

对比图 8.14 和图 8.15，分析图 8.17 中的效果可以发现：即使密钥发生极小的变化，得到的伪装数据也会有极大的不同。说明设计的算法对密钥具有极大的敏感性，虽然取值范围有限，但仍具有很大的密钥空间。

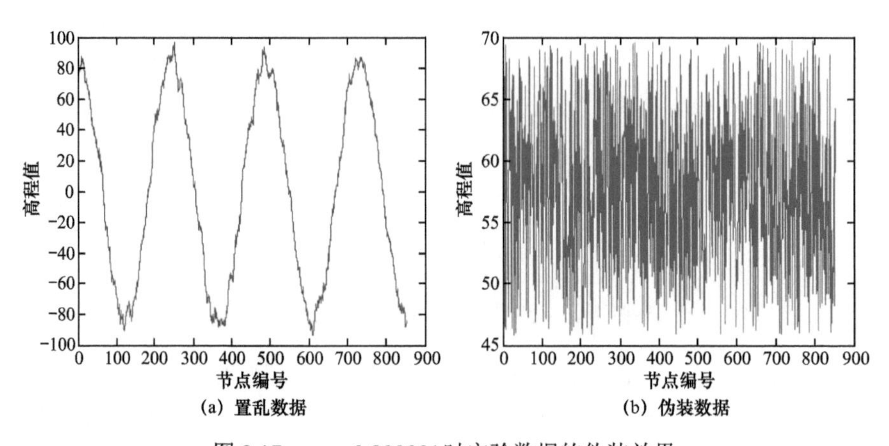

图 8.17 $x_0 = 0.800001$ 时实验数据的伪装效果

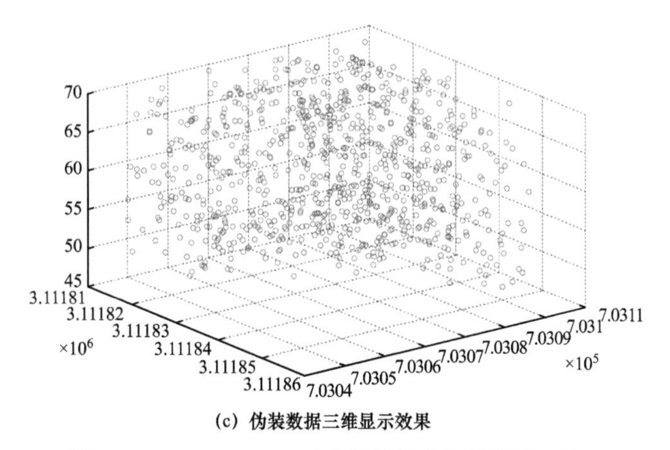

(c) 伪装数据三维显示效果

图 8.17　$x_0 = 0.800001$ 时实验数据的伪装效果（续）

8.4.5 算法分析

根据实验结果，分析基于置乱–代换机制进行的 TIN DEM 信息伪装算法，其主要特点表现在以下几个方面。

（1）满足 TIN DEM 信息伪装的基本要求。通过大量实验分析得到的伪装数据能够起到保护重要高程信息的作用，还原数据不影响合法接收者的正常使用。

（2）具有较高的安全性。采用了混沌映射进行频率域置乱和中国剩余定理进行空间域代换两种方式进行数据伪装，实施破解需要攻破两道防线，而且算法密钥具有极度的敏感性，安全性较高。

（3）具有较高的伪装效率。虽然采用了二次处理，但是混沌映射置乱可以一次处理多个数据，极大提高了信息伪装的效率。

8.5 中国剩余定理在 TIN DEM 坐标域伪装上的扩展

8.5.1 高程点的坐标表示

根据 8.2 节的分析，基于坐标域的信息伪装是通过改变 TIN DEM 中各个高程节点的平面位置完成数据的伪装处理。一般情况下，高程点的空间位置表示主要有三种形式：①空间大地坐标系，主要采用高程点的大地经纬度及高程值三个量描述地面点的空间位置，一般用 (B, L, H) 表示；②空间直角坐标系，以参考椭球的中心为坐标原点，Z 轴指向参考椭球的北极方向，X 轴指向起始子午面与赤道的交点，Y 轴是按照右手坐标系形成的与 X 轴成 90° 的夹角方向，一般用 (X, Y, Z) 表示；③平面直角坐标系，利用投影变换，将空间直角坐标或大地坐标映射到平面上，一般用 (X, Y, H) 表示。常用的投影变换方式有 UTM 投影、墨卡托投影及兰伯特投影等，目前我国采用的主要是高斯-克吕格投影，简称高斯投影。在相同的空间基准下，空间点的三种坐标表示方式可以相互转换。实际应用中，DEM 数据的高程点坐标主要利用空间大地坐标系和平面直角坐标系两种形式表示，两者转换方便。例如，大地坐标系中的点（51°38'43.9024"，126°02'13.1362"）可以转换为直角坐标系内的（5728374.726，210198.193），转换方式如下：

$$
\begin{aligned}
X &= S + \frac{1}{2}Nt\cos^2 Bl^2 + \frac{1}{24}Nt(5 - t^2 + 9\eta^2 + 4\eta^4)\cos^4 Bl^4 + \\
&\quad \frac{1}{720}Nt(61 - 58t^2 + t^4 + 270\eta^2 - 330t^2\eta^2)\cos^6 Bl^6 + \cdots \\
Y &= N\cos Bl + \frac{1}{6}N(1 - t^2 + \eta^2)\cos^3 Bl^3 + \frac{1}{120}N(5 - 18t^2 + t^4 + \\
&\quad 14\eta^2 - 58t^2\eta^2)\cos^5 Bl^5 + \cdots
\end{aligned}
\tag{8.15}
$$

式中，S 为赤道到该点纬度的经线弧长；N 表示椭球面上的卯酉圈曲率半径；$\eta = e'\cos B$，$t = \tan B$，e' 为椭球体的第二偏心率。因此，在进行坐标值的信息伪装时，可以只考虑基于平面直角坐标系表示空间位置的伪装。

▶ 8.5.2 基于 CRT 的空间坐标伪装

通过处理，空间点的平面直角坐标可以仅用正数表示，大大方便了中国剩余定理在坐标域中的伪装应用。基于 CRT 的空间坐标伪装过程和伪装高程值的方法类似，参照 8.4.2 节的相关内容，具体步骤如下。

（1）坐标数据预处理。判断 TIN DEM 中高程节点的平面坐标数据［为经纬度坐标时首先按照式（8.15）转换成平面直角坐标］在两个方向上的最大值 $X_{\max}$ 和 $Y_{\max}$，将其转化成整数（每一个坐标值乘以相同的10^n，方便进行坐标还原），并分别提取两者的位数 $L(X_{\max})$ 和 $L(Y_{\max})$，当其值为奇数时，$L(\cdot)=L(\cdot)+1$。

（2）形成待处理数据集。以 X 坐标为例，将每个坐标值 x_i 分为两部分：$x_{bi}=[x_i/10^{L(X_{\max})/2}]$ 和 $x_{ci}=x_i(\bmod 10^{L(X_{\max})/2})$，形成数据集合 $\mathrm{XB}_i=\{x_{bi}\mid i=1,2,3,\cdots,L\}$ 和 $\mathrm{XC}_i=\{x_{ci}\mid i=1,2,3,\cdots,L\}$，其中 L 表示 TIN 中高程节点的数量。对 Y 方向的坐标采用相同方法处理。

（3）伪装处理。选择 4 个正素数 m_1、m_2、m_3、m_4，作为伪装密钥。根据中国剩余定理，利用 m_1 和 m_2 依次转换 XB_{2n-1} 和 XC_{2n-1}，得到 XD_{2n-1}，利用 m_3 和 m_4 依次转换 XB_{2n} 和 XC_{2n}，得到 XD_{2n}，其中 $n=1,2,3,\cdots,[L/2]$，D 为转换后的数值集合。即每次利用密码可以加密两个坐标值，得到两个新的整数。同时，密钥的个数可以根据实际情况选择，数量越多，计算的复杂度就越高，安全性也越强。

（4）归化得出的数值到合理的坐标取值范围。通过中国剩余定理转换得到的数值 $\mathrm{xd}_i\in\mathrm{XD}$ 的取值范围为 $[0,H_m)$，其中 $H_m=\max(m_1m_2,m_3m_4)$。为了增强伪装数据的迷惑性，避免不符合该坐标范围的高程数值的出现，将其数据归化到原始数据的空间范围内，采用如下方法：

$$\mathrm{xd}_i'=X_{\min}+\frac{(\mathrm{xd}_i-\mathrm{XD}_{\min})\times(X_{\max}-X_{\min})}{\mathrm{XD}_{\max}-\mathrm{XD}_{\min}}\tag{8.16}$$

式中，$X_{\max}$ 和 $X_{\min}$ 分别表示原始数据空间平面坐标 X 方向上的最大值和最小值；$\mathrm{XD}_{\max}$ 和 $\mathrm{XD}_{\min}$ 表示经中国剩余定理处理后得到的数组中的最大值和最小值。记录 $\mathrm{XD}_{\max}$ 和 $\mathrm{XD}_{\min}$，作为密钥的一部分。

（5）将得到的 xd_i' 形成最终的 X 方向的伪装数据集合 XD'，同理，可以得到 Y 方向的伪装数据集合 YD'。将其与原始高程集合中的数值相互结合，即得到了经过中国剩余定理伪装的 TIN DEM 数据。

坐标数据的还原可以参照 8.4.3 节中高程数值代换还原的方法进行，与信息伪装的过程互逆。该方法仅改变承载原始高程数值的坐标位置，不改变 TIN DEM 中高程数值集合的内容，可以与高程域伪装的方法结合应用。

8.5.3 实验与分析

1．伪装效果分析

实验数据采用 8.3.3 节中的 TIN DEM 数据，包含 126 个离散高程点，原始数据的三角形构网平面图和其所有离散点的三维分布情况参照图 8.7。原始数据坐标域上两个方向的最大值分别是（53603.18，31538.09），取 $L(X_{\max}) = L(Y_{\max}) = 8$。利用上述方法进行坐标域上的信息伪装和数据还原，由于伪装数据最终归化到原始数据所确定的空间范围，因此可以通过内插的方法计算原始数据中高程节点的位置在伪装数据中对应的高程值。得到的结果如图 8.18 和图 8.19 所示。

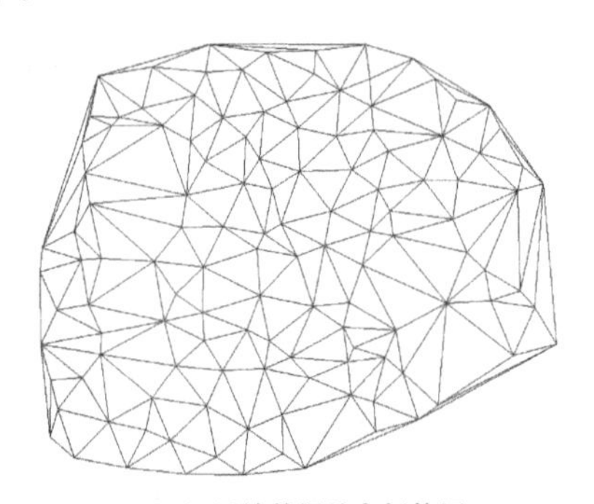

(a) 原始数据的空间构网

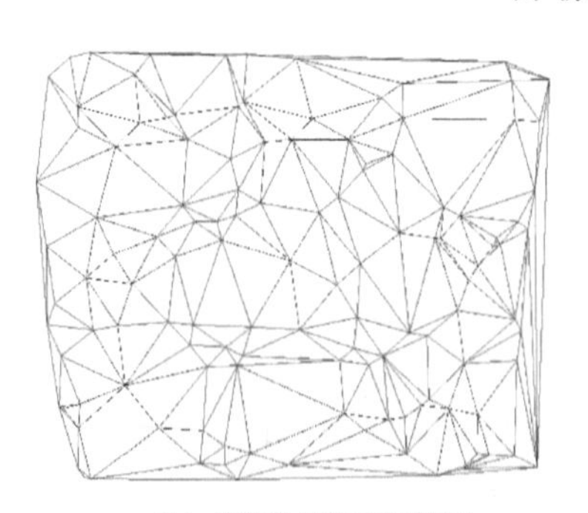

(b) 伪装数据的空间构网

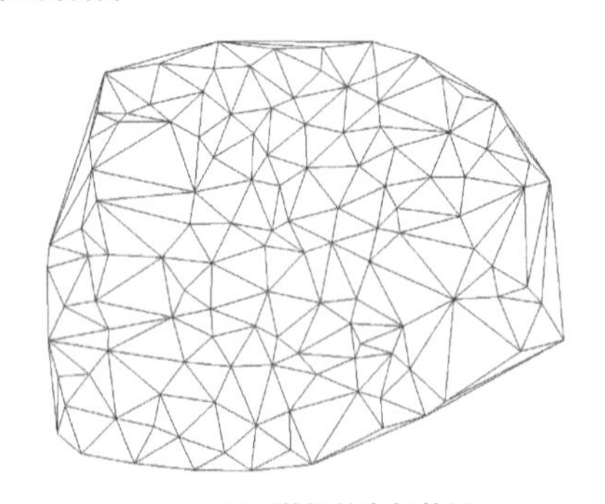

(c) 还原数据的空间构网

图 8.18　三种数据的空间构网比较

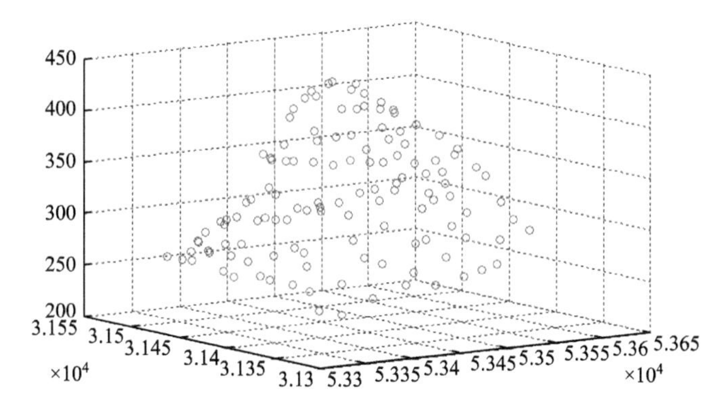

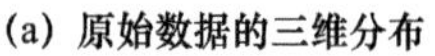
(a) 原始数据的三维分布

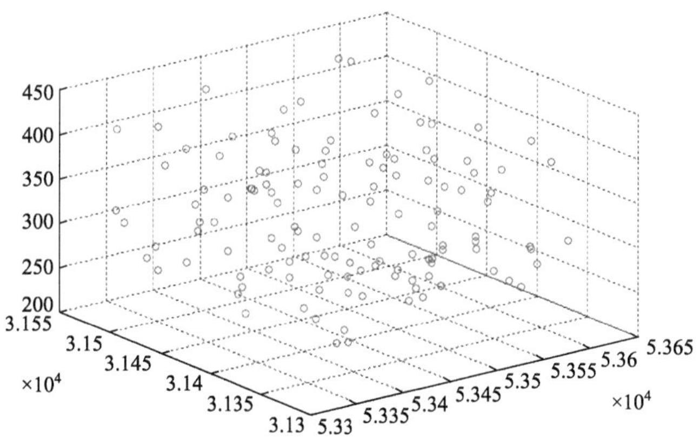

(b) 伪装数据的三维分布

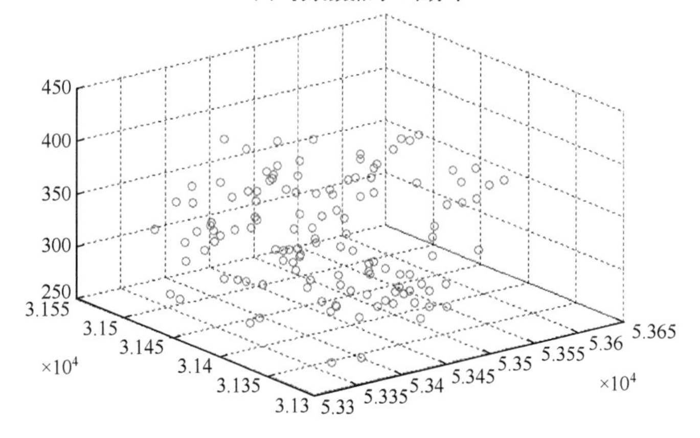

(c) 内插到原始位置伪装数据的三维分布

图 8.19　三种数据的三维结构图

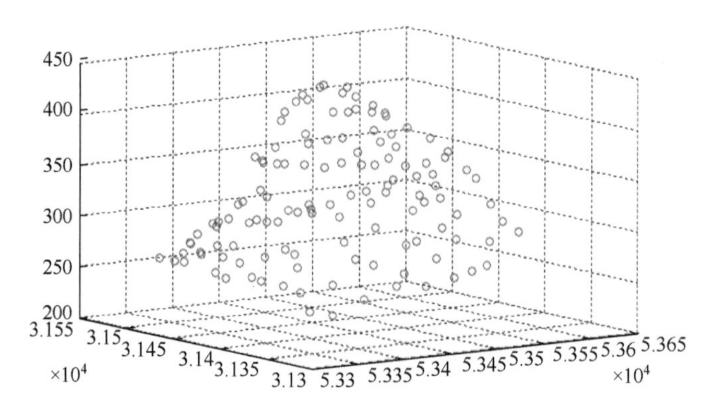

(d) 还原数据的三维分布

图 8.19 三种数据的三维结构图（续）

计算数据间的差异，得到的结果如表 8.5 所示。

表 8.5 伪装数据和原始数据的高程差异 单位：m

数　据	最小高程	最大高程	平均高程
原始数据	243.6840	439.00	326.5743
伪装数据	243.6840	439.00	326.5743
差异类型	最小差别	最大差别	地形差异度
结果	0.2021	150.0327	60.7960

表 8.5 中，原始数据和伪装数据差异计算的是通过内插伪装数据中原始数据对应位置点的高程变化。结合图 8.18 和图 8.19，分析表 8.5 可以发现：由于不对数据的高程域进行任何处理，仅进行坐标域上的信息伪装不改变 TIN DEM 数据中包含的高程值内容，但改变了数据的三角网构网和高程节点的空间分布情况，因此伪装数据与原始数据大不相同。原始数据仅包含于确定空间范围内的部分区域，伪装数据的高程节点几乎分布于该空间范围的各个位置，高程节点位置的改变，是造成伪装数据和原始数据构网情况大不相同的主要原因。虽然包含相同的高程节点数量和高程值分布，但伪装数据和原始数据在相同空间位置上具有明显的高程差异，同一位置高程差异最大达到 150.0327m，地形差异度为 60.7960m，在原始高程[243.6840m, 439.00m]内有较大的改变。同时，经过还原后的数据和原始数据在空间构网、三维分布及高程值等方面的

表现几乎完全相同，说明该算法满足 TIN DEM 数据在坐标域上信息伪装和数据还原的基本要求，可以用于数据保护。

2．伪装效率分析

以 8 幅不同数量高程节点的 TIN DEM 数据为例，基于 CRT 机制分别进行坐标域上的信息伪装和数据还原，比较所用的时间，得到的结果如表 8.6 所示。

表 8.6 数据量对 TIN DEM 坐标域伪装效率的影响 单位：ms

序　号	高程节点数	伪 装 用 时	还 原 用 时
1	258	67	63
2	572	137	119
3	853	255	243
4	1578	512	497
5	3782	1295	1098
6	5198	1642	1557
7	10367	3169	2961
8	29810	8293	7892

分析表 8.6 可以得到：①利用中国剩余定理在坐标域上进行 TIN DEM 伪装、还原处理的时间和高程节点的数量成正相关，数据量越大，伪装效率越低；②同一数据伪装处理和还原处理的时间基本相同，这主要是由伪装和还原操作方法完全互逆决定的。

▶ 8.5.4 算法分析

根据实验结果，分析基于中国剩余定理进行 TIN DEM 坐标域上的信息伪装，其主要特点体现在以下几个方面。

（1）满足 TIN DEM 信息伪装的基本要求。通过实验分析得到的伪装数据能够起到保护重要高程信息的作用，还原数据不影响合法接收者的正常使用。特别是改变了原始数据的三角网构网情况，和高程域上的信息伪装具有明显不同。

（2）具有较高的伪装效率。进行数值处理的方法不需要特别复杂的数学计算，极大地提高了信息伪装的效率。

（3）由于只采用中国剩余定理进行数据代换，故利用该方法进行信息伪装时的密钥可选空间较小，可以考虑与其他方法结合使用，提高算法安全性。

参 考 文 献

[1] 任政. 基于不规则三角网（TIN）的流域特征自动提取算法与原型系统设计研究[D]. 南京：南京师范大学，2008.

[2] 陈晓勇. 数学形态学与影像分析[M]. 北京：测绘出版社，1991.

[3] 张薇薇. 基于混沌理论的保密通信应用研究[D]. 大连：大连海事大学，2007.

[4] 刘家胜. 基于混沌的图像加密技术研究[D]. 合肥：安徽大学，2007.

[5] 牛永洁，赵耀锋. 基于混沌扩散加密的图像置乱隐藏算法[J]. 计算机与现代化，2013（6）：95-99.

[6] LI T Y, Yorke J A. Period three implies chaos[J]. The American Mathematical Monthly, 1975(82): 985-992.

[7] Mareelo A, Savi. Effects of randomness on chaos and order of coupled logistic maps[R]. Physies Letters A, In Press, Corrected Proof, 2006.

[8] 赵欣. 不同一维混沌映射的优化性能比较研究[J]. 计算机应用研究，2012，29（3）：913-915.

[9] Jiri Fridrich. Symmetric Ciphers Based on Two-Dimensional Chaotic Maps[J]. International Journal of Bifurcation and chaos, 1998, 8(6): 1259-1284.

[10] 黄学渊. 中国剩余定理在密码技术中的运用[D]. 杭州：浙江大学，2006.

[11] 朱和贵. 信息安全中混沌图像加密算法及其相关问题研究[D]. 长春：吉林大学，2014.

[12] Douglas R. Stinson. 密码学原理与实践[M]. 冯登国，等译. 3 版. 北京：电子工业出版社，2009.

[13] Alvarezg L. Some basic cryptographic requirements for chaos-based cryptosystems[J]. International Journal of Bifurcation and Chaos, 2006, 16: 2129-2151.

[14] 束蝉方，李斐，沈飞. 空间直角坐标向大地坐标转换的新算法[J]. 武汉大学学报（信息科学版），2009，34（5）：561-563.

[15] 王家耀，孙群，王光霞，等. 地图学原理与方法[M]. 北京：科学出版社，2006.

[16] 宣妍，杨亮，高铁杠，等. 基于中国剩余定理的秘密共享算法[J]. 南开大学学报（自然科学版），2019，52（3）：60-67.

[17] 李洁平，韦性佳. 基于中国剩余定理的秘密共享方案[J]. 通信技术，2018，51（3）：671-675.

[18] 李世喆，高翔，徐柱. 特征点与骨架线约束的 DEM 简化[J]. 测绘科学，2017，42（11）：113-120.

[19] 陆尘. 不规则三角网 DEM 数字水印算法研究[D]. 南京：南京师范大学，2015.

[20] 邬婷. 基于 TIN 地形模型生成与简化算法研究与实现[D]. 武汉：武汉理工大学，2015.

[21] 鲍蕊娜. 离散点生成不规则三角网算法研究及实现[D]. 昆明：昆明理工大学，2012.

9

DEM 伪装算法评价模型与辅助选择分析

9.1 常用的评价方法

可应用于 DEM 信息伪装的算法很多，通过实验分析证明大多能满足 DEM 信息伪装的基本要求。但是，这几种算法也是各有所长：基于结构的伪装方式高效快捷，而基于内容的伪装方式在安全性上更占优势。为了保证特定条件下进行 DEM 信息伪装时能够获取最大效益，必须进行算法的分析与评价。

进行 DEM 伪装效果的分析与评价，就是要通过一定的数学函数（综合评价函数）将影响其结果的多个评价指标值合成一个整体性的综合指标。问题的关键在于选取何种适合于被评价的系统的方法。目前，比较常用的方法主要有以下几种。

▶ 9.1.1 专家打分法

专家打分法是一种出现较早且应用较广的评价方法，也称德尔菲法，是直观预测中最具有代表性的方法。德尔菲法是在 20 世纪 40 年代由赫尔姆和达尔克首创，经过戈尔登和兰德公司进一步发展而成的。1946 年，兰德公司首次用这种方法来进行预测，后来该方法迅速被广泛采用。专家打分法是在定量或定性分析的基础上，以打分的形式做出定量分析，其结果具有数理统计特性。该方法最大优点是可以在缺乏有关资料的情况下对系统进行定量分析。其主要步骤是：首先根据评价对象的具体情况确定评价指标，对每个指标进行等级划分，每个等级用相应分值表示；然后以此为基准，由专家对评价对象进行打分；最后采用加法评分法或加乘平均法整合总指标值。一般会考虑各个指标的权重及不同专家的权威性，后又发展了加权评分法。其主要特征在于：

（1）吸收专家参与预测，充分利用专家的经验和学识；

（2）采用匿名或背靠背的方式，能使每一位专家独立自由地做出自己的判断；

（3）预测过程经几轮反馈，使专家的意见逐渐趋同。

由于专家组成成员之间存在身份和地位上的差别及其他社会原因，有可能使其中一些人因不愿批评或否定其他人的观点而放弃自己的合理主张。要防止这类问题的出现，必须避免专家们面对面的集体讨论，而是由专家单独提出意见。对专家的挑选应基于其对问题情况的了解程度。

该方法同常见的召集专家开会、通过集体讨论、得出一致预测意见的专家会议法既有联系又有区别。能更好发挥专家会议法的优点，即能充分发挥各位专家的作用，集思广益，准确性高；能把各位专家意见的分歧点表达出来，取各家之长、避各家之短；同时，该方法又能避免专家会议法的缺点，减少权威人士的意见影响他人的意见，避免有些专家碍于情面不愿意发表与其他人不同的意见，或者出于自尊心而不愿意修改自己原来不全面的意见等情况。

专家打分法的准确程度主要取决于专家的阅历经验和知识的广度与深度，对专家的水平要求较高，具有使用简单、直观性强的特点，但其理论性和系统性不强，主观因素占比过重，难以保证评价结果的客观性和准确性。专家打分法并不适合于 DEM 伪装效果的评价和分析，但却是其他评价方法的基础。

9.1.2 层次分析法

层次分析法是一种定性和定量相结合的方法，20 世纪 70 年代由著名运筹学家 T. L. Saaty 提出。其基本原理是：首先根据具有递阶结构的目标、子目标（准则）、约束条件及部门等来评价方案，用两两比较的方法确定判断矩阵，然后把判断矩阵的最大特征根相应的特征向量的分量作为相应系数，最后综合出各方案各自的权重（优先程度）。该方法的优点是可靠度比较高，误差小，缺点是评价对象的因素不能太多（一般不多于 9 个）。主要适用领域为成本效益决策、资源分配次序、冲突分析等。可广泛应用于油价规划、效益成本决策、教育计划、资源分配和冲突分析、钢铁工业未来规划等方面。层次分析法的主要步骤如下。

（1）构造层次分析结构。根据评价对象的实际情况，将问题条理化、层次化，构造出一个层次分析结构的模型。

（2）构造判断矩阵。将建立好的层次分析模型中的各层要素进行两两判断，构造出比较判断矩阵，即对每一层中要素的重要性给出判断。

（3）判断矩阵的一致性检验。主要是为了保证判断矩阵的判断思维一致性，不出现相互矛盾的结果。

（4）层次单排序。计算出某层因素相对于上一层次中某一因素的相对重要性，即计算相对权重。

（5）层次总排序。依次沿递阶层次结构由上而下计算，可以计算出最低层相对于最高层的权重系数，即为层次总排序。

（6）决策。运用数学方法计算出最低层对最高目标的排序权值，对评价对象进行排序。

▶ 9.1.3 模糊评价法

在进行评价时，有些指标很难以确定的标准说明这些原则达标与否，例如，“安全”与“不安全”，内涵明确，外延却很不明确，无法以严格的界限对它们加以区分，属于典型的“认知不确定类”。类似这种情况可以统称为模糊现象，研究模糊现象的方法称为模糊数学。很明显，用于评价 DEM 伪装算法的几个指标不能简单地用好与不好来表示，需要采用模糊语言对每个指标进行不同程度的表示，而且各等级之间的关系也是模糊的，没有明确的界限。利用传统精确的数学描述方法很难得到理想的结果，而这正是模糊数学应用的领域所在，这种方便而又简单的方法，可以为 DEM 信息伪装的算法评价提供基础。采用模糊数学的方式对 DEM 信息伪装算法进行综合评价，就是采用模糊关系合成的原理，将这些边界不清、不易定量的评价指标定量化，利用多因素对伪装算法进行综合评价的一种方法。

（1）确定评价因素。按照 DEM 信息伪装的原则，根据影响信息伪装效果的主要因素，确定算法评价的因素集。

（2）建立综合评价指标。综合评价的目的是弄清楚用户对这种指标的重视程度。

（3）进行单因素模糊评价，求得评价矩阵。单纯评价其中一个因素，确定评价对象对评价集合的隶属程度，即单因素模糊评价。

（4）确定因素权数。不考虑其他情况时，计算各项评价指标在进行伪装算法评价中的权值。权数是对评价指标相对重要性的量度值，权数越大，表示该指标对整个算法的贡献度越大。

（5）处理评价权数，建立评价模型。评价权数代表了各项评价指标在“评价目标”中的地位和作用。为了方便处理，归一化指标权数，得到各评价指标在 DEM 信息伪装算法评价中的权重（权数分配集）。

（6）不同情况下的算法评价。对评价对象进行评判时，在不同的环境要求下对评价因素的侧重点不一样。有些对时间要求比较严格，有些对数据精度要求比较严格，都可以在模糊评价中予以体现。

▶ 9.1.4 灰色关联度分析法

在进行评价时，有些因素可以完全了解，如 DEM 信息伪装算法评价中的伪装时间、伪装差异等，有些因素并不能完全了解，如地形保持能力。在控制论中，将这种信息不完全明确的情况称为“灰色”，是介于白与黑之间的一种状态。灰色理论就是研究灰色系统的一门科学，应用于评价模型时，最常用的方法就是关联度分析，即依据待估算法与理想结果之间的关联度对各个算法进行排序。

在整个评价体系中，灰色关联度分析的作用是计算某个算法中的某项指标与所有算法中该指标最优值之间的关联系数，最终通过综合分析所有指标与对应最优值之间的关联系数的集合，对算法的优劣进行排序，是将量化问题几何化的过程。

由于各项指标使用的是不同的量纲和数量级，不能直接进行比较。在进行算法评价前，首先对所有原始指标值进行规范化处理。对于某一指标，有

$$X_{\mathrm{gui}}=\frac{X_{\mathrm{yuan}}-X_{\mathrm{yuan}}^{\min}}{X_{\mathrm{yuan}}^{\max}-X_{\mathrm{yuan}}^{\min}} \tag{9.1}$$

式中，X_{yuan} 表示该指标的原始值；$X_{\mathrm{yuan}}^{\min}$ 表示所有算法中该指标的原始最小值；$X_{\mathrm{yuan}}^{\max}$ 表示所有算法中该指标的原始最大值。

在进行 m 个算法 n 个指标的评价过程中，首先根据指标的衡量标准选取各项指标在这些算法中的最优值，形成最优序列（理想状态下的最优算法），有

$$X_{0i}=[X_{01},X_{02},\cdots,X_{0n}] \tag{9.2}$$

式中，X_{0i} 表示第 i 个指标在所有算法中的最优值。根据上文中指标值的确立方法，若该指标越大越好，则取所有算法中该指标的最大值；反之，取所有算法中该指标的最小值。进行规范化后，最优集中的元素只会有 0 和 1 两种。灰色关联度分析法的本质就是评判各算法与理想算法的关联程度，并以此为依据得到各算法的优劣程度。构成的关联矩阵如下：

$$\boldsymbol{X}=\begin{bmatrix} X_{01} & X_{02} & \cdots & X_{0n} \\ X_{11} & X_{12} & \cdots & X_{1n} \\ X_{21} & X_{22} & \cdots & X_{2n} \\ \vdots & \vdots & & \vdots \\ X_{m1} & X_{m2} & \cdots & X_{mn} \end{bmatrix} \tag{9.3}$$

以最优指标集 $X_{0i}=[X_{01},X_{02},\cdots,X_{0n}]$ 为参考数列，各算法的指标集

$X_{ki}=[X_{k1},X_{k2},\cdots,X_{kn}]$为比较数列。利用关联系数计算公式计算第 k 个方案的第 i 个指标与第 i 个指标最优值的关联系数，有

$$\xi_k(i)=\frac{\min\limits_k \min\limits_i |X_{0i}-X_{ki}|+\rho \max\limits_k \max\limits_i |X_{0i}-X_{ki}|}{|X_{0i}-X_{ki}|+\rho \max\limits_k \max\limits_i |X_{0i}-X_{ki}|} \tag{9.4}$$

式中，ρ 的取值一般为 0.5。

则可得到整个关联系数矩阵为

$$\boldsymbol{E}=\begin{bmatrix} \xi_1(1) & \xi_2(1) & \cdots & \xi_m(1) \\ \xi_1(2) & \xi_2(2) & \cdots & \xi_m(2) \\ \vdots & \vdots & & \vdots \\ \xi_1(n) & \xi_2(n) & \cdots & \xi_m(n) \end{bmatrix} \tag{9.5}$$

关联系数矩阵是进行 DEM 信息伪装算法灰色评价的重要依据。据此可建立灰色评价模型 $\boldsymbol{R}$，$\boldsymbol{R}=\boldsymbol{W}\times\boldsymbol{E}$，$\boldsymbol{W}$ 为计算得出的权向量，可以根据层次分析法等方法计算得出。

进行综合评价的方法很多，还有神经网络、数据包络分析等方法，以及各种方法相结合的评价体系。在进行 DEM 信息伪装效果评价与分析时，需要根据具体情况进行选择。

9.2 基于模糊数学法的算法评价

9.2.1 算法评价模型

DEM 信息伪装算法评价的主要依据是，它的基本原则中部分指标可以直接进行量化或界定，如安全性、伪装性等，优劣好坏没有很清晰的界限，因此可以利用 9.1.3 节中模糊数学的方式进行评价，具体步骤如下。

1. 确定评价因素

按照 DEM 信息伪装的原则，评价指标主要有安全性、迷惑性、伪装性（差异性）、鲁棒性、可逆性、时效性及可认证性等。但是本书提供的算法在鲁棒性和可认证性上几乎没有体现差别，不是影响信息伪装效果的主要因素，迷惑性是伪装算法的重要内容，然而难以直接衡量，故假设算法评价的因素集可设为

$$U=\{\text{安全性，伪装性，可逆性，时效性}\}$$

2. 建立综合评价指标

综合评价的目的是弄清楚用户对这种指标的重视程度，则评价集可设为

$$V=\{\text{很重要，重要，一般，不太重要}\}$$

同时，采用 1～9 标度法，将其对应的尺度分别标识为 9、7、5、3。采用标度法是为了量化评价指标重视度。

3. 进行单因素模糊评价，求得评价矩阵 *R*

单纯评价其中一个因素，确定评价对象对评价集合 V 的隶属程度，即单因素模糊评价。采用专家打分法[①]，对 40 名专家进行“DEM 信息伪装算法评价”问卷调查，得到的结果如表 9.1 所示。

表 9.1 “DEM 信息伪装算法评价”问卷调查统计结果

	很重要	重要	一般	不太重要
安全性	29	9	2	0
伪装性	21	15	4	0
可逆性	18	11	6	5
时效性	10	12	10	8

计算单因素的等级比重：

① 本书中的专家打分法主要由熟悉 DEM 数据和具备信息安全相关知识的研究人员完成。

$$
\begin{aligned}
R_1 &= (0.725, 0.225, 0.050, 0.0) \\
R_2 &= (0.525, 0.375, 0.10, 0.0) \\
R_3 &= (0.450, 0.275, 0.150, 0.125) \\
R_4 &= (0.250, 0.300, 0.250, 0.20)
\end{aligned}
\tag{9.6}
$$

则评价矩阵为

$$
\boldsymbol{R} = \begin{bmatrix} 0.725, 0.225, 0.050, 0.0 \\ 0.525, 0.375, 0.10, 0.0 \\ 0.450, 0.225, 0.150, 0.125 \\ 0.250, 0.300, 0.250, 0.20 \end{bmatrix} \tag{9.7}
$$

4．确定因素权数

不考虑其他情况时，计算 4 项评价指标在伪装算法评价中的权值：

$$
\boldsymbol{B} = V_{标} \cdot \boldsymbol{R}^{\mathrm{T}} = (9,7,5,3) \cdot \begin{bmatrix} 0.725, 0.225, 0.050, 0.0 \\ 0.525, 0.375, 0.10, 0.0 \\ 0.450, 0.225, 0.150, 0.125 \\ 0.250, 0.300, 0.250, 0.20 \end{bmatrix}^{\mathrm{T}} = (8.3500,7.8500,7.0000,6.2000) \tag{9.8}
$$

权数是对评价指标相对重要性的量度值，权数越大，表示该指标对整个算法的贡献度越大。从式（9.8）可以得出，一般情况下，各项评价指标对伪装算法的重要程度依次是：安全性，伪装性，可逆性，时效性。说明在算法设计者或是用户心目中，伪装算法的安全性是第一位的。

5．处理评价权数，建立评价模型

评价权数代表了各项评价指标在“评价目标”中的地位和作用。为了方便处理，归一化指标权数，得到各评价指标在 DEM 信息伪装算法评价中的权重（权数分配集）：

$$
Q = (0.2860, 0.2688, 0.2397, 0.2123)
$$

指标权重反映了对各项因素的一种权衡。结合以上结果，可以得出，在一般情况下 DEM 信息伪装算法的评价模型为

$$U = 0.286 \times V_{安全性} + 0.2688 \times V_{伪装性} + 0.2397 \times V_{可逆性} + 0.2123 \times V_{时效性} \quad (9.9)$$

式中，V 表示的是评价指标值。

由伪装算法评价模型可以看出：在没有其他条件的约束下，各个评价指标对算法的整体影响有一定的差别，但是这种差别并不大。

6. 不同情况下的算法评价

对 DEM 信息伪装算法进行评判时，在不同的环境要求下对评价因素的侧重点不一样。如果是在时间紧迫、信息传输通道相对稳定、数据精度要求不高的前提下，就对时效性和伪装性要求更高。通过专家评议，确定各因素的重要性权数如下：

$$A = (0.20, 0.30, 0.15, 0.35)$$

于是， 可以得到这种情况下各种因素所占的权数：

$$Q = (1.670, 2.355, 1.05, 2.17)$$

进行归一化处理，得到的评价模型为

$$U = 0.2305 \times V_{安全性} + 0.3251 \times V_{伪装性} + 0.1449 \times V_{可逆性} + 0.2995 \times V_{时效性} \quad (9.10)$$

如果是在时间充足、安全性和精度要求比较高的前提下，就对算法的安全性和可逆性要求更高。确定各因素的重要性权数如下：

$$A = (0.40, 0.20, 0.30, 0.10)$$

于是，可以得到这种情况下各种因素所占的权数为

$$Q = (3.340, 1.570, 2.10, 0.620)$$

进行归一化处理，得到的评价模型为

$$U = 0.4377 \times V_{安全性} + 0.2058 \times V_{伪装性} + 0.2752 \times V_{可逆性} + 0.0813 \times V_{时效性} \quad (9.11)$$

所以，评价模型中各项指标的权数并不唯一，对某项指标的要求越高，其重要性系数就越大，在评价模型中所体现的能力也就越强。

同时，在整个算法评价中也会存在影响伪装效果的其他因素，这些因素可能只体现在某一种或几种算法中，其他算法并没有。这种情况不可能在评价模型中全部确定，但是确实持有这种特性算法优势的，可以采取加分的形式给出。所以，DEM 信息伪装算法评价模型的完整形式为

$$U=\sum r_i V_i + U_{加} \tag{9.12}$$

7. 评价指标值的确定

在 DEM 信息伪装算法的评价模型中，评价指标的量纲并不统一：安全性可以用算法理论上破译所需要的时间表示；伪装性和可逆性可以分别用伪装数据差异度（伪装数据和原始数据的差异性）及还原数据误差度（还原数据和原始数据的差异性）表示，不同的是伪装性要求两者的差异值越大越好，而可逆性则要求两者的差异值越小越好；时效性可以用伪装用时和数据还原用时相结合表示。不同的量纲不能直接代入模型中进行计算，所以应当对各个评价指标值进行处理，将其统一到可比较的范围内。采取百分制的方法进行处理，将性能最好的算法该项指标值取为 100，同时由于其他算法也满足了该项要求，故将性能最差的指标值取为 60，则其他指标值有：

$$V_i = 60 + 40 \times \frac{Q_i - Q_{\min}}{Q_{\max} - Q_{\min}} \tag{9.13}$$

式中，Q_i 表示该算法该项指标的原始指标值，$Q_{\max}$ 和 $Q_{\min}$ 分别表示所比较算法中该项指标的最大原始值和最小原始值。

以伪装性为例，104KB 的 DEM 数据在经过席尔宾斯基垫片、DES、配对函数处理后的差异值分别为 564.625、1596.25、1062.82，假设三种算法伪装性最好的 DES 算法该指标值取为 100，伪装性最差的席尔宾斯基垫片分形理论该指标值取为 60，则配对函数的伪装性指标值就为

$$V_p = 60 + 40 \times \frac{Q_p - Q_{\min}}{Q_{\max} - Q_{\min}} = 60 + 40 \times \frac{1062.82 - 564.625}{1596.25 - 564.625} = 79.32$$

其他评价指标的值可以参照该方法依次确定。需要说明的是，在进行可逆

性指标和时效性指标计算时，原始值越小，符合要求的程度越高，此时应当把最小原始值设为 100，最大原始值设为 60。

▶ 9.2.2 算法辅助选择分析

本节主要通过评价前几章中分形理论、DES、RSA、配对函数在伪装 654KB 大小 DEM 数据时的效果，说明伪装算法辅助选择的方法。实验条件和上文设定的内容相同。由于伪装算法的安全性无法准确地计算出来，根据综合分析，对这 4 种算法的安全性依次赋值为 85、100、60、75（RSA 的安全性取最小值是因为实验中采用的是人为小参数密钥对）。

根据 9.1 节中提供的原理依次得到 4 种伪装算法各项因素的原始指标值，如表 9.2 所示。

表 9.2 4 种伪装算法的原始指标值

	伪装性	可逆性	时效性（ms）
分形理论	189.313	0	63
DES 算法	758.265	0.059	6984
RSA 算法	338.491	0.053	2395
配对函数	326.776	0.018	334

单纯从表 9.2 中的原始指标值就可以发现一般情况下 4 种算法伪装这一数据时在不同因素上的优劣。

按照评价模型指标值的计算方法，代入式（9.13），可以得到 4 种伪装算法的计算指标值，如表 9.3 所示。

表 9.3 4 种伪装算法的计算指标值

	安全性	伪装性	可逆性	时效性
分形理论	85	60	100	100
DES 算法	100	100	60	60
RSA 算法	60	70.49	64.07	86.52
配对函数	75	69.66	87.08	98.43

将上述结果分别代入式（9.9）、式（9.10）、式（9.11），得到 4 种算法在

不同情况下的综合评价值，如表 9.4 所示。

表 9.4　4 种伪装算法的综合评价值

	一般情况下	侧重伪装和时效时	侧重安全和可逆时
分形理论	85.64	83.54	85.20
DES 算法	82.60	82.22	85.74
RSA 算法	70.02	71.94	65.42
配对函数	81.94	82.03	79.13

通过比较，由表 9.4 可以得出：对该 DEM 数据进行信息伪装时，在没有任何特殊要求的情况下，采用分形理论取得的综合效果最好；在对时效性和伪装性要求较高的情况下，选择分形理论、DES 或是配对函数进行伪装都可以得到较好的效果；而在对安全性和可逆性要求较高的情况下，采用 DES 算法进行伪装取得的效果最好。RSA 算法由于实验数据中密钥选择的原因导致整体评价值较低。

结合表 9.3 和表 9.4 可以得出以下结论：总体上，在进行 DEM 信息伪装时，分形理论在可逆性和时效性上更占优势，适合对精度和时间有较高要求情况下的信息伪装；DES 算法在安全性和伪装性上优势明显，适合平时对重点 DEM 数据的伪装处理；RSA（密钥长度在 1024 以上时）安全性最高，但时效性很差，不适合大规模使用；配对函数伪装速度快，可逆性也可以根据预处理 m 值的选择进行调节，适合在传输通道较为安全的情况下使用。

进行 DEM 信息伪装时，应根据所处的实际情况并结合各种算法的特点进行选择，最大可能地得到当前条件下最优化的伪装结果。但是，DEM 信息伪装技术的各种算法涉及的影响因素繁多，而且这些影响因素也不统一，大大增加了算法选择的难度。表 9.5 给出了一般条件下 4 种伪装算法在各种评价指标上的总体分析，在运用于实际时可以结合其他要求进行综合判断。同时，任何一种算法本身也有不同的情况，并不是选择了适合的伪装算法，就可以得到最优值。例如，分形理论对维数或密钥长度的不同选择，会对数据的整体伪装效果产生很大的影响。这时就需要全面分析各种条件，进行灵活处理。

表 9.5　4 种伪装算法的总体分析

	安全性	伪装性	可逆性	时效性
分形理论	较高	一般	很高	很快
DES 算法	高	高	一般	一般
RSA 算法	很高	较高	一般	很慢
配对函数	一般	较高	高	快

9.3　基于灰色多层次的算法评价

9.3.1　评价指标体系的建立

1．确立评价因素集

根据 9.2 节的分析，DEM 数据信息伪装的技术要求主要有安全性、鲁棒性、差异性、迷惑性、可逆性、时效性及可认证性 7 个内容，其中前 6 个要求是进行伪装算法评价的基础。伪装算法在这 6 个方面的性能越好，算法的整体性能就越好，整个算法评价模型的影响指标也应该围绕这 6 个技术要求进行，但前面描述的模糊数学法主要考虑了其中的 4 个因素，不够全面。基于以上分析，利用灰色多层次方法，建立 DEM 信息伪装算法评价的影响因素集，如表 9.6 所示。总体上，伪装算法的效能可以分为安全性能、伪装性能及计算性能三个部分，分别对应不同的技术要求，并可以再细分为若干二级指标。

表 9.6　DEM 信息伪装算法评价因素集

总体指标	一级指标	对应要求	二级指标
算法效能（A）	安全性能（B_1）	安全性	健壮性（C_1）
		鲁棒性	鲁棒性（C_2）
	伪装性能（B_2）	差异性	伪装差异度（C_3）
		迷惑性	伪地形仿真度（C_4）
		可逆性	还原精确度（C_5）
	计算性能（B_3）	时效性	伪装用时（C_6）
			还原用时（C_7）
			计算空间占有度（C_8）

每项指标的具体内容如下。

1）安全性能（B_1）

算法的安全性是所有信息安全领域首先需要考虑的问题，伪装算法的安全性能主要对应安全性和鲁棒性两个原则。在进行 DEM 信息传输时，很可能会遭到外来力量的怀疑和攻击，保持信息内容不被非授权者获取和破坏，是 DEM 信息伪装的基本要求。算法的安全性能是保证信息安全的一项基本指标，是重要信息在保密强度上的主要体现，主要包括算法的健壮性和鲁棒性两个二级指标。

（1）健壮性（C_1）：表示伪装算法的保密强度。算法的健壮性可以由算法理论上被破解的时间确定，需要的时间越长，算法越健壮。根据 Kerckhoffs 准则，算法的安全性主要依赖于密钥的强度，算法本身应当完全公开，因此伪装算法的安全性可以由密钥空间决定，密钥空间越大，破解需要的时间就越长，算法越健壮。

（2）鲁棒性（C_2）：原始信息在最终被还原时的保留程度，也可以理解为伪装处理过程中高程信息的丢失程度，与数据的还原精确度关系密切，这里主要指算法本身操作对数据造成的影响。

2）伪装性能（B_2）

DEM 信息伪装算法的伪装性能主要是指算法的伪装效果，体现在原始数据、伪装数据及还原数据等各种数据的关系上，对应差异性、迷惑性及可逆性三个原则，可以分为伪装差异度、伪地形仿真度及还原精确度三个二级指标。

（1）伪装差异度（C_3）：伪装数据和原始数据的差异程度，是判断伪装效果的一个重要指标。由 DEM 伪装数据和原始数据在整体或关键部位的地形差异大小表示，差异越大，算法的伪装效果越好。

（2）伪地形仿真度（C_4）：伪装数据表示为合理地形特征的能力，是进行 DEM 信息伪装的一个关键要求，就如通过伪装的语句应当仍然是表达完整意义的句子，而不是不知所云的汉字组合，即要保证地形特征的完整性。该指标值主要通过伪装数据的 Moran's I 指数确定，指数越大，说明地形保持能力越好。

（3）还原精确度（C_5）：还原数据和原始数据之间的误差，可逆性是 DEM 信息伪装算法应该具备的一个基本要求，还原精确度是判断算法是否可逆的一个重要指标。由 DEM 还原数据和原始数据在整体或关键部位之间的误差值表示，误差越小，算法越优。

3）计算性能（B_3）

DEM 信息伪装算法的计算性能是算法在计算能力上的体现，对应时效性原则。无论是信息伪装还是数据还原，所采用的算法都应在保证数据安全的前提下高效地完成。如果采用的算法伪装 DEM 数据花费的时间或空间过多，就不能满足实际情况下大数据量 DEM 存储传输的要求，会影响正常的数据使用。DEM 信息伪装算法的计算性能是衡量算法好坏的另一项重要指标，表示算法在时间和空间上的执行效率，主要由伪装用时、还原用时和计算空间占有度三个二级指标构成。

（1）伪装用时（C_6）：伪装原始 DEM 数据所需要的时间，即伪装模块完成所花费的时间。在保证算法安全性的前提下，伪装算法应当尽可能地高效，即伪装完成消耗的时间越少，算法的效率就越高。

（2）还原用时（C_7）：还原伪装数据所需要的时间，即还原模块完成所花费的时间。同样地，用户希望能够快速从伪装数据中获取到自己感兴趣的重要信息，因此还原算法花费的时间越少，表明算法的效率越高。

（3）计算空间占有度（C_8）：算法处理过程中占有计算机空间（包括内存空间和 CPU 空间）的程度。明显地，计算空间占有度越小，算法的计算性能越好。

2．计算评价指标权重

根据评价指标体系，影响 DEM 信息伪装效果的因素很多，在评价中不同的算法可能各有所长，如何确定各项指标对整体效果的贡献大小是评价体系建立的关键。采用层次分析法确定评价指标的各项权数，可以将定性与定量分析有机结合，得到合理的权值系数。

以伪装性能 B_2 为例，利用层次分析法确定二级指标 $C_3 \sim C_5$ 的影响能力。

利用 1～9 标度法，根据重要性将伪装性能中的各项二级指标进行两两比较，形成判断矩阵：

$$\boldsymbol{B}_2 = \begin{bmatrix} c_{33} & c_{34} & c_{35} \\ c_{43} & c_{44} & c_{45} \\ c_{53} & c_{54} & c_{55} \end{bmatrix} = \begin{bmatrix} 1 & 1/3 & 3 \\ 3 & 1 & 5 \\ 1/3 & 1/5 & 1 \end{bmatrix} \tag{9.14}$$

式中，c_{ij} 的值越大，说明指标 i 比指标 j 的重要程度越高。关于式（9.14）中参数的选择说明如下：DEM 信息伪装的目的是保证信息的安全传输，得到的结果应当具有一定的迷惑性，因此认为伪装性能的三个二级指标中，伪地形仿真能力最重要；从安全角度考虑，地形（伪装）差异度反映了信息伪装后的地形改造能力，重要性应大于还原精确度。

利用方根法计算判断矩阵的特征向量并进行归一化处理，得到其权向量：

$$\boldsymbol{W}_{B_2} = [0.2853 \quad 0.6370 \quad 0.1047]^{\mathrm{T}} \tag{9.15}$$

通过建立判断矩阵，使得判断思维数学化，将定性分析的问题转化为定量分析。同时，为了保证各判断之间的协调准确，需要对判断矩阵进行一致性检验。

首先，计算 $\boldsymbol{B}_2$ 的最大特征根：

$$\lambda_{\max} = \frac{1}{n}\sum_{i=1}^{n}\frac{(\boldsymbol{B}_2\boldsymbol{W}_{B_2})_i}{(\boldsymbol{W}_{B_2})_i} = 3.0385 \tag{9.16}$$

式中，$(\boldsymbol{B}_2\boldsymbol{W}_{B_2})_i$ 为判断矩阵与权向量之积的第 i 个元素。

然后，计算判断矩阵 $\boldsymbol{B}_2$ 偏离一致性的尺度：

$$\mathrm{CI} = \frac{\lambda_{\max} - n}{n-1} = 0.0185 \tag{9.17}$$

根据平均随机一致性检验表，计算随机一致性比率：

$$\mathrm{CR} = \frac{\mathrm{CI}}{\mathrm{RI}} = 0.0370 < 0.10 \tag{9.18}$$

式中，RI 为平均随机一致性检验表中相应矩阵阶数对应的数值（见表 9.7）。

表 9.7　平均随机一致性检验表

n	1	2	3	4	5	6	…
RI	0	0	0.52	0.89	1.12	1.26	…

CR 值越小，矩阵的一致性越好，一般认为 $CR < 0.10$ 时判断矩阵具有良好的一致性。由此得出，通过计算 $\boldsymbol{B}_2$ 矩阵得出的权向量 $\boldsymbol{W}_{B_2}$ 满足要求，可以作为二级指标 $C_3 \sim C_5$ 对应一级指标 B_2 的权重系数。

利用相同方法，计算其他指标的权重系数，得到如表 9.8 所示结果。

表 9.8　DEM 信息伪装评价体系各指标判断矩阵与一致性检验

	A	B_1	B_2	B_3	$\boldsymbol{W}_A$	一致性检验	
						$\lambda_{\max}$	CR
$A \sim B$	B_1	1	1/3	3	0.2853	3.0385	0.0370
	B_2	3	1	5	0.6370		
	B_3	1/3	1/5	1	0.1047		
$B_1 \sim C$	B_1	C_1	C_2	—	$\boldsymbol{W}_{B_1}$	2.0000	0.0000
	C_1	1	3	—	0.7500		
	C_2	1/3	1	—	0.2500		
$B_2 \sim C$	B_2	C_3	C_4	C_5	$\boldsymbol{W}_{B_2}$	3.0385	0.0370
	C_3	1	1/3	3	0.2853		
	C_4	3	1	5	0.6370		
	C_5	1/3	1/5	1	0.1047		
$B_3 \sim C$	B_3	C_6	C_7	C_8	$\boldsymbol{W}_{B_3}$	3.0648	0.0623
	C_6	1	3	7	0.6491		
	C_7	1/3	1	5	0.2790		
	C_8	1/7	1/5	1	0.0719		

由于满足一致性检验标准，表中的权向量 $\boldsymbol{W}$ 可以认为是整个评价体系中该指标对上一级指标的影响因子。表中考虑的只是一般情况下的判断矩阵，当遇到特殊要求时，还需要加入扰动因子进行个别处理。例如，当伪装时间具有特别的要求时，其重要性在原有的基础上可能还会增加。这种情况下，有

$$\delta_i = \frac{(\sigma \boldsymbol{W})_i}{\sum_{i=1}^{n} (\sigma \boldsymbol{W})_i} \qquad (i = 1, 2, \cdots, n) \tag{9.19}$$

式中，δ_i 表示特殊情况下的权值系数；$\boldsymbol{\sigma}$ 为扰动矩阵，为 n 阶对角矩阵；$\boldsymbol{W}$ 为表中一般情况下的权向量。

▶ 9.3.2 DEM 信息伪装评价的灰色多层次评价模型

通过分析 DEM 信息伪装的技术指标要求，结合层次分析法和灰色关联度分析法，减少评价中的定性因素，增加定量分析，提出一种新的灰色多层次评价模型，其评价因素集如表 9.6 所示。

灰色多层次评价模型是按照自下而上的思想建立的，在进行 DEM 信息伪装算法评价时，首先根据指标体系的分层方法建立多个单层次灰度模型，建立各一级指标与对应二级指标之间的关联系数矩阵，对一级指标进行综合评价，将结果作为总体评价时一级指标的原始值，再利用一级指标的单层评价，最终得到总体目标的评价结果，是一种层层递进的关系。

首先针对三个一级指标进行灰度评价，有

$$\begin{aligned} \boldsymbol{R}_{B_1} &= \boldsymbol{E}_{B_1} \times \boldsymbol{W}_{B_1} \\ \boldsymbol{R}_{B_2} &= \boldsymbol{E}_{B_2} \times \boldsymbol{W}_{B_2} \\ \boldsymbol{R}_{B_3} &= \boldsymbol{E}_{B_3} \times \boldsymbol{W}_{B_3} \end{aligned} \tag{9.20}$$

得出各种算法一级指标的评价指标值，再以此为基础进行总体目标的灰度评价，有

$$\boldsymbol{R}_A = \boldsymbol{E}_A \times \boldsymbol{W}_A \tag{9.21}$$

以 $\boldsymbol{R}_A$ 为基础进行排序，即可得出各算法的优劣结果。

▶ 9.3.3 实例分析

按照以上方法，可以分别对规则格网 DEM 和 TIN DEM 涉及的各种信息伪装算法进行辅助选择分析。以规则格网 DEM 重点区域的算法评价为例，对提出的 DWT 算法、分形理论、DES 算法、RSA 算法及配对函数 5 种方法应用于 DEM 信息伪装处理同一规则格网 DEM 数据（格网大小为501×334）部

分区域（格网大小为80×80）的结果进行分析。原始数据和 5 种算法伪装数据部分区域利用三维网格显示，如图 9.1 所示。

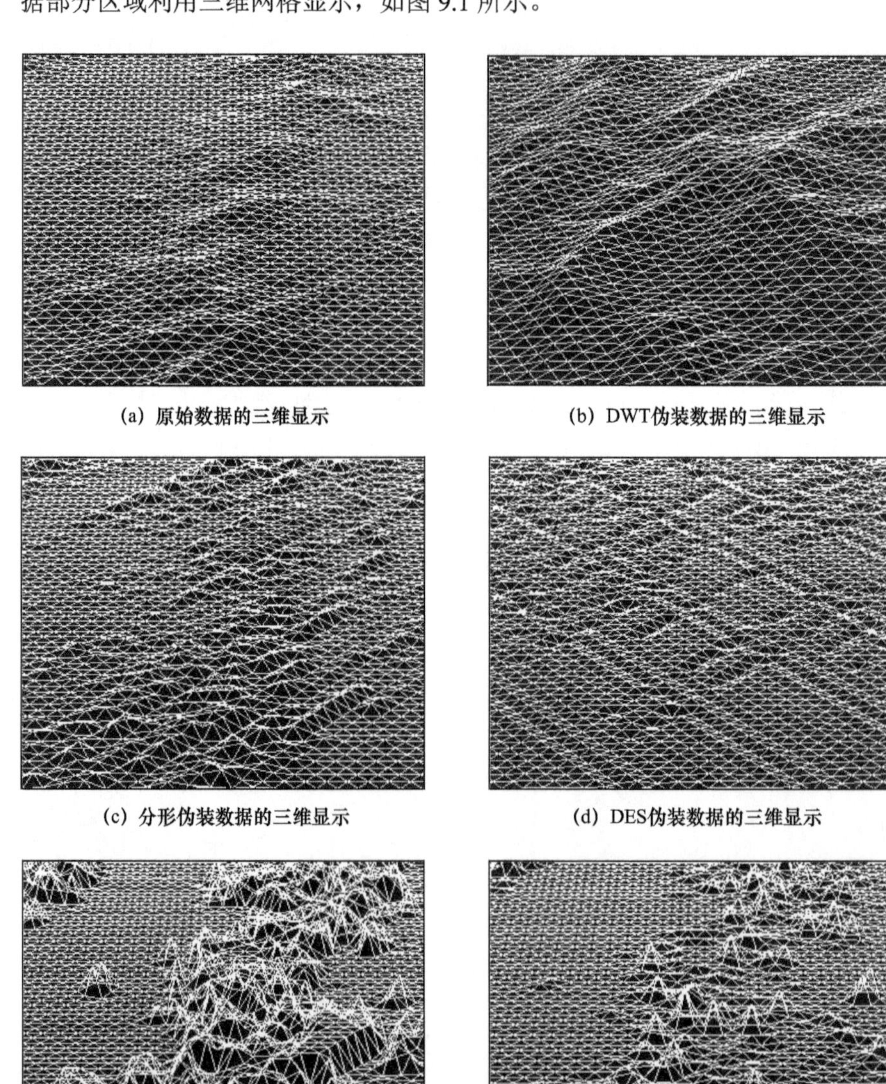

(a) 原始数据的三维显示

(b) DWT伪装数据的三维显示

(c) 分形伪装数据的三维显示

(d) DES伪装数据的三维显示

(e) RSA伪装数据的三维显示

(f) 配对函数伪装数据的三维显示

图 9.1 同一地区不同伪装数据效果比较

由图 9.1 可以看出 5 种伪装算法都可以实现 DEM 信息伪装，能够达到数据组织形式不变这一基本要求。同时可以看出，不同算法在伪装效果上并不相同，部分算法的地形仿真能力较强，部分较差。但这种差别只是定性上的分析，仅通过图 9.1 不能进行量化分析，而其他影响算法效能的因素更是没有任何体现。

根据实验数据，采用灰色多层次评价的方法对这 5 种算法进行优选分析，原始指标如表 9.9 所示。

表 9.9　伪装算法评价指标的原始值

算法名称	C_1	C_2	C_3	C_4	C_5	C_6	C_7	C_8
DWT 算法	80	90	163.232	0.9796	0.1092	523	51	3%
分形理论	60	100	78.325	0.9253	0	23	24	2%
DES 算法	100	85	332.482	0.4224	0.0587	2519	2584	6%
RSA 算法	90	80	278.157	0.5546	0.0532	847	852	8%
配对函数	70	70	194.248	0.6027	0.0184	126	124	4%

表 9.9 中，DWT 算法的 C_6 只考虑伪装操作需要的时间，没有考虑预处理中高程漏洞填充需要的时间，C_7 是基本级数据的还原用时。同一指标的单位和量纲相同，由于 C_1 和 C_2 难以确定，故根据实验条件和算法本身性能采取百分制确定；C_3 和 C_5 表示差异度和还原误差，单位为 m；C_4 用该区域向 4 个方向各扩展 10 个单元后的 Moran's I 指数表示；C_6 和 C_7 表示时间，单位为 ms；C_8 表示算法运行前后计算机 CPU 增加的比率。

原始指标规范化后的评价其评价指标值与理想指标集如表 9.10 所示。

表 9.10　规范化后的评价评价指标值与理想指标集

算法名称	C_1	C_2	C_3	C_4	C_5	C_6	C_7	C_8
DWT 算法	0.500	0.667	0.334	1	1	0.200	0.011	0.167
分形理论	0	1	0	0.903	0	0	0	0
DES 算法	1	0.500	1	0	0.538	1	1	0.667
RSA 算法	0.750	0.333	0.786	0.237	0.487	0.330	0.323	1
配对函数	0.250	0	0.456	0.324	0.168	0.041	0.039	0.333
理想值	1	1	1	1	0	0	0	0

按照式（9.4），计算 5 种算法的各项指标与最优指标值之间的关联系数，得到的结果如表 9.11 所示。

表 9.11 关联系数

算 法 名 称	C_1	C_2	C_3	C_4	C_5	C_6	C_7	C_8
DWT 算法	0.500	0.600	0.429	1.000	0.333	0.714	0.978	0.750
分形理论	0.333	1.000	0.333	0.838	1.000	1.000	1.000	1.000
DES 算法	1.000	0.500	1.000	0.333	0.482	0.333	0.333	0.428
RSA 算法	0.667	0.428	0.700	0.396	0.507	0.602	0.608	0.333
配对函数	0.400	0.333	0.479	0.425	0.749	0.924	0.928	0.600

仍以 B_2 为例，由表 9.11 可以得出其关联系数矩阵为

$$\boldsymbol{E}_{B_2} = \begin{bmatrix} 0.429 & 1.000 & 0.333 \\ 0.333 & 0.838 & 1.000 \\ 1.000 & 0.333 & 0.482 \\ 0.700 & 0.396 & 0.507 \\ 0.479 & 0.425 & 0.749 \end{bmatrix}$$

结合其权向量，有

$$\boldsymbol{R}_{B_2} = \boldsymbol{E}_{B_2} \times \boldsymbol{W}_{B_2} = \begin{bmatrix} 0.429 & 1.000 & 0.333 \\ 0.333 & 0.838 & 1.000 \\ 1.000 & 0.333 & 0.482 \\ 0.700 & 0.396 & 0.507 \\ 0.479 & 0.425 & 0.749 \end{bmatrix} \cdot \begin{bmatrix} 0.2853 \\ 0.6370 \\ 0.1047 \end{bmatrix} = \begin{bmatrix} 0.7942 \\ 0.7333 \\ 0.5481 \\ 0.5050 \\ 0.4858 \end{bmatrix}$$

则可以知道 5 种算法在伪装性能上的优劣性。按照相同方法，计算安全性能和计算性能。在得到的一级指标基础上再进行灰色关联度分析，可以计算出 5 种算法总体性能的排序，得到的结果如表 9.12 所示。

表 9.12 5 种算法评价结果

算 法 名 称	总体性能 $\boldsymbol{R}_A$	安全性能 $\boldsymbol{R}_{B_1}$	伪装性能 $\boldsymbol{R}_{B_2}$	计算性能 $\boldsymbol{R}_{B_3}$
DWT 算法	0.7385	0.5251	0.7942	0.7905
分形理论	0.7145	0.5000	0.7333	1.0000
DES 算法	0.6344	0.8750	0.5481	0.3402
RSA 算法	0.5561	0.6071	0.5050	0.5845
配对函数	0.5133	0.3833	0.4858	0.9019

由表 9.12 可以得出：在伪装该数据时，这里提出的 DWT 算法与理想算法的关联度数值最大，说明其总体性能较好。同时看到，DWT 算法在三个一级指标的分布上没有明显的缺陷，尤其是在伪装性能上占据很大优势，而其他几种算法除分形理论外的伪装性能都一般；分形理论在计算性能上具有突出优势，总体性能良好，但其安全性能有待加强；DES 算法具有很高的安全性能，但在计算性能上最差；RSA 算法的安全性能较好，但是伪装性能最差；配对函数具有较高的计算性能，安全性能较差。当前的总体性能计算是在一般情况下的评价结果，当使用者对 DEM 数据信息伪装提出特殊要求时，结果可能还会发生变化，需要利用式（9.19）对该项性能进行进一步强化。例如，用户对安全性能具有强烈要求时，DES 算法可能成为最佳选择。

参 考 文 献

[1] 杜栋，庞庆华，吴炎．现代综合评价方法与案例精选[M]. 北京：清华大学出版社，2008.

[2] 王雪荣. 管理体系整合及综合评价方法研究[D]. 南京：南京理工大学博士学位论文，2005.

[3] 陈衍泰，陈国宏，李美娟. 综合评价方法分类及研究进展[J]. 管理科学学报，2004（2）：69-79.

[4] 邓聚龙. 灰理论基础[M]. 武汉：华中科技大学出版社，2002.

[5] Jennifer C. Greene, Valerie J. Caracelli, Wendy F. Graham. Toward a Conceptual Framework for Mixed-Method Evaluation Designs[J]. EDUCATIONAL EVALUATION AND POLICY ANALYSIS, 1989, 11(3): 255-274.

[6] 施端阳，林强，胡冰，等. 综合评估方法研究综述[J]. 中国科技信息，2022（22）：124-127.

[7] 贾昌，刘蕾，孙剑伟. 基于模糊数学理论的导航卫星星间链路运行服务评估方法[J]. 计算机与现代化，2021（12）：7-12.

[8] 李雪瑞，侯幸刚，杨梅，等. 基于多层次灰色综合评价法的工业设计方案优选决策模型及其应用[J]. 图学学报，2021，42（4）：670-679.

[9] 金炼. 基于灰色理论的航空公司飞行安全监测与预警研究[D]. 福州：福州大学，2016.

[10] 李龙清，吴浩，李振军. 基于多层次灰色评价的清水营矿井技术经济评估[J]. 陕西煤炭，2011（4）：49-52.

[11] 李坤，尚彦军，何万通. 基于层次分析法和 GIS 的 CSNS 工程地质适宜度评价[J]. 水利规划与设计，2021（12）：67-72+134.

[12] 王慧，李娜. 基于灰色关联分析的矿区生态环境破坏程度评价[J]. 自动化与仪器仪表，2021（9）：30-33.

[13] 李曦彤. 基于遥感技术的地表水源地生态环境质量研究[D]. 长春：长春工程学院，2020.

[14] 温伯威，魏海平，张强，等. 基于 GIS 和 AHP 的疏散地域选址[J]. 测绘科学技术学报，2011，28（6）：463-466.